新时代全国高等院校教学精品课程规划教材

《应用数学——概率论与数理统计》
学习辅导书

董秀娟　李秀玲　王慧敏　主　编

中国商业出版社

图书在版编目(CIP)数据

《应用数学——概率论与数理统计》学习辅导书 / 董秀娟，李秀玲，王慧敏主编. -- 北京 : 中国商业出版社，2025. 3. -- ISBN 978-7-5208-3310-3

Ⅰ. O21

中国国家版本馆 CIP 数据核字第 2025F4V175 号

责任编辑:蔡　凯

中国商业出版社出版发行

(www.zgsycb.com　100053　北京广安门内报国寺 1 号)

总编室:010－63180647　编辑室:010－83114579

发行部:010－83120835/8286

新华书店经销

北京荣泰印刷有限公司印刷

*

787 毫米×1092 毫米　16 开　14.25 印张　300 千字

2025 年 3 月第 1 版　2025 年 3 月第 1 次印刷

定价:48.00 **元**

*　*　*　*

(如有印装质量问题可更换)

前　言

本书是与中国商业出版社出版，由王慧敏、吴瑞丰、王改珍等编写的《应用数学——概率论与数理统计》教材配套的学习辅导书。根据教育部有关高等教育教材建设通知精神，加快学科专业体系和教材教学体系建设，以提升教材的生命力和影响力，我们组织教学经验丰富的学科骨干教师对“应用数学系列教材”进行修订完善并重新编写。在本次编写过程中，为适应新时代高等教育教学内容和课程体系改革的总目标，培养具有新时代创新能力的高素质人才，我们经过统一策划，共同研讨，在充分吸收广大读者意见的基础上编写了本书。

编写本书的初衷是帮助不同层次的学生提高数学解题能力，我们对其框架结构进行了精心的设计。全书总共八章，与《应用数学——概率论与数理统计》教材的各章名称一致。不同于单纯的习题集，每章除了固定设有“练习题详解”外，还增添了“教学基本要求与内容提要”、“典型方法与范例”以及“自测题及答案”三部分内容，以便读者查阅知识、总结规律、检验效果。这种刻意安排出来的结构对解题行为而言是“封闭”的，因为读者不必依赖任何外部资源，便可自学本书。

“内容提要”不是对教材的简单重复，而是有针对性地回顾重点难点，主要包括概率论与数理统计中的基本概念、基本理论和基本方法。

书中所编录的例题、练习题、自测题都是典型的，考点完全覆盖了教学大纲与考研大纲，常规基础题与考研拔高题比例搭配合理（约为 7∶3）。遵循思维规律，对于例题，将解决问题的过程细分成“分析”“解”“总结”三步，并尽量做到分析到位、解题规范、归纳系统，希望给“新手”以启发和示范。此外，出于锻炼思维能力的考量，我们不但注重反问题、抽象问题、综合性问题的独特作用，而且提倡多角度切入，鼓励一题多解。事实上，很多题目都体现了我们的上述想法。

本书具有多方面用途，既可供初学者作为同步练习之用，亦可供考研者作为备考复习资料使用，同时对教师讲授习题课也是有益的。

为了达到预期效果，请读者务必先行完成教材对应内容的学习，再读此书，切不可本末倒置。若遇到难题一时解不了，首要的是反复思考，争取独立求解，切不可急于查阅“详解”或“答案”。

书中带“*”号练习题已超出教学大纲要求，可酌情选做。

本书由董秀娟（第 1 章、第 3 章、第 8 章）、王慧敏（第 2 章、第 6 章）、李秀玲（第 4 章、第 5 章、第 7 章）负责编写，由董秀娟统筹定稿，李秀玲对全书进行了审阅。

本书对原《〈应用数学——概率论与数理统计〉学习辅导书》中发现的问题进行了校正，若有疏漏之处，敬请大家指正。我们将多年的教学经验融入书中，希望读者获益。

编　者

2025 年 2 月

目　录

第一章　随机事件与概率

一、教学基本要求与内容提要

（一）教学基本要求

1. 了解随机试验的基本特征；
2. 掌握随机事件的表示方法；
3. 理解随机事件的关系和运算的概念，掌握运算律；
4. 理解概率公理化定义，掌握概率的基本性质；
5. 掌握有关古典概型的概率计算问题；
6. 理解条件概率的定义，并且掌握其计算方法；
7. 掌握利用乘法公式和事件的独立性计算乘积事件概率的方法；
8. 掌握利用全概率公式和贝叶斯公式计算概率的方法。

（二）内容提要

1. 随机事件

(1) 基本概念

① 随机试验

随机试验应具备以下三个特征：

可重复性：在相同条件下是可重复的；

明确性：全部可能结果不止一个，且都是事先可以知道的；

随机性：每次试验都会出现上述可能结果中的某一个结果，至于是哪一个结果则事前无法预知，随机试验简称为**试验**，记为 E .

② 样本空间

随机试验的一切可能基本结果组成的集合称为**样本空间**，记为 $\Omega = \{\omega\}$ ，其中 ω 表示基本结果，又称为**样本点**.

③ **随机事件及其分类**

在一次试验中可能发生也可能不发生，而在大量的重复试验中具有某种规律性的试验结果，称为**随机事件**，简称**事件**.

基本事件：由样本空间 Ω 中的单个元素组成的子集（即样本点）；

复杂事件：由样本空间 Ω 中的两个元素或两个以上元素组成的子集；

必然事件：样本空间 Ω 的最大子集（即 Ω 本身）；

不可能事件：样本空间 Ω 的最小子集（即空集 $\varnothing$）.

(2) 事件间的关系与运算

① **事件的包含**

如果属于 A 的样本点必属于 B，则称 B **包含** $\boldsymbol{A}$，或称 A **包含于** $\boldsymbol{B}$，记为 $B \supset A$ 或 $A \subset B$，表示“事件 A 的发生必然导致事件 B 的发生”.

② **事件的相等**

如果事件 A 和事件 B 满足：属于 A 的样本点必属于 B，而且属于 B 的样本点必属于 A，即 $A \subset B$ 且 $B \subset A$，则称事件 A 与事件 B **相等**，记为 $A = B$.

③ **事件的和（并）**

事件 A 与事件 B 的和（并）记为 $A+B$ 或 $A \cup B$，其含义为“事件 A 与事件 B 中所有的样本点组成的新事件”，表示“事件 A 与事件 B 中至少有一个发生”.

对于事件 A_1，A_2，…，A_n，…称 $\bigcup\limits_{i=1}^{n} A_i$ 为有限并，$\bigcup\limits_{i=1}^{\infty} A_i$ 为可列并.

④ **事件的积（交）**

事件 A 与事件 B 的积（交）记为 AB 或 $A \cap B$，其含义为“事件 A 与事件 B 中公共的样本点组成的新事件”，表示“事件 A 与事件 B 同时发生”.

对于事件 A_1，A_2，…，A_n，… 称 $\bigcap\limits_{i=1}^{n} A_i$ 为有限交，$\bigcap\limits_{i=1}^{\infty} A_i$ 为可列交.

⑤ **事件的差**

事件 A 与事件 B 的差记为 $A-B$，其含义为“由在事件 A 中而不在事件 B 中的样本点组成的新事件”，表示“事件 A 发生而事件 B 不发生”.

⑥ **互不相容（互斥）**

如果事件 A 与事件 B 没有相同的样本点，即 $AB=\varnothing$，则称事件 A 与事件 B **互不相容**或**互斥**，表示“事件 A 与事件 B 不可能同时发生”.

对于 n 个事件 A_1，A_2，…，A_n，如果其中任何两个事件 A_i 与 A_j（$i \neq j$，i，$j=1$，2，…，n）都互不相容，则称 A_1，A_2，…，A_n **是互不相容（或互斥）事件**；

对于可列个事件 A_1，A_2，…，A_n，…，如果其中任何两个事件 A_i 与 A_j（$i \neq j$，i，$j = 1$，2，…）都互不相容，则称 A_1，A_2，…，A_n，…**互不相容**.

⑦ 对立事件（逆事件）

事件 A 的对立事件记为 $\overline{A}$，其含义为“由在 Ω 中而不在 A 中的样本点组成的新事件”，即 $\overline{A} = \{\omega \mid \omega \in \Omega$ 且 $\omega \notin A\}$，表示“事件 A 不发生”.

⑧ 完备事件组

如果 n 个事件 A_1，A_2，…，A_n 互不相容，并且它们的和是必然事件，则称 A_1，A_2，…，A_n **构成一个完备事件组**.

对于可列个事件 A_1，A_2，…，A_n，…，如果 $\sum\limits_i A_i = \Omega$，并且对于任何 $i \neq j(i$，$j = 1$，2，…)，有 $A_iA_j = \Phi$，则称 A_1，A_2，…，A_n，…**构成一个完备事件组**.

(3) 事件的运算律

交换律：$A + B = B + A$，$AB = BA$；

结合律：$A + (B + C) = (A + B) + C$，$A(BC) = (AB)C$；

分配律：$(A + B)C = AC + BC$，$(AB) + C = (A + C)(B + C)$；

对偶律（德·摩根公式）：$\overline{A + B} = \overline{A}\,\overline{B}$，$\overline{AB} = \overline{A} + \overline{B}$.

2. 频率与概率

(1) 事件的频率

在 n 次重复试验中，事件 A 发生的次数 $n(A)$ 称为**频数**，比值 $n(A)/n$ 称为事件 A 发生的**频率**，并记为 $f_n(A)$，即

$$f_n(A) = \frac{n(A)}{n}.$$

(2) 频率的基本性质

① **非负性**：任意事件 A 的频率非负：$f_n(A) \geqslant 0$.

② **规范性**：必然事件 Ω 的频率为 1：$f_n(\Omega) = 1$.

③ **有限可加性**：若 A_1，A_2，…，A_m 是一组两两互不相容的事件，则有

$$f_n\left(\sum_{i=1}^{m} A_i\right) = \sum_{i=1}^{m} f_n(A_i).$$

(3) 概率的公理化定义

设 E 为随机试验，Ω 为样本空间，F 为所有事件组成的集合，对于 F 中的每一个事件 A，分别赋予一个实数，记为 $P(A)$，如果实值函数 $P(\cdot)$ 满足：

① **非负性**：对每一个事件 A，$P(A) \geqslant 0$；

② **规范性**：$P(\Omega) = 1$；

③ **可列可加性**：对于互不相容的事件序列 A_1，A_2，…，A_n，…有

$$P\left(\sum_{i=1}^{\infty}A_i\right)=\sum_{i=1}^{\infty}P(A_i),$$

则称 $P(A)$ 为事件 A 的**概率**.

(4) 概率的性质

① $P(\varnothing)=0$.

② **有限可加性**

若有限个事件 A_1，A_2，…，A_n 互不相容，则有 $P\left(\sum_{i=1}^{n}A_i\right)=\sum_{i=1}^{n}P(A_i)$.

特别地，若 A 与 B 互不相容，则 $P(A+B)=P(A)+P(B)$.

③ **减法公式**

对于任意事件 A 与 B，有 $P(B-A)=P(B)-P(AB)$.

特别地，若 $A\subset B$，则 $P(B-A)=P(B)-P(A)$.

④ **加法公式**

对于任意两个事件 A 和 B，有 $P(A+B)=P(A)+P(B)-P(AB)$.

加法公式可推广到有限项的情形：

$$P\left(\sum_{i=1}^{n}A_i\right)=\sum_{i=1}^{n}P(A_i)-\sum_{1\leqslant i<j\leqslant n}P(A_iA_j)+\sum_{1\leqslant i<j<k\leqslant n}P(A_iA_jA_k)-\cdots+(-1)^{n-1}P(A_1A_2\cdots A_n).$$

3. 古典概型与几何概型

(1) 古典概型

① **概念**

若试验满足以下特征：

有限性：所涉及的随机试验只有有限个样本点（基本事件总数有限），不妨设为 n 个，并记它们为 ω_1，ω_2，…，ω_n；

等可能性：每个样本点发生的可能性相等，即 $P(\omega_1)=P(\omega_2)=\cdots=P(\omega_n)$，

称为**古典概型**.

② **计算公式**

若事件 A 含有 k 个样本点，则事件 A 的概率为

$$P(A)=\frac{\text{事件 }A\text{ 所含样本点的个数}}{\Omega\text{ 中所有样本点的个数}}=\frac{k}{n}.$$

③ **排列组合公式**

从 N 个元素中随机抽取 n 个，按不同的抽样方式得到的取法总数见下表：

顺序＼重复	有	无
有	N^n	A_N^n
无	C_{N+n-1}^n	C_N^n

其中排列数 $A_N^n = N(N-1)\cdots(N-n+1)$，组合数 $C_N^n = \dfrac{A_N^n}{n!}$.

(2) 几何概型

① 概念

若试验 E 的样本空间 Ω 充满 R^n 的某个区域，其度量（长度、面积或体积等）大小可用 S_Ω 表示，并且任意一点落在度量相同的子区域内是等可能的，则称为**几何概型**.

②计算公式

若事件 A 为 Ω 中的某个子区域，且其度量大小可用 S_A 表示，则事件 A 的概率为

$$P(A) = \frac{S_A}{S_\Omega}.$$

4. 条件概率

(1) 概念

对于事件 A 与 B，若 $P(A) > 0$，则称 $P(B|A) = \dfrac{P(AB)}{P(A)}$ 为 A 发生的条件下 B 发生的**条件概率**.

(2) 计算方法

条件概率有以下两种求法：

①古典概型场合下，可在缩减样本空间 Ω_A 中计算；

②一般情况下，直接在原始样本空间 Ω 中利用定义计算.

(3) 性质

条件概率满足概率的所有性质和关系式. 例如：

① $P(\varnothing|A) = 0$；

② $P(\overline{B}|A) = 1 - P(B|A)$；

③ $P(B_1 + B_2|A) = P(B_1|A) + P(B_2|A) - P(B_1B_2|A)$.

5. 乘法公式

对于事件 A 和 B，若 $P(A) > 0$，则 $P(AB) = P(A)P(B|A)$. 对称地，若 $P(B) > 0$，则 $P(AB) = P(B)P(A|B)$.

上面乘法公式可推广到有限项的情形：对于 n 个事件 $A_1, A_2, \cdots, A_n$，若 $P(A_1A_2\cdots A_n) > 0$，则

$$P(A_1A_2\cdots A_n) = P(A_1)P(A_2|A_1)\cdots P(A_{n-1}|A_1A_2\cdots A_{n-2})P(A_n|A_1A_2\cdots A_{n-1}).$$

6. 事件的独立性

(1) 概念

① 两个事件相互独立

对于事件 A 和 B，若满足 $P(AB)=P(A)P(B)$，则称 A 与 B 相互独立.

② 三个事件相互独立与两两独立

对于三个事件 A，B，C，如果满足

$$\begin{cases} P(AB)=P(A)P(B), \\ P(AC)=P(A)P(C), \\ P(BC)=P(B)P(C), \\ P(ABC)=P(A)P(B)P(C), \end{cases}$$

则称**事件 A，B，C 相互独立**. 如果前三个等式成立，则称为**三个事件两两独立**.

③ 有限个事件相互独立

对于 n 个事件 A_1，A_2，…，A_n，若满足 $P(A_{i_1}A_{i_2}\cdots A_{i_m})=P(A_{i_1})P(A_{i_2})\cdots P(A_{i_m})$，其中 $m=2, 3, \cdots, n$，$1\leqslant i_1<i_2<\cdots<i_m\leqslant n$，则称**事件 A_1，A_2，…，A_n 相互独立**.

(2) 性质（理论判据）

① A 与 B 相互独立 $\Leftrightarrow P(A \mid B)=P(A) \Leftrightarrow P(B \mid A)=P(B)$；

② A 与 B 相互独立 $\Leftrightarrow$ A 与 $\overline{B}$ 、$\overline{A}$ 与 B 或 $\overline{A}$ 与 $\overline{B}$ 三组事件之一相互独立.

(3) 简化加法公式

若 A 与 B 相互独立，则 $P(A+B)=1-P(\overline{A})P(\overline{B})$.

推广：若 n 个事件 A_1，A_2，…，A_n 相互独立，则

$$P(A_1+A_2+\cdots+A_n)=1-P(\overline{A}_1)P(\overline{A}_2)\cdots P(\overline{A}_n).$$

7. 全概率公式与贝叶斯公式

若 A_1，A_2，…，A_n 为一个完备事件组，且 $P(A_i)>0, i=1, 2, \cdots, n$，则对于任何事件 B 下列公式成立：

(1) 全概率公式：$P(B)=\sum_{i=1}^{n} P(A_i)P(B|A_i)$.

(2) 贝叶斯公式：$P(A_i|B)=\dfrac{P(A_i)P(B|A_i)}{\sum_{i=1}^{n} P(A_i)P(B|A_i)}$，　$i=1, 2, \cdots, n$.

上面条件可以放松为：$\sum_i A_i \supset B$，并且 A_1B，A_2B，…，A_nB 两两互不相容.

二、典型方法与范例

1. 事件的表示方法

例 1　设 A，B，C 表示 3 个随机事件，试将下列事件用 A，B，C 表示出来.

(1) A 发生，B，C 都不发生；(2) A，B 都发生，C 不发生；

(3) 3 个事件都发生；(4) 3 个事件至少有 1 个发生；

(5) 3 个事件都不发生；(6) A，B 至少有 1 个发生，C 不发生.

分析　将语言叙述的事件转化为字母表示，关键要理解清楚事件运算背后的含义.

解　(1) $A\overline{B}\,\overline{C}$；(2) $AB\overline{C}$；(3) ABC；(4) $A+B+C$；(5) $\overline{A}\,\overline{B}\,\overline{C}$；(6) $(A+B)\overline{C}$.

例 2　设一个工人生产了 4 个零件，A_i 表示他生产的第 i 个零件是正品（$i=1$，2，3，4），用语言表述下列各事件：

(1) $A_1A_2A_3A_4$；　(2) $\overline{A}_1A_2A_3A_4$；　(3) $\overline{A}_1A_2A_3A_4+A_1\overline{A}_2A_3A_4+A_1A_2\overline{A}_3A_4+A_1A_2A_3\overline{A}_4$；(4) $\overline{A}_1A_2A_3A_4+A_1\overline{A}_2A_3A_4+A_1A_2\overline{A}_3A_4+A_1A_2A_3\overline{A}_4+A_1A_2A_3A_4$；(5) $A_1\overline{A}_2\overline{A}_3\overline{A}_4+\overline{A}_1A_2\overline{A}_3\overline{A}_4+\overline{A}_1\overline{A}_2A_3\overline{A}_4+\overline{A}_1\overline{A}_2\overline{A}_3A_4$.

分析　考点将字母表示的事件转化为语言叙述的事件.

解　(1) 没有 1 个是次品或者 4 个都是正品；(2) 至少有 1 个是次品；(3) 只有 1 个是次品；(4) 至少有 3 个不是次品；(5) 恰好有 3 个是次品.

方法总结：随机事件的两种表示方法即文字叙述与字母表示，可以互相转化. 搞清字母含义以及理解事件运算的概念是关键.

2. 古典概型中的抽样模型

例 3　箱中有 10 个球，其中 4 个黑球，现随机抽取 3 个球，求至少有 1 个黑球的概率.

分析　由于抽样方式为一次性抽取，故无顺序之分，选用组合数去求. 另外，考虑到问题中的事件包含的样本点较多，所以最佳的方法是转化为对立事件求概率.

解　设 A 表示“抽取到的 3 个球中至少有 1 个黑球”，则 $\overline{A}$ 表示“抽取到的 3 个球中没有黑球”. 样本空间中的样本点总数为 $n=\mathrm{C}_{10}^3$，有利于 $\overline{A}$ 发生的样本点的总数为 $m=\mathrm{C}_6^3$，于是

$$P(\overline{A})=\frac{m}{n}=\frac{\mathrm{C}_6^3}{\mathrm{C}_{10}^3}=\frac{1}{6},$$

所以

$$P(A)=1-P(\overline{A})=1-\frac{1}{6}=\frac{5}{6}.$$

例 4　有 10 件产品，其中有 3 件次品，7 件正品，从中连续取 4 次，每次取 1 件. 设 A 表示“4 件都是正品”，B 表示“3 件都是正品，1 件是次品”，分两种情况：(1) 有放回的抽取；(2) 不放回抽取，求 $P(A)$，$P(B)$.

分析　由于抽样方式为逐件抽取，有顺序之分，区分有放回和无放回两种情况，分别

利用方幂数和排列数去求. 另外，无放回抽样情况下，可以把从中连续抽取 4 次理解为一次抽取 4 件产品，所以可用组合数去求.

解 （1）放回抽样

由于每次抽取的产品检验后都放回，因此每次都是从 10 件产品中抽取，故基本事件总数为 $n=10^4$. 同理，有利于 A 的基本事件的总数为 $m=7^4$，所以

$$P(A)=\frac{m}{n}=\frac{7^4}{10^4}=0.240.$$

若 B 发生，即 4 次抽取的产品中有 3 件是正品，1 件是次品，考虑到次品出现的次序，因此有利于 B 发生的基本事件总数为 $m=C_4^1\times3\times7^3$，于是

$$P(B)=\frac{m}{n}=\frac{C_4^1\times3\times7^3}{10^4}=0.412.$$

（2）不放回抽样

利用排列求解：基本事件总数为 $n=10\times9\times8\times7$，有利于 A 的基本事件的总数为 $m=7\times6\times5\times4$，所以

$$P(A)=\frac{m}{n}=\frac{7\times6\times5\times4}{10\times9\times8\times7}=0.167.$$

若 B 发生，有利于 B 的基本事件的总数为 $m=C_4^1\times3\times7\times6\times5$，

$$P(B)=\frac{m}{n}=\frac{C_4^1\times3\times7\times6\times5}{10\times9\times8\times7}=0.5.$$

利用组合求解：基本事件总数为 $n=C_{10}^4$，有利于 A 的基本事件的总数为 $m=C_7^4$，所以

$$P(A)=\frac{m}{n}=\frac{C_7^4}{C_{10}^4}=0.167.$$

若 B 发生，有利于 B 的基本事件的总数为 $m=C_3^1\times C_7^3$，于是

$$P(B)=\frac{m}{n}=\frac{C_3^1\times C_7^3}{C_{10}^4}=0.5.$$

方法总结：抽样模型中根据抽取方式来选择用排列和组合求解. 当抽样方式为一次任取有限个时，一般用组合数求解；当逐件有放回抽取有限个时，一般用方幂数求解；当逐件无放回抽取有限个时，一般可用排列数求解.

3. 古典概型中的分房模型

例 5 设有 r 人，若每个人的生日在一年 365 天的任一天是等可能的，试求事件“至少有两人生日相同”的概率.

分析 由于每个人的生日在一年 365 天的任一天是等可能的，因此属于古典概型问题.

解 设 $A=$“至少有两个人的生日相同”，则 $\overline{A}=$“r 个人的生日都不相同”，于是

$$P(\overline{A})=\frac{C_{365}^r\,r!}{(365)^r},$$

从而

$$P(A)=1-P(\overline{A})=1-\frac{C_{365}^{r}r!}{(365)^{r}}.$$

方法总结：分房问题可直接利用古典概型公式求概率. 在计算事件数时，考虑可重复性.

4. 几何概型

例 6　设 O 为线段 AB 的中点，在 AB 上任取一点 X，求三个线段 AX，XB 和 AO 能构成一个三角形的概率.

分析　一维的几何概型问题，需要将事件与区间建立联系，通过计算区间长度来求概率.

解　不妨设 A、B、X 点坐标分别为 0、1 与 x，则 x 满足

$$\begin{cases} x<(1-x)+\dfrac{1}{2}, \\ 1-x<x+\dfrac{1}{2}, \end{cases}$$

所以 D 表示随机点落入区间 $(\frac{1}{4},\ \frac{3}{4})$ 这一事件，于是 $P(D)=\dfrac{l_D}{l_\Omega}=\dfrac{\frac{1}{2}}{1}=\dfrac{1}{2}$.

例 7　在区间 (0，1) 中随机地任取两个数，试求这两个数之差的绝对值小于$\frac{1}{3}$的概率.

分析　本题实质是二维的均匀分布问题（概念见第三章），解题关键是求出与事件对应的平面区域的面积.

解　设从区间 (0，1) 中随机取的这个数为 X，Y，则 $|X-Y|<\frac{1}{3}$ 的区域 D 如下图所示.

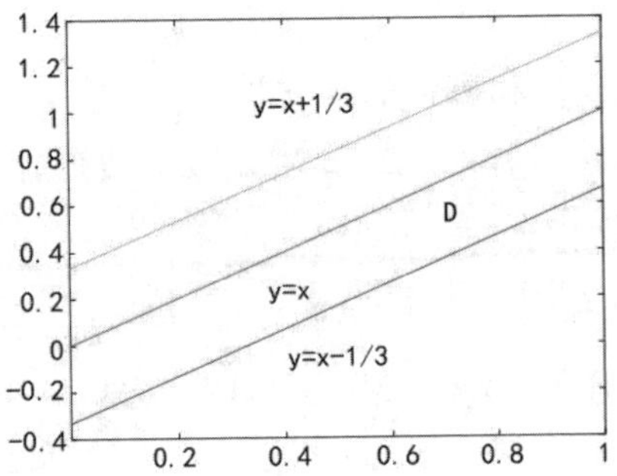

由几何概型公式知

$$P\left\{|X-Y|<\frac{1}{3}\right\}=\frac{1-\frac{2}{3}\times\frac{2}{3}}{1}=\frac{5}{9}.$$

例 8 从(0, 1)中任取两个数，求：(1) 两数之和小于 1 的概率；(2) 两数之积小于 $\frac{1}{4}$ 的概率.

分析 本题实质是二维的均匀分布问题（概念见第三章），解题关键是求出与事件对应的平面区域的面积.

解 设 A 表示"两数之和小于 1"，B 表示"两数之积小于 $\frac{1}{4}$"，如下图所示：

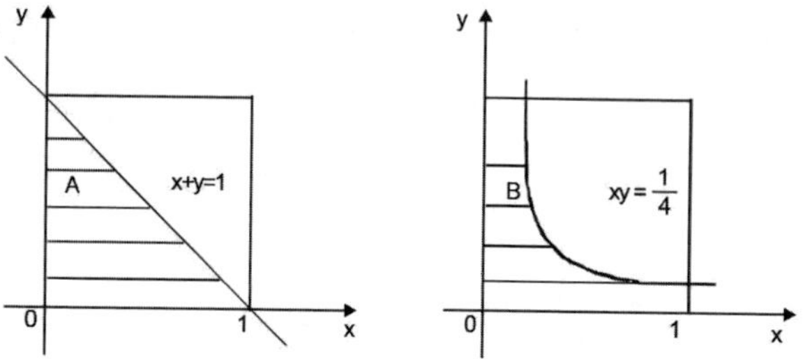

其中 x 和 y 分别表示这两个随机数的取值. 于是

$$S_\Omega = 1\times 1 = 1\,,\; S_A = \frac{1}{2}\times 1\times 1 = \frac{1}{2}\,,\; S_B = \frac{1}{4}\times 1 + \int_{\frac{1}{4}}^{1}\frac{1}{4x}\,\mathrm{d}x = \frac{1}{4}+\frac{1}{2}\ln 2\,.$$

由几何概型公式知

(1) $P(A) = \dfrac{S_A}{S_\Omega} = \dfrac{1}{2}$；

(2) $P(B) = \dfrac{S_B}{S_\Omega} = \dfrac{1}{4} + \dfrac{1}{2}\ln 2$.

方法总结：几何概型场合下，概率的计算归结为求问题中的事件与必然事件所对应的几何区域的面积之比.

5. 概率的加法公式、减法公式和事件的独立性

例 9 设 $P(B)=0.6$，$P(A+B)=0.7$，试就以下情形计算概率.

(1) 已知事件 A 与 B 互不相容，求 $P(A)$；

(2) 已知事件 A 与 B 相互独立，求 $P(\overline{A})$.

分析 当 $AB=\varnothing$ 时，有 $P(A+B)=P(A)+P(B)$；当 A 与 B 相互独立时，有 $P(A+B)=1-P(\overline{A})P(\overline{B})$.

解 (1) 由于事件 A 与 B 互不相容，所以 $P(A+B)=P(A)+P(B)$，故

$$P(A)=P(A+B)-P(B)=0.7-0.6=0.1.$$

(2) 由于 $P(A+B)=1-P(\overline{A})P(\overline{B})$，解得 $P(\overline{A})=\frac{3}{4}$.

例 10 设 $P(\overline{A})=\frac{1}{2}$，$P(\overline{A}B)=\frac{1}{5}$，$P(B)=\frac{2}{5}$，试求以下概率.

(1) $P(BA)$；(2)$P(A-B)$；(3)$P(\overline{A}\,\overline{B})$.

分析　$B=AB+\overline{A}B$；$P(A-B)=P(A)-P(B)$；$P(\overline{A}\,\overline{B})=P(\overline{A+B})$.

解　(1) $P(BA)=P(B)-P(\overline{A}B)=\dfrac{1}{5}$.

(2) $P(A-B)=P(A)-P(AB)=\dfrac{1}{2}-\dfrac{1}{5}=\dfrac{3}{10}$.

(3)
$$\begin{aligned}P(\overline{A}\,\overline{B})=P(\overline{A+B})&=1-P(A+B)\\&=1-P(A)-P(B)+P(AB)\\&=1-\frac{1}{2}-\frac{2}{5}+\frac{1}{5}=\frac{3}{10}.\end{aligned}$$

例 11　甲、乙、丙三部机床独立工作，由一个工人照管，某段时间内它们不需要工人照管的概率分别为 0.9、0.8 和 0.85，在这段时间内求：

(1) 有机床需要工人照管的概率；

(2) 机床因无人照管而停工的概率.

分析　应用题往往需要根据经验判断事件的独立性. 独立时，加法公式与乘法公式均可以简化.

解　设 A，B，C 分别表示在这段时间内机床甲、乙、丙不需要工人照管，则 A，B，C 相互独立，且 $P(A)=0.9$，$P(B)=0.8$，$P(C)=0.85$，有

(1) $P(\overline{A}+\overline{B}+\overline{C})=P(\overline{ABC})=1-P(ABC)=1-P(A)P(B)P(C)=0.388$.

(2) 机床因无人照管而停工就是在这段时间内有两台或者两台以上的机床需要工人照管.

$$\begin{aligned}&P(\overline{A}\,\overline{B}+\overline{A}\,\overline{C}+\overline{B}\,\overline{C})=P(\overline{A}\,\overline{B})+P(\overline{A}\,\overline{C})+P(\overline{B}\,\overline{C})-2P(\overline{A}\,\overline{B}\,\overline{C})\\&=P(\overline{A})P(\overline{B})+P(\overline{A})P(\overline{C})+P(\overline{B})P(\overline{C})-2P(\overline{A})P(\overline{B})P(\overline{C})\\&=0.1\times0.2+0.1\times0.15+0.2\times0.15-2\times0.1\times0.2\times0.15\\&=0.059.\end{aligned}$$

方法总结：计算和、差事件的概率时，首先要搞清楚事件间的关系（如相容性、独立性），然后套用相应的公式. 此外，为了直观，常借助文氏图构造概率公式.

6. 条件概率与乘法公式

例 12　设为了防止意外，在矿内同时设有甲、乙两种报警系统，每种报警单独使用时，其有效概率分别为 0.92、0.93，在甲失灵的条件下，乙系统仍有效的概率为 0.85，求：

(1) 发生意外时，这两个报警系统至少有一个有效的概率；

(2) 在乙失灵的条件下，甲仍有效的概率.

分析　(1) 根据条件概率信息，可判断题设事件之间不独立，因此求积事件的概率时选择乘法公式；(2) 明确条件概率问题后，依据定义完成计算.

解　设 A，B 分别表示系统甲、乙单独使用时有效，则 $P(A)=0.92$，$P(B)=0.93$，$P(B\mid \overline{A})=0.85$（暗含 A 与 B 不独立），则

(1)$P(A+B)=P(A)+P(\overline{A}B)$

$=P(A)+P(\overline{A})P(B\mid\overline{A})$

$=0.92+0.08\times0.85=0.988.$

(2) 由于 $P(A\overline{B})=P(A+B)-P(B)=0.988-0.93=0.058$，于是

$$P(A\mid\overline{B})=\frac{P(A\overline{B})}{P(\overline{B})}=\frac{0.058}{0.07}=0.83.$$

例 13　一批产品共100件，次品率为10%，不放回的抽取3次，每次抽1件，求第三次才能取到合格品的概率.

分析　主要考查三个事件的乘法公式.

解　设 $A_i=\{$第 i 次取得合格品$\}$，$i=1,2,3$，则

$$P(\overline{A}_1)=\frac{10}{100},\ P(\overline{A}_2\mid\overline{A}_1)=\frac{9}{99},\ P(A_3\mid\overline{A}_1\overline{A}_2)=\frac{90}{98},$$

于是

$$P(\overline{A}_1\overline{A}_2A_3)=P(\overline{A}_1)\cdot P(\overline{A}_2\mid\overline{A}_1)\cdot P(A_3\mid\overline{A}_1\overline{A}_2)=\frac{10}{100}\times\frac{9}{99}\times\frac{90}{98}\approx0.0083.$$

例 14　4个人独立地破译一个密码，他们译出的概率分别是 $\frac{1}{3}$，$\frac{1}{2}$，$\frac{1}{3}$，$\frac{1}{5}$，求至少有一个人能译出此密码的概率.

分析　利用独立性简化乘法公式.

解　设 $B=$“至少有一个人能译出密码”，A_i 分别表示4个人能独立地破译这个密码，$i=1,2,3,4$，则 A_1，A_2，A_3，A_4 是相互独立的，于是有

$$P(\overline{B})=P(\overline{A}_1\overline{A}_2\overline{A}_3\overline{A}_4)=P(\overline{A}_1)P(\overline{A}_2)P(\overline{A}_3)P(\overline{A}_4)=\frac{2}{3}\times\frac{1}{2}\times\frac{2}{3}\times\frac{4}{5}=\frac{8}{45},$$

从而

$$P(B)=1-P(\overline{B})=1-\frac{8}{45}=\frac{37}{45}.$$

7. 全概率公式与贝叶斯公式

例 15　一位股民想要投资一只股票，因而想要了解这只股票在一段时间内的价格变化，所以根据利率的变化对这只股票的涨幅情况做了预估. 假设股民们经过分析得到利率下调的概率为70%，利率不变的概率为30%. 在这种情况下，据经验，当利率下调时股票的价格会上涨90%；利率不变的情况下，价格会上涨30%，求该股票上涨的概率.

分析　解决全概率的问题的关键在于找到合适的完备事件组.

解　设事件 $A=$“利率下调”，则 $\overline{A}=$“利率不变”，$B=$“股票价格上涨”.

根据题意有

$$P(A)=0.7,\ P(\overline{A})=0.3,\ P(B\mid\overline{A})=0.3,\ P(B\mid A)=0.9,$$

所以

$$P(B)=P(A)P(B\mid A)+P(\overline{A})P(B\mid \overline{A})=0.7\times 0.9+0.3\times 0.3=0.72.$$

例 16 市场上有三箱某种产品，其中一箱是甲厂生产的，共 100 只，次品率为 10%；其余两箱是乙厂生产的，每箱是 150 只，次品率为 20%.

(1) 现任取一箱，任取一个产品，求此产品是合格品的概率；

(2) 将三箱产品开箱混放，任取一个产品，求此产品是合格品的概率；

(3) 在混放的产品中任取一个，取到的是合格品，求此产品是甲厂生产的概率.

分析 求复杂事件或复杂条件下事件发生的概率应分别利用全概率公式或贝叶斯公式求解. 从提法上看，前两问是全概率问题，最后一问则属于后验概率问题. 鉴于本题的特殊性，亦可利用古典概型公式来完成.

解 设 A 表示取到合格品，B_1，B_2 分别表示取到甲、乙厂生产的产品，则

(1) $P(A)=P(B_1)P(A\mid B_1)+P(B_2)P(A\mid B_2)=\dfrac{1}{3}\times 90\%+\dfrac{2}{3}\times 80\%=\dfrac{5}{6}.$

(2) $P(A)=P(B_1)P(A\mid B_1)+P(B_2)P(A\mid B_2)=\dfrac{100}{400}\times 90\%+\dfrac{300}{400}\times 80\%=\dfrac{33}{40}.$

(3) 由贝叶斯公式得

$$P(B_1\mid A)=\frac{P(B_1)P(A\mid B_1)}{P(B_1)P(A\mid B_1)+P(B_2)P(A\mid B_2)}=\frac{\dfrac{100}{400}\times 90\%}{\dfrac{33}{40}}=\frac{3}{11}.$$

例 17 两台车床加工同样的零件，第一台出现废品的概率是 0.03，第二台出现废品的概率是 0.02，加工出来的零件放在一起，并且已知第一台加工的零件比第二台加工的零件多一倍，现任取一件零件，求：

(1) 它是合格品的概率；

(2) 如果取到的是废品，那么它来自哪台车床的可能性大？

分析 应用全概率公式和贝叶斯公式进行实际推断的典型题目.

解 设事件 A 表示取到合格品，B_i 表示取到第 i 台机床生产的零件，$i=1$，2，则由题设知 $P(B_1)=\dfrac{2}{3}$，$P(B_2)=\dfrac{1}{3}$，$P(\overline{A}|B_1)=0.03$，$P(\overline{A}|B_2)=0.02$，因此

$$P(A|B_1)=1-P(\overline{A}|B_1)=0.97,\quad P(A|B_2)=1-P(\overline{A}|B_2)=0.98.$$

(1) 由全概率公式得

$$P(A)=P(B_1)P(A|B_1)+P(B_2)P(A|B_2)=\frac{2}{3}\times 0.97+\frac{1}{3}\times 0.98=0.973.$$

(2) 由贝叶斯公式得

$$P(B_1\mid \overline{A})=\frac{P(B_1)P(\overline{A}|B_1)}{P(B_1)P(\overline{A}|B_1)+P(B_2)P(\overline{A}\mid B_2)}=\frac{\dfrac{2}{3}\times 0.03}{\dfrac{2}{3}\times 0.03+\dfrac{1}{3}\times 0.02}=\frac{3}{4},$$

因此，该废品来自第一台车床的可能性大.

方法总结：利用全概率公式和贝叶斯公式，关键在于构造样本空间的适当划分.

三、教材练习题详解

习题一（A）

1. 写出下列随机试验的样本空间：

(1) 抛三枚硬币，观察正、反面出现的情况；

(2) 掷三颗骰子，观察出现点数组合的情况；

(3) 一射手对某目标进行射击，直到击中目标为止，观察其射击次数；

(4) 掷两颗骰子，观察它们出现的点数之和；

(5) 记录某地某天全天气温，全天最低温记为 T_0，最高温记为 T_1.

解 (1) 设硬币出现正面为 H，出现反面为 T，则

$\Omega=\{(T,T,T),(T,T,H),(T,H,T),(H,T,T),(T,H,H),(H,T,H),(H,H,T),(H,H,H)\}$；

(2) 设三颗骰子出现的点数分别为 x，y，z，则出现点数的组合为

$$\Omega=\{(x,y,z)\mid x,y,z=1,2,3,4,5,6\}；$$

(3) $\Omega=\{1,2,\cdots\}$；

(4) $\Omega=\{2,3,\cdots,12\}$；

(5) $\Omega=\{T\mid T_0\leqslant T\leqslant T_1\}$.

2. A，B，C 分别表示三个事件，用 A，B，C 的运算关系表示下列事件：

(1) A 发生，B，C 都不发生；

(2) A，B 发生，C 不发生；

(3) A 或 B 发生，C 不发生；

(4) A，B，C 都不发生；

(5) A，B，C 中至少有一个发生；

(6) A，B，C 中恰有一个发生；

(7) A，B，C 中恰有两个发生；

(8) A，B，C 中至少有两个发生；

(9) A，B，C 中至多有两个发生.

解 (1) $A\overline{B}\,\overline{C}$；(2) $AB\overline{C}$；(3) $(A\cup B)\overline{C}$；(4) $\overline{A}\,\overline{B}\,\overline{C}$；

(5) $A+B+C$；(6) $\overline{A}\,\overline{B}\,C\cup\overline{A}B\overline{C}\cup A\overline{B}\,\overline{C}$；(7) $AB\overline{C}\cup A\overline{B}C\cup\overline{A}BC$；

(8) $ABC\cup AB\overline{C}\cup A\overline{B}C\cup\overline{A}BC$；(9) $\overline{ABC}$.

3. 在分别标有 1，2，3，4，5，6，7，8 的八张卡片中任取一张. 设事件 $A=$“抽得一张标号不大于 4 的卡片”；事件 $B=$“抽得一张标号为偶数的卡片”；事件 $C=$“抽得一张标号

为奇数的卡片”. 请用基本结果表示如下事件：

$$A\cup B,\ AB,\ \overline{B},\ A-B,\ B-A,\ BC,\ \overline{B\cup C},\ (A\cup B)C.$$

解　$A=\{1,2,3,4\}$，$B=\{2,4,6,8\}$，$C=\{1,3,5,7\}$，

$A\cup B=\{1,2,3,4,6,8\}$，$AB=\{2,4\}$，$A-B=\{1,3\}$，

$B-A=\{6,8\}$，$BC=\varnothing$，$\overline{B\cup C}=\varnothing$，$(A\cup B)C=\{1,3\}$.

4. 设 A，B，C 为三个随机事件，求证：

(1) $(A-AB)\cup B=A\cup B$；(2) $(A\cup B)-B=A-AB=A\overline{B}$；

(3) $(A\cup B)-AB=A\overline{B}\cup\overline{A}B$.

证明　(1) $(A-AB)\cup B=(A\cap\overline{AB})\cup B=(A\cup B)\cap(\overline{AB}\cup B)$

$=(A\cup B)\cap\Omega=A\cup B$；

(2) $(A\cup B)-B=(A\cup B)\cap\overline{B}=(A\cap\overline{B})\cup(B\cap\overline{B})=A\overline{B}$；

(3) $(A\cup B)-AB=(A\cup B)\cap\overline{AB}=(A\cap\overline{AB})\cup(B\cap\overline{AB})=A\overline{B}\cup\overline{A}B$.

5. 设 A，B 为任意两个事件，求证：$P(AB)=1-P(\overline{A})-P(\overline{B})+P(\overline{A}\,\overline{B})$.

证明　因为 $P(A+B)=P(A)+P(B)-P(AB)$，则

$$P(AB)=P(A)+P(B)-P(A+B).$$

又 $P(A)=1-P(\overline{A})$，$P(B)=1-P(\overline{B})$，则

$$P(AB)=1-P(\overline{A})+1-P(\overline{B})-P(A+B).$$

即 $P(AB)=1-P(\overline{A})-P(\overline{B})+1-P(A+B)=1-P(\overline{A})-P(\overline{B})+P(\overline{A}\,\overline{B})$.

6. 设 $P(A)=p$，$P(B)=q$，$P(AB)=r$，求下列各事件的概率：

$$P(\overline{A}\cup\overline{B}),\ P(\overline{A}B),\ P(\overline{A}\cup B),\ P(\overline{A}\,\overline{B}).$$

解　由摩根律知，$P(\overline{A}\cup\overline{B})=P(\overline{AB})=1-r$. 又因为 $P(AB)+P(\overline{A}B)=q$，所以

$$P(\overline{A}B)=q-r,$$

$$P(\overline{A}\cup B)=P(\overline{A})+P(B)-P(\overline{A}B)=1-p+q-(q-r)=1-p+r,$$

$$P(\overline{A}\,\overline{B})=P(\overline{A+B})=1-P(A+B)=1-p-q+r.$$

7. 把 10 本书任意放在书架上，试求其中指定的 3 本书放在一起的概率.

解　令 A 表示“指定 3 本书放在一起”，基本事件总数为 10！，A 事件所含样本点总数为 $A_3^3\cdot 8!$（A_3^3 为 3 本书全排，8！表示把 3 本书看 1 本与其他 7 本书全排)，即

$$P(A)=\frac{A_3^3 8!}{10!}=0.067.$$

8. 从一副 52 张的扑克牌中任取 4 张，求下列事件的概率：

(1) 全是黑桃；(2) 同花；(3) 同色.

解　(1) $P\{全是黑桃\}=\dfrac{C_{13}^4}{C_{52}^4}=0.002641$；

(2) $P\{同花\}=\dfrac{4C_{13}^4}{C_{52}^4}=0.010564$；

(3) $P\{同色\}=\frac{2C_{26}^4}{C_{52}^4}=0.110444$;

9. 某人有 5 把钥匙，但他忘了开门的是哪一把，逐把试开，求：

(1) 若 5 把中只有 1 把能打开房门，恰好第 3 次打开房门的概率；

(2) 若 5 把中只有 1 把能打开房门，3 次内打开房门的概率；

(3) 若 5 把中有 2 把房门钥匙，3 次内打开房门的概率又是多少？

解 (1) 令 A_i 表示“第 i 次打开房门”，则恰好第 3 次打开房门的概率为 $P(\overline{A}_1\overline{A}_2A_3)$，利用古典概型得

$$P(\overline{A}_1\overline{A}_2A_3)=\frac{4\times3\times1}{5\times4\times3}=\frac{1}{5};$$

(2) 令 B 表示“3 次内打开房门”，则 $B=A_1+\overline{A}_1A_2+\overline{A}_1\overline{A}_2A_3$，而 A_1，$\overline{A}_1A_2$ 和 $\overline{A}_1\overline{A}_2A_3$ 3 个事件互不相容，则

$$P(B)=P(A_1)+P(\overline{A}_1A_2)+P(\overline{A}_1\overline{A}_2A_3)=\frac{1}{5}+\frac{1}{5}+\frac{1}{5}=\frac{3}{5};$$

(3) 分析同 (2)，于是

$$P(B)=1-P(\overline{A}_1\overline{A}_2A_3)=1-\frac{3\times2\times1}{5\times4\times3}=\frac{9}{10}.$$

10. 从 1～9 这 9 个正整数中，一次性任意选出 3 个不同的数字，求所得到的 3 个数之积能被 10 整除的概率.

解 令 A 表示“所得到的 3 个数之积能被 10 整除”，则

$$P(A)=\frac{C_4^1C_4^1+C_4^2}{C_9^3}=\frac{11}{42}.$$

11. 将 12 个球随意地放入 3 个盒子中，试求第一个盒子中有 3 个球的概率.

解 设事件 $A=$“第一个盒子中有 3 个球”，则 $P(A)=\frac{C_{12}^3\times2^9}{3^{12}}=0.212$.

12. 单位一科室中有男士 7 人，女士 4 人，现要选出 3 个代表，问选的 3 个代表中至少有 1 位女士的概率为多少？

解 设事件 $A_i=$“3 个代表中至少有一位女士”，$P(\overline{A})=\frac{C_7^3}{C_{11}^3}=\frac{7}{33}$，所以

$$P(A)=1-P(\overline{A})=1-\frac{7}{33}=\frac{26}{33}.$$

13. 某城市有三种报纸 A，B，C. 该城市中有 60%的家庭订阅 A 报，40%的家庭订阅 B 报，30%的家庭订阅 C 报. 又知有 20%的家庭同时订阅 A 报与 B 报，有 10%的家庭同时订阅 A 报与 C 报，有 20%的家庭同时订阅 B 报与 C 报，有 5%的家庭三种报纸都订阅. 试求该城市中有多少个家庭一种报纸都没订.

解 令 A，B，C 表示订阅三种报纸 A，B，C，由已知条件可知

$$P(A)=0.6,\ P(B)=0.4,\ P(C)=0.3,$$
$$P(AB)=P(BC)=0.2,\ P(AC)=0.1,\ P(ABC)=0.05.$$

则

$$P(A+B+C)=P(A)+P(B)+P(C)-P(AB)-P(BC)-P(AC)+P(ABC)=0.85,$$
$$P(\overline{A}\,\overline{B}\,\overline{C})=P(\overline{A+B+C})=1-P(A+B+C)=0.15.$$

* 14. 甲、乙两人相约 8 点至 9 点在某处会面，先到者最多等半小时离开，若每人在该时间段内到达的时间是等可能的，求两人能会面的概率.

解 设 x，y 分别表示甲、乙两人到达的时刻，A 表示“两人能会面”，以 8 点这一时刻为坐标原点建立坐标系，如下图所示：

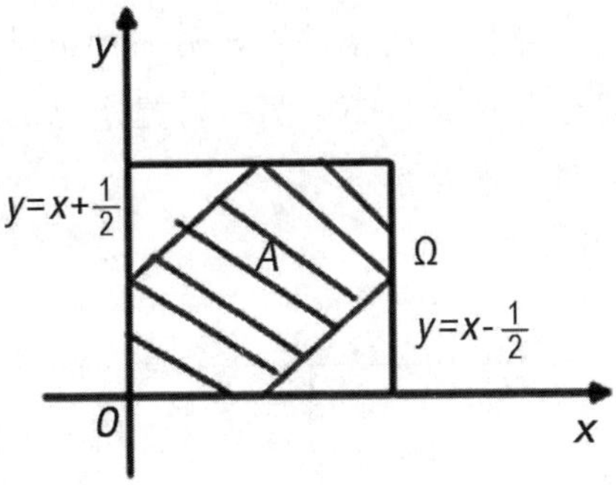

已知 $S_\Omega=1$，$S_A=\dfrac{3}{4}$，于是 $P(A)=\dfrac{S_A}{S_\Omega}=\dfrac{3}{4}$.

* 15. 把长为 a 的线段在任意两点处折断成三段，求它们可以构成一个三角形的概率.

解 固定一端点为坐标原点，建立坐标系. 设 x，y 分别表示这两点的坐标（$0\leqslant x<y\leqslant a$），则

$$\frac{a}{2}<y\leqslant a,\ y-x<\frac{a}{2},\ 0\leqslant x<\frac{a}{2},$$

令 A 表示“能构成三角形”，如下图所示：

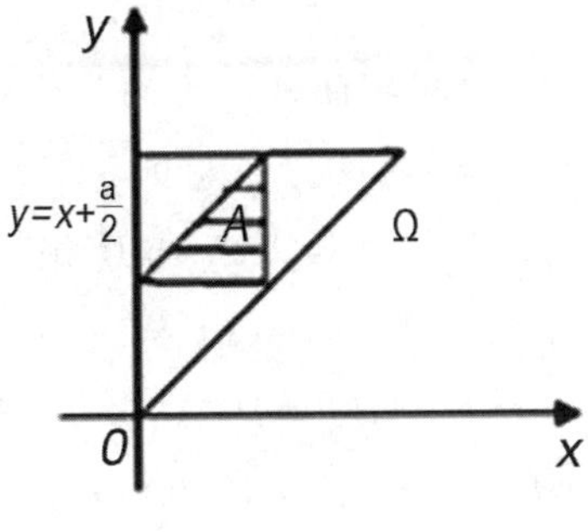

显然

$$P(A)=\frac{S_A}{S_\Omega}=\frac{1}{4}.$$

16. 在有三个小孩的家庭中，已知至少有一个女孩. 求该家庭至少有一个男孩的概率(设男孩与女孩是等可能的).

解 $\Omega=\{bbb, bbg, bgb, gbb, bgg, gbg, ggb, ggg\}$，其中 b 表示男孩，g 表示女孩.

令 A 表示“至少有一个女孩”，令 B 表示“至少有一个男孩”，则 $P(B\mid A)=\frac{6}{7}$.

17. 若 M 件产品中有 m 件废品，今从其中任取两件，求：

(1) 已知取出的两件中有一件是废品的条件下，另一件也是废品的条件概率；

(2) 已知两件中有一件不是废品的条件下，另一件是废品的条件概率；

(3) 取出的两件中至少有一件是废品的概率.

解 令 A_i 表示“取出 i 件废品”，则

(1) $P(A_2|\overline{A}_0)=\dfrac{P(A_2\overline{A}_0)}{P(\overline{A}_0)}=\dfrac{C_m^2/C_M^2}{(C_m^1C_{M-m}^1+C_m^2)/C_M^2}=\dfrac{C_m^2}{C_m^1C_{M-m}^1+C_m^2}$；

(2) $P(A_1|\overline{A}_2)=\dfrac{C_m^1C_{M-m}^1}{C_m^1C_{M-m}^1+C_{M-m}^2}$；

(3) $P(A_1+A_2)=\dfrac{C_m^1C_{M-m}^1+C_m^2}{C_M^2}$.

18. 设某种动物由出生活到 10 岁的概率为 0.8，而活到 15 岁的概率为 0.4. 问现年为 10 岁的这种动物能活到 15 岁的概率是多少?

解 设 t 为此种动物的寿命，由题意知，$P\{t>10\}=0.8$，$P\{t>15\}=0.4$，又因为 $\{t>10\}\supset\{t>15\}$，所以

$$P\{t>15\mid t>10\}=\frac{P\{t>15, t>10\}}{P\{t>10\}}=\frac{0.4}{0.8}=0.5.$$

19. 已知 $P(A)=0.4$，$P(B)=0.3$，且 A，B 相互独立，试求

$$P(A|B),\ P(A+B),\ P(\overline{A}B),\ P(\overline{AB}),\ P(\overline{A}+B).$$

解 因为 A 与 B 相互独立，故 $\overline{A}$ 与 B 以及 $\overline{A}$ 与 $\overline{B}$ 相互独立，于是

$$P(A|B)=P(A)=0.4;$$

$$P(A+B)=P(A)+P(B)-P(AB)=P(A)+P(B)-P(A)P(B)=0.58;$$

$$P(\overline{A}B)=P(\overline{A})\cdot P(B)=0.18;$$

$$P(\overline{AB})=P(\overline{A}+\overline{B})=1-P(A)P(B)=0.88;$$

$$P(\overline{A}+B)=P(\overline{A})+P(B)-P(\overline{A}B)=P(\overline{A})+P(B)-P(\overline{A})P(B)=0.72.$$

20. 甲、乙两人每枪射中同一目标的概率分别为 0.4、0.3，甲射 1 枪，乙射 5 枪，各枪独立，求目标被射中的概率.

解 令 A 表示“甲射中”，B_i 表示“乙射中 i 枪”，B 表示“乙射中”，C 表示“目标被射中”，因为 A 与 B 相互独立，而 $P(\overline{A})=0.6$，$P(\overline{B})=0.7^5$，故

$$P(C)=P(A+B)=1-P(\overline{A}\,\overline{B})=1-P(\overline{A})P(\overline{B})=0.8992\,.$$

21. 在 4 次独立重复试验中，事件 A 至少出现一次的概率为 $\dfrac{65}{81}$，求事件 A 在每次试验中发生的概率.

解 令 $P(A)=k$，B 表示“事件 A 至少出现一次”，则由题意知

$$P(B)=1-(1-k)^4=\frac{65}{81},$$

解得 $k=\dfrac{1}{3}$.

22. 一个电子元件由三部分组成，每一部分正常工作的概率都是 0.99，如果两个或者两个以上都不能正常工作，这个元件就失效. 假定各个部分是否正常工作不依赖其他部分的工作情况，确定这个电子元件失效的概率是多少？

解 令 A_i 表示“电子元件 i 个部分不能正常工作”，B 表示“电子元件失效”，则

$$P(B)=P(A_2+A_3)=P(A_2)+P(A_3)=C_3^2\cdot 0.01^2\cdot 0.99+C_3^3\cdot 0.01^3=0.000298\,.$$

23. 袋中有 20 个球，其中 7 个是红色的，5 个是黄色的，4 个是黄、蓝两色的，1 个是红、黄、蓝三色的，其余 3 个是无色的. A，B，C 分别表示事件从袋中任意摸出 1 个球有红色，有黄色，有蓝色，证明：$P(ABC)=P(A)P(B)P(C)$，但 A，B，C 两两不独立.

证明 从袋中任意摸出 1 个球的基本事件总数为 C_{20}^1，由题意知

$$P(A)=\frac{C_{7+1}^1}{C_{20}^1}=\frac{8}{20},\ P(B)=\frac{C_{5+4+1}^1}{C_{20}^1}=\frac{10}{20},\ P(C)=\frac{C_{4+1}^1}{C_{20}^1}=\frac{5}{20},$$

$$P(ABC)=\frac{1}{C_{20}^1}=\frac{8}{20}\times\frac{10}{20}\times\frac{5}{20}=P(A)P(B)P(C),$$

又

$$P(AB)=P(AC)=\frac{1}{20},\ P(BC)=\frac{5}{20},$$

因为

$$P(AB)\neq P(A)\cdot P(B),\ P(AC)\neq P(A)\cdot P(C),\ P(BC)\neq P(B)\cdot P(C),$$

故 A，B，C 两两不独立.

24. 设有 4 张卡片分别标以数字 1，2，3，4，今任取 1 张，设事件 A 为“取到 4 或 2”，事件 B 为“取到 4 或 3”，事件 C 为“取到 4 或 1”. 试验证：

$$P(AB)=P(A)P(B),\ P(BC)=P(B)P(C),$$

$$P(AC)=P(A)P(C),\ P(ABC)\neq P(A)P(B)P(C).$$

证明 从 4 张卡片任取 1 张的基本事件总数为 C_4^1，由题意知

$$P(A)=P(B)=P(C)=\frac{C_2^1}{C_4^1}=\frac{1}{2},$$

$$P(AB)=P(BC)=P(AC)=\frac{1}{C_4^1}=\frac{1}{4},$$

$$P(ABC)=\frac{1}{C_4^1}=\frac{1}{4},$$

于是

$$P(AB)=P(A)P(B),\ P(BC)=P(B)P(C),$$
$$P(AC)=P(A)P(C),\ P(ABC)\neq P(A)P(B)P(C).$$

25. 设有甲、乙两口袋，甲袋中装有 n 个白球、m 个红球；乙袋中装有 N 个白球、M 个红球. 令从甲袋中任意取 1 个球放入乙袋中，再从乙袋中任意取 1 个球，试问取到白球的概率是多少?

解 令 A 表示“从甲袋中任意取 1 个球为白球”，令 B 表示“从乙袋中任意取 1 个球为白球”，则由全概率公式得

$$\begin{aligned}P(B)&=P(A)\cdot P(B|A)+P(\overline{A})\cdot P(B|\overline{A})\\&=\frac{n}{n+m}\cdot\frac{N+1}{N+1+M}+\frac{m}{n+m}\cdot\frac{N}{N+1+M}\\&=\frac{mN+n(N+1)}{(N+M+1)(n+m)}.\end{aligned}$$

26. 某商店收进甲、乙厂生产的同种商品分别为 30 箱、20 箱，甲厂产品每箱装 100 个，次品率为 0.06；乙厂产品每箱装 120 个，次品率为 0.05.

(1) 任取一箱，从中任取一个产品，求其为次品的概率；

(2) 所有产品混装，任取一个产品，求其为次品的概率.

解 令 A 表示“任取一个产品为甲厂生产的”，B 表示“任取一个产品为乙厂生产的”，C 表示“任取一个产品为次品”.

(1) 由全概率公式知

$$P(C)=P(A)\cdot P(C|A)+P(B)\cdot P(C|B)=\frac{30}{50}\times 0.06+\frac{20}{50}\times 0.05=0.056;$$

(2) 第二种情况下，$P(A)=\frac{3000}{5400}$，$P(B)=\frac{2400}{5400}$，于是

$$P(C)=P(A)\cdot P(C|A)+P(B)\cdot P(C|B)=\frac{3000}{5400}\times 0.06+\frac{2400}{5400}\times 0.05=\frac{1}{18}.$$

27. 某校射击队共有 20 名射手，其中一级射手 4 人，二级射手 8 人，三级射手 7 人，四级射手 1 人，一、二、三、四级射手能通过预选赛进入正式比赛的概率分别为 0.9、0.7、

0.5、0.2. 求：(1) 任选一名射手能进入正式比赛的概率；(2) 选取一名射手已进入正式比赛，问此人为一级射手的概率.

解　令 A_i 表示“任选一名射手为 i 级射手”，$i=1, 2, 3, 4$，令 B 表示“任选一名射手能进入正式比赛”.

(1) 由全概率公式知

$$P(B)=\sum_{i=1}^{4}P(A_i)\cdot P(B|A_i)=\frac{4}{20}\times 0.9+\frac{8}{20}\times 0.7+\frac{7}{20}\times 0.5+\frac{1}{20}\times 0.2=0.645.$$

(2) 由贝叶斯公式知

$$P(A_1|B)=\frac{P(A_1)\cdot P(B|A_1)}{\sum_{i=1}^{4}P(A_i)\cdot P(B|A_i)}=\frac{\frac{4}{20}\times 0.9}{0.645}=0.2791.$$

习题一 (B)

1. 设 $P(A)=a$，$P(B)=0.3$，$P(\overline{A}\cup B)=0.7$，问：

(1) 若事件 A 与事件 B 互不相容，a 取何值？

(2) 若事件 A 与事件 B 相互独立，a 取何值？

解　(1) 由于 A 与 B 互不相容，故 $\overline{A}\supset B$，于是 $P(\overline{A}\cup B)=P(\overline{A})$，即 $1-a=0.7$，解得 $a=0.3$；

(2) 由于 A 与 B 相互独立，故 $\overline{A}$ 与 B 也相互独立，于是

$$P(\overline{A}\cup B)=P(\overline{A})+P(B)-P(\overline{A})P(B),$$

即

$$1-a+0.3-0.3(1-a)=0.7,$$

解得 $a=\frac{3}{7}$.

2. 在 1～100 的自然数中任取一数，已知此数不大于 50，求此数是 2 或 3 的倍数的概率.

解　令 A 表示“取得 2 的倍数”，令 B 表示“取得 3 的倍数”，则

$$P(A+B)=P(A)+P(B)-P(AB)=\frac{25}{50}+\frac{16}{50}-\frac{8}{50}=\frac{33}{50}.$$

3. 甲、乙两人轮流射击，先击中目标者为胜. 设甲、乙击中目标的概率分别为 α，β，甲先射，求甲为胜者的概率.

解　令 A_i 表示“第 i 次击中目标”，令 B 表示“甲为胜者”，则

$$P(A_{2k-1})=(1-\alpha)^{k-1}\cdot(1-\beta)^{k-1}\cdot\alpha,\ k=1, 2, \cdots.$$

于是

$$P(B)=\sum_{k=1}^{\infty}P(A_{2k-1})=\sum_{k=1}^{\infty}(1-\alpha)^{k-1}\cdot(1-\beta)^{k-1}\cdot\alpha=\frac{\alpha}{1-(1-\alpha)(1-\beta)}=\frac{\alpha}{\alpha+\beta(1-\alpha)}.$$

4. 某城市有1%色盲者，问从这个城市里选出多少人，才能使得里面至少有一位色盲者的概率不小于0.95.

解 令A表示“选出n个人，没有一位色盲者”，则$P(A)=0.99^n<0.05$，则至少要选出299人.

5. 12个乒乓球都是新的，每次比赛时取出3个，用完后放回去，求第三次比赛时取出的3个球都是新球的概率.

解 由题意知，第一次比赛后，有9个新球，3个旧球. 令A_i表示“第二次比赛取出i个新球”，令B表示“第三次比赛取出3个新球”，则

$$P(B)=\sum_{i=0}^{3}P(A_i)\cdot P(B|A_i)=\frac{C_3^3}{C_{12}^3}\times\frac{C_9^3}{C_{12}^3}+\frac{C_9^1C_3^2}{C_{12}^3}\times\frac{C_8^3}{C_{12}^3}+\frac{C_9^2C_3^1}{C_{12}^3}\times\frac{C_7^3}{C_{12}^3}+\frac{C_9^3}{C_{12}^3}\times\frac{C_6^3}{C_{12}^3}=$$
0.1458.

6. 每箱产品有10件，其次品数为0，1，2是等可能的，开箱检验时，从中任取一件，如果检验为次品，则认为该箱产品不合格而拒收，由于检验误差，假设一件正品被误判为次品的概率是2%，一件次品被漏查误判为正品的概率是10%. 求检验一箱产品能通过验收的概率.

解 令A_i表示“每箱10件产品中次品数为i”，令B表示“任取一件产品检验为次品”，C表示“任取一件产品为正品”，则由题意知

$$P(A_0)=P(A_1)=P(A_2)=\frac{1}{3}，P(B|C)=0.02，P(\overline{B}|\overline{C})=0.1.$$

于是

$$P(C)=\sum_{i=0}^{2}P(A_i)\cdot P(C|A_i)=\frac{1}{3}\times1+\frac{1}{3}\times\frac{9}{10}+\frac{1}{3}\times\frac{8}{10}=\frac{9}{10},$$

$$P(\overline{B})=P(C)\cdot P(\overline{B}|C)+P(\overline{C})\cdot P(\overline{B}|\overline{C})=\frac{9}{10}\times0.98+\frac{1}{10}\times0.1=0.892.$$

7. 将两信息分别编码为A和B传递出去，接收站收到时，A被误收作B的概率为0.02，而B被误收作A的概率为0.01，信息A和B传送的频繁程度为2∶1. 若接收站收到的信息是A，试问原发信息是A的概率是多少？

解 令C表示“传送A信息”，$\overline{C}$表示“传送B信息”，D表示“收到A信息”，$\overline{D}$表示“收到B信息”，则由题意知

$$P(C)=\frac{2}{3}，P(\overline{C})=\frac{1}{3}，P(\overline{D}|C)=0.02，P(D|\overline{C})=0.01.$$

于是

$$P(C|D)=\frac{P(CD)}{P(D)}=\frac{P(C)\cdot P(D|C)}{P(C)\cdot P(D|C)+P(\overline{C})\cdot P(D|\overline{C})}=\frac{196}{197}.$$

8. 甲、乙两盒都有 2 个白球 3 个黑球，先从甲盒用不放回抽样抽 3 个放到乙盒，再从乙盒用放回抽样抽 3 个.

(1) 求两盒共抽得 3 个白球的概率；

(2) 已知两盒共抽得 3 个白球，求甲盒抽到 1 个白球的概率.

解 令 A_i 表示"从甲盒抽出 i 个白球"，B_i 表示"从乙盒抽出 i 个白球"，C 表示"两盒共抽出 3 个白球"，则由题意知

$$P(A_0)=\frac{1}{C_5^3}=0.1,\ P(A_1)=\frac{C_3^2C_2^1}{C_5^3}=0.6,\ P(A_2)=\frac{C_3^1C_2^2}{C_5^3}=0.3.$$

(1) 两盒共抽得 3 个白球的概率为

$$P(C)=P(A_2)P(B_1|A_2)+P(A_1)P(B_2|A_1)+P(A_0)P(B_3|A_0)$$
$$=0.3\times\frac{C_3^1\cdot4\cdot4^2}{8^3}+0.6\times\frac{C_3^2\cdot3^2\cdot5}{8^3}+0.1\times\frac{2^3}{8^3}=0.2707;$$

(2) 已知两盒共抽得 3 个白球，甲盒抽到 1 个白球的概率为

$$P(A_1|C)=\frac{P(A_1C)}{P(C)}=\frac{P(A_1B_2)}{P(C)}=\frac{P(A_1)P(B_2|A_1)}{P(C)}=0.5844.$$

四、自测题及答案

(一) 自测题

一、填空题（本大题共 5 小题，每小题 3 分，共 15 分）

1. 设 A，B，C 为 3 个事件，则事件 A，B，C 不都发生表示为________.

2. 设事件 A 与 B 相互独立，$P(A)=0.7$，$0<P(B)<1$，则 $P(\overline{A}\mid\overline{B})=$__________.

3. 掷 3 颗骰子，至少有 1 颗出现 6 点的概率为 ________.

4. 设 A 和 B 为相互独立的两个事件，并且 $P(A)=0.5$，$P(B)=0.6$，则 $P(A+B)=$________.

5. 对以往数据的分析表明，机器在良好状态时，生产的产品合格率为 90%；而当机器在故障状态时，产品合格率为 30%，若每天开机时机器良好的概率为 75%，当某天开机后生产的第一件产品为合格品时，则机器是良好状态的概率是________.

二、选择题（本大题共 5 小题，每小题 3 分，共 15 分）

1. 若 $P(AB)=0$，则（ ）成立.

(A) A，B 互斥　　(B) $A\cap B=\varnothing$

(C) A，B 未必是不可能事件　　(D) $P(A)=0$ 或 $P(B)=0$

2. 对于任意两个事件 A 和 B，有（　）.

(A) 若 $A\cap B\neq\varnothing$，则 A，B 一定独立

(B) 若 $A\cap B\neq\varnothing$，则 A，B 有可能独立

(C) 若 $A\cap B=\varnothing$，则 A，B 一定独立

(D) 若 $A\cap B\neq\varnothing$，则 A，B 一定不独立

3. 一批产品有 1000 件，其中有 10 件次品，无放回地从中任取 2 件，则取得至少 1 件次品的概率为（　）.

(A) 0.09　(B) 0.038　(C) 0.050　(D) 0.0199

4. 设 $P(A)=0.6$，$P(B)=0.5$，$P(A\mid B)=0.6$，则下列结论正确的是（　）.

(A) 事件 A 和 B 互不相容　(B) $A\subset B$

(C) 事件 A 和 B 相互独立　(D) $P(A+B)=P(A)+P(B)$

5. 设事件 A_1，A_2，A_3 相互独立，并且 $P(A_k)=p(k=1,2,3,0<p<1)$，则这三个事件不全发生的概率是（　）.

(A) $(1-p)^3$　(B) $3(1-p)$

(C) $(1-p)^3+3p(1-p)$　(D) $3p^2(1-p)+3p(1-p)^2$

三、计算题（本大题共 7 小题，每小题 10 分，共 70 分）

1. 已知 $P(A)=0.5$，$P(B)=0.6$，$P(B\mid A)=0.8$，求 $P(A+B)$.

2. 一种设备使用到 1000 小时不能正常工作的概率为 0.05，使用到 2000 小时不能正常工作的概率为 0.1，求已经工作了 1000 小时的设备能继续工作到 2000 小时的概率.

3. 袋中有 10 个小球，4 个红球，6 个白球，从袋中连续取 3 次，每次取 1 球.（1）有放回地抽取；（2）不放回地抽取，设 A 为“3 个球都是白的”，B 为“2 个球是红的，1 个球是白的”，求 $P(A)$，$P(B)$.

4. 一学生宿舍有 6 名同学，问 6 人生日：（1）都不在星期天的概率；（2）不都在星期天的概率.

5. 3 个人独立去破译密码，他们能译出的概率分别为 $\frac{1}{5}$，$\frac{1}{6}$，$\frac{1}{3}$，问密码不能被破译的概率是多少？

6. 玻璃杯成箱出售，每箱 20 只，假设各箱含 0，1，2 只残次品的概率分别为 0.8，0.1，0.1，顾客购买时，售货员随意取一箱，顾客随机查看 4 只，若无残次品则买下，否则退回，试求顾客买下该箱玻璃杯的概率.

7. 设某地区成年居民中肥胖者占 10%，不胖不瘦者占 82%，瘦者占 8%，又知肥胖者患高血压病的概率为 20%，不胖不瘦者患高血压病的概率为 10%，瘦者患高血压病的概率为 5%. 若在该地区任选一人，发现此人患高血压病，则他属于肥胖者的概率有多大？

（二）答案

一、1. $\overline{ABC}$.

2. 0.3.

3. $1-\frac{5^3}{6^3}$.

4. 0.8.

5. 0.474.

二、1. C

2. B

3. D

4. C

5. C

三、1. 0.7. 提示：利用乘法公式和加法公式.

2. $\frac{18}{19}$. 提示：利用条件概率定义式.

3. (1) $P(A)=0.216$， $P(B)=0.288$； (2) $P(A)=0.167$， $P(B)=0.3$.

4. (1) $\frac{6^6}{7^6}$ ； (2) $1-\frac{1}{7^6}$.

5. $\frac{4}{9}$. 提示：利用独立性定义简化乘法公式.

6. 0.94. 提示：利用全概率公式.

7. $\frac{10}{53}$. 提示：利用贝叶斯公式.

第二章　随机变量及其分布

一、教学基本要求与内容提要

（一）教学基本要求

1. 理解随机变量与分布函数的概念及其性质，会利用分布函数计算有关事件的概率；

2. 理解离散型随机变量及其概率分布的概念和性质，掌握概率分布与分布函数之间的关系，掌握利用概率分布计算事件概率的方法；

3. 理解连续型随机变量及其概率密度的概念和性质，掌握概率密度与分布函数之间的关系，掌握利用概率密度计算事件概率的方法；

4. 掌握简单的随机变量函数的概率分布的求法；

5. 理解数学期望的概念和性质，掌握随机变量函数的数学期望的计算公式；

6. 理解方差的概念和性质，掌握矩的概念；

7. 掌握几种重要的离散型分布的概率分布和应用，包括 $0-1$ 分布、超几何分布、二项分布和泊松分布，掌握其数学期望和方差，并熟悉几种分布之间的关系；

8. 掌握几种重要的连续型分布的概率密度和应用，包括均匀分布、指数分布和正态分布，掌握其数学期望和方差.

（二）内容提要

1. 随机变量及其分布函数

（1）随机变量的概念

设试验 E 的样本空间为 Ω，若对于每一个 $\omega \in \Omega$，总有一个确定的实数 $X(\omega)$ 与其对应，则称映射 $X(\cdot)$ 为**随机变量**，简记为 X.

（2）分布函数的概念

对于随机变量 X，定义实值函数 $F(x)=P\{X \leqslant x\}$，$x \in \mathrm{R}$ 为 X 的**分布函数**.

(3) 分布函数的基本性质

①**有界性**：$0 \leqslant F(x) \leqslant 1$.

②**单调性**：若 $x_1 < x_2$，则 $F(x_1) \leqslant F(x_2)$，即 $F(x)$ 单调不减.

③**收敛性**：$F(-\infty) = \lim\limits_{x \to -\infty} F(x) = 0$，$F(+\infty) = \lim\limits_{x \to +\infty} F(x) = 1$.

④**右连续性**：$\lim\limits_{x \to x_0^+} F(x) = F(x_0)$，对任意的 $x_0 \in \mathbf{R}$.

(4) 分布法求概率

①左开右闭区间的概率 $P\{a < X \leqslant b\} = F(b) - F(a)$.

②点概率 $P\{X = c\} = F(c) - F(c-0)$.

③其他公式

$$P\{X \leqslant a\} = F(a)\text{；}P\{X > a\} = 1 - F(a)\text{；}P\{X < a\} = F(a-0).$$

$$P\{X \geqslant a\} = 1 - F(a-0)\text{；}P\{a \leqslant X \leqslant b\} = F(b) - F(a-0).$$

$$P\{a < X < b\} = F(b-0) - F(a)\text{；}P\{a \leqslant X < b\} = F(b-0) - F(a-0).$$

2. 离散型随机变量及其概率分布

(1) 概念

如果随机变量 X 只可能取有限个或至多可列个值，则称 X 为**离散型随机变量**. 设离散型随机变量 X 的所有可能取值为 x_1，x_2，…，x_n，…，则称

$$P\{X = x_k\} = p_k，k = 1，2，\cdots$$

为离散型随机变量 X 的**概率分布**或**概率分布律（概率分布列）**，可简称为**分布律（分布列）**.

为了直观，分布律也表示成如下的表格形式：

X	x_1	x_2	$\cdots$	x_n	$\cdots$
P	p_1	p_2	$\cdots$	p_n	$\cdots$

或

$$X \sim \begin{pmatrix} x_1 & x_2 & \cdots & x_n & \cdots \\ p_1 & p_2 & \cdots & p_n & \cdots \end{pmatrix}.$$

(2) 概率分布的基本性质

① **非负性**：$0 \leqslant p_k \leqslant 1$；

② **正则性**：$\sum\limits_{k=1}^{\infty} p_k = 1$.

利用性质可判断给定数列 p_1，p_2，…，p_n …是否为随机变量的概率分布.

(3) 分布法求概率

离散场合下，计算概率只需将概率分布中有利事件的概率作和.

(4) 分布形式之间的转化公式

$$\begin{cases} F(x)=\sum\limits_{x_k\leqslant x} p_k; \\ p_k=F(x_k)-F(x_k-0),\ k=1,\ 2,\ \cdots,\ n. \end{cases}$$

直观上，离散型随机变量的分布函数是阶梯曲线，并且分段点恰为可能取值点，跃度为相应的概率.

3. 连续型随机变量及其概率密度

(1) 概念

设 $F(x)$ 为随机变量 X 的分布函数，如果存在非负可积函数 $f(x)$，使得对任意实数 x 均有

$$F(x)=\int_{-\infty}^{x} f(t)\mathrm{d}t,$$

则称 X 为**连续型随机变量**，$f(x)$ 为 X 的**概率密度**或**密度函数**，简称**密度**.

(2) 概率密度的基本性质

① **非负性**：$f(x)\geqslant 0$；

② **正则性**：$\int_{-\infty}^{+\infty} f(x)\mathrm{d}x=1$.

上面性质提供判断给定函数是否为概率密度的基本依据.

(3) 分布法求概率

① 左开右闭区间的概率：$P\{a<X\leqslant b\}=\int_a^b f(x)\mathrm{d}x$；

② 点概率：$P\{X=c\}=0$.

(4) 分布形式之间的转化示意图

$$F(x)\underset{\int_{-\infty}^{x}\cdot\,\mathrm{d}x}{\overset{\frac{\mathrm{d}}{\mathrm{d}x}}{\rightleftarrows}} f(x).$$

注 $F(x)=\int_{-\infty}^{x} f(t)\mathrm{d}t$ 蕴含连续型随机变量的分布函数是连续的.

4. 随机变量函数的分布

(1) 离散场合下，求 $g(X)$ 的概率分布

设离散型随机变量 X 的概率分布为

$$\begin{pmatrix} x_1 & x_2 & \cdots & x_n & \cdots \\ p_1 & p_2 & \cdots & p_n & \cdots \end{pmatrix},$$

并且 $Y=g(X)$，则随机变量 Y 也是离散型的，并且其概率分布为

$$\begin{pmatrix} g(x_1) & g(x_2) & \cdots & g(x_n) & \cdots \\ p_1 & p_2 & \cdots & p_n & \cdots \end{pmatrix}.$$

若 $g(x_1)$，$g(x_2)$，…，$g(x_n)$，… 中某些值相等，则需合并后再将对应概率作和.

(2) 连续场合下，求 $g(X)$ 的概率密度

① 分布函数法

若 $X \sim f_X(x)$，并且 $Y=g(X)$，其中 g 为连续函数，则随机变量 Y 也是连续型的.

一般情况下，利用分布函数法求 Y 的概率密度. 标准过程如下：

Ⅰ. 依据定义算出 Y 的分布函数；

Ⅱ. 求导数得到概率密度.

② 公式法

对于单调函数也可采用公式法求函数密度，定理形式如下：

设 $X \sim f_X(x)$，并且 $y=g(x)$ 是严格单调函数，其反函数 $x=h(y)$ 有连续导数，则随机变量 $Y=g(X)$ 是连续型的，其概率密度

$$f_Y(y)=\begin{cases} f_X[h(y)]\,|h'(y)|, & y\in(a,b), \\ 0, & \text{其他}. \end{cases}$$

其中 (a,b) 代表 Y 的可能取值区间.

5. 数学期望

(1) 概念

① 离散型随机变量的期望

若离散型随机变量 X 的概率分布为 $p_k=P\{X=x_k\}$，$k=1,2,\cdots$，并且 $\sum\limits_{k=1}^{\infty}|x_k|p_k$ 收敛，则称 $\sum\limits_{k=1}^{\infty}x_k p_k$ 为 X 的数学期望，简称期望或均值，记作 EX. 若 $\sum\limits_{k=1}^{\infty}|x_k|p_k$ 发散，称 X 的期望不存在.

② 连续型随机变量的期望

若连续型随机变量 $X\sim f(x)$，并且 $\int_{-\infty}^{+\infty}|x|f(x)\,\mathrm{d}x$ 收敛，则称 $\int_{-\infty}^{+\infty}xf(x)\,\mathrm{d}x$ 为 X 的数学期望，简称期望或均值，记作 EX. 若 $\int_{-\infty}^{+\infty}|x|f(x)\,\mathrm{d}x$ 发散，称 X 的期望不存在. 数学期望是描述随机变量的平均取值的特征数.

(2) 简单性质（线性性）

若 EX 存在，则 $E(aX+b)=aEX+b$，其中 a，b 为常数.

(3) 随机变量函数的期望公式

设 $Y=g(X)$，并且 EY 存在，有下面命题成立：

①设离散型随机变量 X 的概率分布为 $P\{X=x_k\}=p_k$，$k=1,2,\cdots$，则

$$EY=E[g(X)]=\sum_{k=1}^{\infty}g(x_k)p_k.$$

②设连续型随机变量 $X \sim f(x)$，则

$$EY=E[g(X)]=\int_{-\infty}^{+\infty} g(x) f(x) \mathrm{d}x.$$

6. 方差

(1) 概念

设 X 是一个随机变量，若 $E(X-EX)^2$ 存在，则称 $E(X-EX)^2$ 为 X 的**方差**，记为 DX 或 $\mathrm{Var}X$. 方差的算术平方根 $\sqrt{DX}$ 称为**标准差**或**根方差**. 方差用来描述随机变量的取值与期望值的偏离程度.

(2) 常用计算公式

方差的计算可归结为求两类期望，即 $DX=EX^2-(EX)^2$.

(3) 简单性质

若 EX 存在，则 $D(aX+b)=a^2DX$，其中 a，b 为常数.

(4) 矩的概念

对于随机变量 X，若 EX^k 存在，称它为 X 的 k **阶原点矩**，$k=1, 2, \cdots$；若 $E(X-EX)^k$ 存在，称它为 X 的 k **阶中心矩**，$k=2, 3, \cdots$. 矩概念可视为期望和方差概念的自然推广，因为 EX 与 DX 分别为 X 的一阶原点矩与二阶中心矩.

7. 离散型随机变量的特殊分布

(1) 0－1 分布

① 概念

设随机变量 X 的概率分布为

X	1	0
P	p	$1-p$

其中 $0<p<1$ 为分布参数，则称 X 服从参数为 p 的**0－1 分布**.

② 模型

设 X 表示伯努利试验中成功的次数，并且 $P\{X=1\}=p$，则 X 服从参数为 p 的 0－1 分布.

③数字特征

$EX=p$；$DX=p(1-p)$.

(2) 超几何分布

① 概念

设随机变量 X 的概率分布为

$$P\{X=k\}=\frac{C_M^k C_{N-M}^{n-k}}{C_N^n}, \ k=0, 1, \cdots, n, \ M \leqslant N, \ n \leqslant M,$$

则称 X 服从参数为 N，M，n 的**超几何分布**.

② **模型**

N 容量总体中，有 M 个元素具有特征 A ，进行 n 次非还原抽样，设 X 表示 A 出现的次数，则 X 服从参数为 N，M，n 的超几何分布.

③**数字特征**

$$EX=n\frac{M}{N}\text{；}DX=n\frac{(N-n)}{N-1}\frac{M}{N}\left(1-\frac{M}{N}\right).$$

(3) 二项分布

① **概念**

若随机变量 X 的概率分布为

$$p_k=P\{X=k\}=C_n^k p^k q^{n-k}\text{，}k=0\text{，}1\text{，}\cdots\text{，}n\text{，}$$

其中 $q=1-p$ ，$0<p<1$，则称 X 服从参数为 n，p 的**二项分布**，记作 $X\sim B(n, p)$.

② **模型**

设 X 表示 n 重伯努利试验中事件 A 出现的次数，并且 $P(A)=p$ ，则 $X\sim B(n, p)$.

③**数字特征**

$EX=np$ ；$DX=npq$.

二项分布的**最可能值**

$$k_0=\begin{cases}(n+1)p\ \text{或}\ (n+1)p-1, & (n+1)p\ \text{是整数，}\\ [(n+1)p], & (n+1)p\ \text{不是整数.}\end{cases}$$

其中 $[(n+1)p]$ 表示不超过 $(n+1)p$ 的最大整数.

④ **0－1 分布、超几何分布与二项分布的关系**

当 $n=1$ 时，二项分布就是 0－1 分布.

当 $n<N$ 时，参数为 N，M，n 的超几何分布可用二项分布 $B\left(n, \frac{M}{N}\right)$ 近似.

(4) 泊松分布

① **概念**

若随机变量 X 的概率分布为

$$p_k=P\{X=k\}=\frac{\lambda^k}{k!}e^{-\lambda}\text{，}k=0\text{，}1\text{，}2\text{，}\cdots\text{，}$$

其中 $\lambda>0$ 为常数，则称 X 服从参数为 λ 的**泊松分布**，记作 $X\sim P(\lambda)$.

② **数字特征**

$EX=\lambda$ ， $DX=\lambda$.

③ **泊松定理**

在 n 重伯努利试验中，事件 A 发生的次数 X 服从二项分布，记事件 A 在一次试验中发

生的概率为 p_n（与试验次数 n 有关），如果当 $n\to\infty$ 时，有 $np_n\to\lambda>0$，则对于任何非负整数 k，有

$$\lim_{n\to\infty}P\{X=k\}=\lim_{n\to\infty}C_n^k p_n^k(1-p_n)^{n-k}=\frac{\lambda^k}{k!}e^{-\lambda}.$$

根据泊松定理，当 n 很大，p 很小，np 适中时，泊松分布可近似二项分布.

8. **连续型随机变量的特殊分布**

(1) 均匀分布

① 概念

设 X 是一个连续型随机变量，如果其密度函数为：

$$f(x)=\begin{cases}\dfrac{1}{b-a}, & a\leqslant x\leqslant b,\\ 0, & \text{其他},\end{cases}$$

则称随机变量 X 服从区间 $[a,b]$ 上的**均匀分布**，记作 $X\sim U[a,b]$.（若 $X\sim f(x)=\begin{cases}\dfrac{1}{b-a}, & a<x<b,\\ 0, & \text{其他},\end{cases}$ 则记作 $X\sim U(a,b)$.）

② 概率的计算公式

对于任意的 x_1，$x_2\in(a,b)$，且 $x_1<x_2$，均有 $P\{x_1<X<x_2\}=\dfrac{x_2-x_1}{b-a}$.

③ 数字特征

$EX=\dfrac{a+b}{2}$；$DX=\dfrac{(b-a)^2}{12}$.

(2) 指数分布

① 概念

若连续型随机变量 X 的密度函数

$$f(x)=\begin{cases}\lambda e^{-\lambda x}, & x>0,\\ 0, & x\leqslant 0,\end{cases}$$

其中 $\lambda>0$ 为常数，则称 X 服从参数为 λ 的**指数分布**，记作 $X\sim E(\lambda)$.

② 分布函数

$$F(x)=\begin{cases}1-e^{-\lambda x}, & x>0,\\ 0, & x\leqslant 0.\end{cases}$$

③ 数字特征

$EX=\dfrac{1}{\lambda}$；$DX=\dfrac{1}{\lambda^2}$.

(3) 正态分布

① 概念

若连续型随机变量 X 的密度函数

$$f(x)=\frac{1}{\sqrt{2\pi}\sigma}e^{-\frac{(x-\mu)^2}{2\sigma^2}},\ x\in(-\infty,+\infty),$$

其中 μ，σ 为常数，并且 $\sigma>0$，则称 X 服从参数为 μ 和 σ^2 的**正态分布**，记作 $X\sim N(\mu,\sigma^2)$．特别地，$N(0,1)$ 称为**标准正态分布**．$\varphi(x)$ 与 $\Phi(x)$ 分别表示标准正态变量的概率密度与分布函数．

② 标准化方法

若 $X\sim N(\mu,\sigma^2)$，并且 $F(x)$ 为 X 的分布函数，则

Ⅰ．$Y=\dfrac{X-\mu}{\sigma}\sim N(0,1)$；

Ⅱ．$F(x)=\Phi\left(\dfrac{x-\mu}{\sigma}\right)$．

③ 其他常用公式

$\Phi(-x)=1-\Phi(x)$；$\Phi(0)=0.5$；对任意 $c>0$，有 $P\{|X|<c\}=2\Phi(c)-1$．

④ 数字特征

若 $X\sim N(\mu,\sigma^2)$，则 $EX=\mu$；$DX=\sigma^2$．

二、典型方法与范例

1. 求离散型随机变量的概率分布

例 1　一辆汽车沿街道行驶，需要通过三个均设有红绿信号灯的路口，每个信号灯为红或绿与其他信号灯为红或绿相互独立，且红、绿两种信号灯显示的时间相等，以 X 表示该汽车首次遇到红灯前已通过的路口个数，求 X 的概率分布．

分析　利用概率分布定义求解，列出随机变量的取值并计算相应概率．

解　设 A_i＝“第 i 个路口遇到红灯”，$i=1,2,3$，则由题意，$P(A_i)=P(\overline{A_i})=\frac{1}{2}$，又 X 的全部可能取值为 0，1，2，3，其概率分布为

$$P\{X=0\}=P(A_1)=\frac{1}{2},$$

$$P\{X=1\}=P(\overline{A_1}A_2)=\frac{1}{4},$$

$$P\{X=2\}=P(\overline{A_1A_2}A_3)=\frac{1}{8},$$

$$P\{X=3\}=P(\overline{A_1A_2A_3})=\frac{1}{8},$$

则其概率分布为

X	0	1	2	3
P	$\frac{1}{2}$	$\frac{1}{4}$	$\frac{1}{8}$	$\frac{1}{8}$

例 2 自动生产线在调整之后出现废品的概率为 p，当在生产过程中出现废品时，立即重新进行调整，求在两次调整之间生产的合格品数 X 的概率分布.

分析 对照现成的分布模型确定具体问题的概率分布.

解 试验次数 $X+1$ 服从参数为 p 的几何分布，因此 X 的概率分布为

$$P\{X=k\}=(1-p)^k p,\quad k=0,1,2,\cdots.$$

例 3 一批产品中有 10 件正品，3 件次品，从中随机抽取若干次，每次抽一件，直到取得正品为止，在下述三种情况下，试求抽取次数 X 的概率分布.

(1) 取后放回，再进行下次抽取；

(2) 取后不放回，再进行下次抽取；

(3) 取出一件后总是放回一件正品.

分析 利用概率分布定义求解. 细节上，要结合古典概型公式、乘法公式、缩减样本空间法求条件概率以及独立性定义式.

解 先看 X 的所有可能值，因事件 $\{X=k\}$ 表示“前 $k-1$ 次都取得次品，第 k 次首次取到正品”，在情形(1) 下，每次都是有放回地抽取，故首次抽到正品所需的抽取次数 k 的可能值为一切自然数，即 1，2，3，…；对于情形(2)，因取后不放回，而总共只有 3 件次品，故 $k-1$ 最多等于 3，从而 k 最多等于 4，即 X 的所有可能值为 1，2，3，4；对于情形(3)，虽然是放回抽取，但若取到次品，次品不放回而另换一件正品放回，所以同情形(2)，X 的所有可能值为 1，2，3，4，再求 $P\{X=k\}$. 记 $A_i=$“第 i 次取到正品”.

(1) $P\{X=k\}=P\{$前 $k-1$ 次取到次品，第 k 次取到正品$\}$

$$=P(\overline{A}_1\overline{A}_2\cdots\overline{A}_{k-1}A_k)=P(\overline{A}_1)P(\overline{A}_2)\cdots P(\overline{A_{k-1}})P(A_k)$$

$$=\left(1-\frac{10}{13}\right)^{k-1}\cdot\frac{10}{13}=\frac{10}{13}\cdot\left(\frac{3}{13}\right)^{k-1},\quad k=1,2,3,\cdots,$$

即 X 服从 $p=\frac{10}{13}$ 的几何分布.

(2) 由题意知

$$P\{X=1\}=P(A_1)=\frac{10}{13},$$

$$P\{X=2\}=P(\overline{A}_1A_2)=P(\overline{A}_1)P(A_2|\overline{A}_1)=\frac{3}{13}\cdot\frac{10}{12}=\frac{5}{26},$$

$P\{X=3\}=P(\overline{A}_1\overline{A}_2A_3)=P(\overline{A}_1)P(\overline{A}_2|\overline{A}_1)P(A_3|\overline{A}_1\overline{A}_2)=\frac{3}{13}\cdot\frac{2}{12}\cdot\frac{10}{11}=\frac{5}{143}$,

$$P\{X=4\}=P(\overline{A}_1\overline{A}_2\overline{A}_3A_4)$$
$$=P(\overline{A}_1)P(\overline{A}_2|\overline{A}_1)P(\overline{A}_3|\overline{A}_1\overline{A}_2)P(A_4|\overline{A}_1\overline{A}_2\overline{A}_3)$$
$$=\frac{3}{13}\cdot\frac{2}{12}\cdot\frac{1}{11}\cdot\frac{10}{10}=\frac{1}{286}.$$

故 X 的概率分布为

X	1	2	3	4
P	$\frac{10}{13}$	$\frac{5}{26}$	$\frac{5}{143}$	$\frac{1}{286}$

(3) 仿 (2) 求得

$$P\{X=1\}=\frac{10}{13},$$
$$P\{X=2\}=\frac{3}{13}\cdot\frac{11}{13}=\frac{33}{169},$$
$$P\{X=3\}=\frac{3}{13}\cdot\frac{2}{13}\cdot\frac{12}{13}=\frac{72}{2197},$$
$$P\{X=4\}=\frac{3}{13}\cdot\frac{2}{13}\cdot\frac{1}{13}\cdot\frac{13}{13}=\frac{6}{2197}.$$

故 X 的概率分布为

X	1	2	3	4
P	$\frac{10}{13}$	$\frac{33}{169}$	$\frac{72}{2197}$	$\frac{6}{2197}$

方法总结： 利用定义求概率分布大体分成两步：

(1) 根据题意确定随机变量的全部可能取值，即样本空间 Ω；

(2) 计算各样本点发生的概率，一般要结合第一章的有关知识.

2. 确定分布参数问题、分布形式之间的转化以及分布法求概率

例 4　已知 $P\{X=k\}=\frac{b}{k(k+1)}$ $(k=1,2,\cdots)$ 为离散型随机变量的概率分布，求常数 b 的值.

分析　由概率分布 p_k 反求参数，需利用正则性，即 $\sum\limits_{k=1}^{\infty}p_k=1$.

解　由正则性知

$$1=\sum_{k=1}^{\infty}\frac{b}{k(k+1)}=b\sum_{k=1}^{\infty}\left(\frac{1}{k}-\frac{1}{k+1}\right)=b\lim_{n\to\infty}\sum_{k=1}^{n}\left(\frac{1}{k}-\frac{1}{k+1}\right)=b\lim_{n\to\infty}\left(1-\frac{1}{n+1}\right)=b,$$

所以 $b=1$.

例 5 设 ξ 的分布概率为

ξ	-1	0	2	5
P	0.2	0.1	0.3	0.4

求 ξ 的分布函数.

分析 思路一：直接利用定义求解. 思路二：简便方法是利用分布函数与概率分布之间的关系求解. 结论：离散型随机变量的分布函数是阶梯曲线，并且分段点恰为可能取值点，跃度为相应的概率.

解 由分布函数与概率分布之间的关系知

$$F(x)=\begin{cases}0, & x<-1,\\ 0.2, & -1\leqslant x<0,\\ 0.3, & 0\leqslant x<2,\\ 0.6, & 2\leqslant x<5,\\ 1, & x\geqslant 5.\end{cases}$$

例 6 设离散型随机变量 X 的分布函数为

$$F(x)=\begin{cases}0, & x<-1,\\ 0.2, & -1\leqslant x<1,\\ 0.7, & 1\leqslant x<3,\\ 1, & x\geqslant 3.\end{cases}$$

试求：(1) X 的概率分布；(2) $P\{X<2\mid X\neq 1\}$.

分析 (1) 利用概率分布与分布函数之间的关系求解；(2) 利用条件概率定义求解.

解 (1) 由概率分布与分布函数之间的关系知，X 的概率分布为

X	-1	1	3
P	0.2	0.5	0.3

(2) 由条件概率定义可得

$$P\{X<2\mid X\neq 1\}=\frac{P\{X<2,\ X\neq 1\}}{P\{X\neq 1\}}$$

$$=\frac{P\{X=-1\}}{P\{X=-1\}+P\{X=3\}}$$

$$=\frac{0.2}{0.5}=0.4.$$

例 7 设随机变量 X 的分布函数

$$F(x)=\begin{cases}0, & x<-1,\\ 1/8, & x=-1,\\ ax+b, & -1<x<1,\\ 1, & x\geqslant 1,\end{cases}$$

并且 $P\{X=1\}=\dfrac{1}{4}$，试求：(1) a，b 的值；(2) $P\left\{-\dfrac{1}{2}<X\leqslant\dfrac{1}{2}\right\}$.

分析 (1) 利用分布函数的性质确定参数；(2) 利用公式 $P\{a<X\leqslant b\}=F(b)-F(a)$.

解 (1) 由分布函数的右连续性知 $\lim\limits_{x\to(-1)^-}F(x)=\lim\limits_{x\to(-1)^-}(ax+b)=F(-1)$，即 $-a+b=\dfrac{1}{8}$，又由于 $P\{X=1\}=P\{X\leqslant 1\}-P\{X<1\}=F(1)-\lim\limits_{x\to 1^-}F(x)=1-(a+b)=\dfrac{1}{4}$，故 $a=\dfrac{5}{16}$，$b=\dfrac{7}{16}$.

(2) $P\left\{-\dfrac{1}{2}<X\leqslant\dfrac{1}{2}\right\}=F\left(\dfrac{1}{2}\right)-F\left(-\dfrac{1}{2}\right)=\dfrac{19}{32}-\dfrac{9}{32}=\dfrac{5}{16}$.

例 8 已知连续型随机变量 ξ 的概率密度

$$f(x)=\begin{cases}kx^2, & 0\leqslant x\leqslant 1,\\ 0, & \text{其他}.\end{cases}$$

求：(1) 系数 k；(2) 分布函数 $F(x)$；(3) $P\left\{\dfrac{1}{2}<\xi<\dfrac{3}{2}\right\}$.

分析 (1) 由概率密度 $f(x)$ 反求未知参数 k，需利用正则性，即 $\int_{-\infty}^{+\infty}f(x)\mathrm{d}x=1$；

(2) 利用概率密度定义式 $F(x)=\int_{-\infty}^{x}f(t)\mathrm{d}t$；

(3) 连续场合下，利用公式 $P\{a<X<b\}=F(b)-F(a)$，或者概率密度作定积分求概率.

解 (1) 由概率密度的性质知，$1=\int_{-\infty}^{+\infty}f(x)\mathrm{d}x=\int_0^1 kx^2\mathrm{d}x$，解得 $k=3$.

(2) 由概率密度定义知，当 $x<0$ 时，$F(x)=0$；当 $0\leqslant x\leqslant 1$ 时，$F(x)=\int_0^x 3t^2\mathrm{d}t=x^3$；当 $x>1$ 时，$F(x)=\int_0^1 3t^2\mathrm{d}t=1$. 于是

$$F(x)=\begin{cases}0, & x<0,\\ x^3, & 0\leqslant x\leqslant 1,\\ 1, & x>1.\end{cases}$$

(3) 所求概率

$$P\left\{\frac{1}{2}<\xi<\frac{3}{2}\right\}=F\left(\frac{3}{2}\right)-F\left(\frac{1}{2}\right)=1-\frac{1}{8}=\frac{7}{8},$$

或者

$$P\left\{\frac{1}{2}<\xi<\frac{3}{2}\right\}=\int_{\frac{1}{2}}^{\frac{3}{2}}f(x)\mathrm{d}x=\int_{\frac{1}{2}}^{1}3x^2\mathrm{d}x=\frac{7}{8}.$$

例 9 设连续型随机变量 X 的分布函数是

$$F(x)=\begin{cases}A+B\mathrm{e}^{-\lambda x}, & x\geqslant 0,\\ 0, & x<0,\end{cases}\quad (\text{其中 }\lambda>0\text{ 是常数})$$

试确定 A 及 B 的值，并求概率密度 $f(x)$.

分析 利用连续型随机变量的分布函数的连续性与性质 $F(+\infty)=1$ 求参数；再利用公式 $F'(x)=f(x)$ 求密度.

解 由分布函数的性质知，$1=F(+\infty)=\lim\limits_{x\to+\infty}(A+B\mathrm{e}^{-\lambda x})=A$. 又因为 $F(x)$ 连续，故有 $0=\lim\limits_{x\to0+}(1+B\mathrm{e}^{-\lambda x})=1+B$，所以 $A=1$，$B=-1$. 从而

$$F(x)=\begin{cases}1-\mathrm{e}^{-\lambda x}, & x\geqslant 0,\\ 0, & x<0.\end{cases}$$

于是

$$f(x)=F'(x)=\begin{cases}\lambda\mathrm{e}^{-\lambda x}, & x\geqslant 0,\\ 0, & x<0.\end{cases}$$

方法总结：(1) 利用各种分布形式的性质，列方程确定参数；

(2) 分布函数 $F(x)$ 与概率分布 p_k、概率密度 $f(x)$ 之间的转化公式分别参见本章内容提要 2(4) 与 3(4)；

(3) 分布法求概率参见本章内容提要 1(4)、2(3) 与 3(3).

3. 随机变量函数的分布

例 10 测量一圆形物件的半径 R，其分布如下表所示：

R	10	11	12	13
P	0.1	0.4	0.3	0.2

求圆周长 ξ 与圆面积 η 的分布.

分析 本题考查的是离散型随机变量函数的分布. 根据对应函数关系式求解即可.

解 圆周长 $\xi=2\pi R$，ξ 的取值为 20π，22π，24π，26π，而 ξ 取 20π 时，R 只能取 10，故

$$P\{\xi=20\pi\}=P\{R=10\}=0.1,$$

同理有

$$P\{\xi=22\pi\}=P\{R=11\}=0.4,$$
$$P\{\xi=24\pi\}=P\{R=12\}=0.3,$$
$$P\{\xi=26\pi\}=P\{R=13\}=0.2.$$

故圆周长 ξ 的概率分布为

ξ	20π	22π	24π	26π
P	0.1	0.4	0.3	0.2

圆面积 $\eta=\pi R^2$，η 的取值为 100π，121π，144π，169π，而 η 取 100π 时，R 只能取 10，故

$$P\{\eta=100\pi\}=P\{R=10\}=0.1,$$

同理有

$$P\{\eta=121\pi\}=P\{R=11\}=0.4,$$
$$P\{\eta=144\pi\}=P\{R=12\}=0.3,$$
$$P\{\eta=169\pi\}=P\{R=13\}=0.2.$$

故圆面积 η 的概率分布为

η	100π	121π	144π	169π
P	0.1	0.4	0.3	0.2

例 11 已知连续型随机变量 X 的概率密度函数为

$$\varphi(x)=\begin{cases}\dfrac{2}{\pi(1+x^2)}, & x>0,\\ 0, & \text{其他},\end{cases}$$

$Y=\ln X$，求 Y 的概率密度.

分析 对于单调可微函数，利用公式法求随机变量函数的概率密度.

解 当 $x>0$ 时，$y\in\mathbf{R}$，并且 $y=\ln x$ 是单调递增函数，其反函数 $x=e^y$ 的导数为 $x'_y=e^y>0$. 由公式知，Y 的概率密度函数为

$$f_Y(y)=\varphi(e^y)e^y=\frac{2e^y}{\pi(1+e^{2y})},\quad y\in\mathbf{R}.$$

例 12 已知连续型随机变量 X 的概率密度函数为 $\varphi(x)=\dfrac{1}{\pi(1+x^2)}$，求随机变量 $Y=aX^2$ $(a<0)$ 的概率密度.

分析 对于非单调函数，利用分布函数法求随机变量函数的概率密度.

解 设 X，Y 的分布函数为 $F_X(x)$，$F_Y(y)$.

当 $y<0$ 时，$F_Y(y)=P\{Y\leqslant y\}=P\{aX^2\leqslant y\}=P\{X^2\geqslant \frac{y}{a}\}$

$$=P\left\{X\leqslant-\sqrt{\frac{y}{a}}\right\}+P\left\{X\geqslant\sqrt{\frac{y}{a}}\right\}$$

$$=F_X\left(-\sqrt{\frac{y}{a}}\right)+1-F_X\left(\sqrt{\frac{y}{a}}\right).$$

当 $y\geqslant 0$ 时，$F_Y(y)=1$. 故 Y 的概率密度为

$$f_Y(y)=F_Y'(y)=\begin{cases}-\dfrac{1}{\pi(a+y)}\sqrt{\dfrac{a}{y}}, & y<0,\\ 0, & y\geqslant 0.\end{cases}$$

例 13　设随机变量 ξ 的概率密度为

$$f(x)=\begin{cases}2x, & 0\leqslant x\leqslant\dfrac{1}{2},\\ 1, & \dfrac{1}{2}<x\leqslant 1,\\ 3-2x, & 1<x\leqslant\dfrac{3}{2},\\ 0, & 其他,\end{cases}$$

而随机变量

$$\eta=\begin{cases}-1, & \xi\leqslant\dfrac{2}{3},\\ 0, & \dfrac{2}{3}<\xi<\dfrac{5}{4},\\ 1, & \xi>\dfrac{5}{4},\end{cases}$$

试求 η 的概率分布.

分析　η 是由连续型随机变量 ξ 构造的离散型随机变量，需利用定义求 η 的概率分布. 关键是将点概率 $P\{\eta=x_k\}$ 转化为用 ξ 描述的区间概率，然后通过密度作定积分求之.

解　由题意知

$$P\{\eta=-1\}=P\{\xi\leqslant\frac{2}{3}\}=\int_{-\infty}^{\frac{2}{3}}f(x)\mathrm{d}x=\int_0^{\frac{1}{2}}2x\,\mathrm{d}x+\int_{\frac{1}{2}}^{\frac{2}{3}}\mathrm{d}x=\frac{5}{12},$$

$$P\{\eta=0\}=P\{\frac{2}{3}<\xi<\frac{5}{4}\}=\int_{\frac{2}{3}}^{\frac{5}{4}}f(x)\mathrm{d}x=\int_{\frac{2}{3}}^{1}\mathrm{d}x+\int_1^{\frac{5}{4}}(3-2x)\mathrm{d}x=\frac{25}{48},$$

$$P\{\eta=1\}=P\{\xi>\frac{5}{4}\}=\int_{\frac{5}{4}}^{+\infty}f(x)\mathrm{d}x=\int_{\frac{5}{4}}^{\frac{3}{2}}(3-2x)\mathrm{d}x=\frac{1}{16}.$$

故 η 的概率分布为

η	-1	0	1
P	$\frac{5}{12}$	$\frac{25}{48}$	$\frac{1}{16}$

方法总结： 求函数 $Y=g(X)$ 的分布，分成以下三种情况：

(1) 离散型映成离散型时，求 Y 的概率分布的方法可参见本章内容提要 4(1)；

(2) 连续型映成连续型时，求 Y 的概率密度的方法可参见本章内容提要 4(2)；

(3) 连续型映成离散型时，求 Y 的概率分布需将 Y 取值的概率转化为 X 落在某区间内的概率，后者可利用定积分计算.

4. 随机变量及其函数的数学期望和方差

例 14 设随机变量 X 的分布律为

X	-2	0	2
p_i	0.4	0.3	0.3

求 EX，EX^2，$E(3X^2+5)$.

分析 利用离散型随机变量的期望定义求 EX；利用函数的期望公式求 EX^2 与 $E(3X^2+5)$，也可以利用性质计算 $E(3X^2+5)$.

解 由题意知

$$EX=-2\times 0.4+0\times 0.3+2\times 0.3=-0.2,$$

$$EX^2=(-2)^2\times 0.4+0^2\times 0.3+2^2\times 0.3=2.8,$$

$$E(3X^2+5)=[3\times(-2)^2+5]\times 0.4+(3\times 0^2+5)\times 0.3+(3\times 2^2+5)\times 0.3=13.4,$$

或者 $E(3X^2+5)=3EX^2+5=13.4$.

例 15 设随机变量 X 的概率分布为

$$P\{X=k\}=p(1-p)^{k-1},\ k=1,2,\cdots,$$

其中 $0<p<1$ 是常数，求 EX，DX.

分析 利用离散型随机变量的期望定义求 EX；利用公式 $DX=EX^2-(EX)^2$ 求方差.

解 由数学期望定义

$$\begin{aligned}EX&=\sum_{k=1}^{\infty}k\cdot P\{X=k\}=\sum_{k=1}^{\infty}kp(1-p)^{k-1}\\&=-p\sum_{k=1}^{\infty}[(1-p)^k]'_p=-p\left[\sum_{k=1}^{\infty}(1-p)^k\right]'_p\\&=-p\left(\frac{1-p}{p}\right)'_p=-p\cdot\left(-\frac{1}{p^2}\right)=\frac{1}{p},\end{aligned}$$

又因为

$$\begin{aligned}EX^2 &= \sum_{k=1}^{\infty} k^2 \cdot P\{X=k\} = \sum_{k=1}^{\infty} k^2 p\,(1-p)^{k-1} \\ &= p\left[\sum_{k=1}^{\infty} k(k+1)\,(1-p)^{k-1} - \sum_{k=1}^{\infty} k\,(1-p)^{k-1}\right] \\ &= p\sum_{k=1}^{\infty}\left[(1-p)^{k+1}\right]''_p - \frac{1}{p} = p\left[\sum_{k=1}^{\infty}(1-p)^{k+1}\right]''_p - \frac{1}{p} \\ &= p\left[\frac{(1-p)^2}{p}\right]''_p - \frac{1}{p} = \frac{2-p}{p^2},\end{aligned}$$

于是

$$DX = EX^2 - (EX)^2 = \frac{2-p}{p^2} - \frac{1}{p^2} = \frac{1-p}{p^2}.$$

例16　设在规定的时间间隔里，某电气设备用于最大负荷的时间 X（以分计）是一个随机变量，其概率密度为

$$f\,(x) = \begin{cases} \dfrac{1}{1500^2}x, & 0 \leqslant x \leqslant 1500, \\ -\dfrac{1}{1500^2}\,(x-3000), & 1500 < x \leqslant 3000, \\ 0, & \text{其他}, \end{cases}$$

求 EX .

分析　利用连续型随机变量的数学期望定义求解.

解　$EX = \int_{-\infty}^{+\infty} xf(x)\mathrm{d}x = \int_0^{1500} \dfrac{x^2}{1500^2}\mathrm{d}x + \int_{1500}^{3000} \dfrac{-x}{1500^2}(x-3000)\mathrm{d}x = 1500.$

例 17　设 X 表示一工厂生产的某种设备的使用寿命(年)，其概率密度为

$$f(x) = \begin{cases} \dfrac{1}{4}\mathrm{e}^{-\frac{x}{4}}, & x > 0, \\ 0, & x \leqslant 0, \end{cases}$$

工厂规定，出售的设备若在售出一年之内损坏可予以调换，若工厂售出一台设备盈利 100 元，调换一台设备厂方需花费 300 元，试求厂方出售一台设备净盈利的数学期望.

分析　本题考查连续型随机变量构造的离散型函数的数学期望问题，利用相应的函数的数学期望公式计算.

解　设 $G\,(x)$ 为一台设备净盈利，由题意知

$$G\,(x) = \begin{cases} -200, & 0 < x < 1, \\ 100, & x > 1. \end{cases}$$

于是

$$E[G(x)]=\int_{-\infty}^{+\infty}g(x)f(x)\mathrm{d}x=\int_{0}^{1}-200\cdot\frac{1}{4}\mathrm{e}^{-\frac{x}{4}}\mathrm{d}x+\int_{1}^{+\infty}100\cdot\frac{1}{4}\mathrm{e}^{-\frac{x}{4}}\mathrm{d}x$$
$$=200\mathrm{e}^{-\frac{1}{4}}-200+100\mathrm{e}^{-\frac{1}{4}}=300\mathrm{e}^{-\frac{1}{4}}-200\approx 33.6\,.$$

故厂方出售一台设备净盈利的数学期望为 33.6 元.

例 18　设甲、乙两家灯泡厂生产的灯泡的寿命（单位：小时）X 和 Y 的概率分布分别为

X	900	1000	1100
p_i	0.1	0.8	0.1

Y	950	1000	1050
p_i	0.3	0.4	0.3

试问哪家工厂生产的灯泡质量较好？

分析　本题是应用数学期望和方差进行决策的题目，重点考查期望和方差的意义.

解　哪家工厂的灯泡寿命期望值大，哪家的灯泡质量就好.

由期望的定义有

$$EX=900\times 0.1+1000\times 0.8+1100\times 0.1=1000\,,$$
$$EY=950\times 0.3+1000\times 0.4+1050\times 0.3=1000\,.$$

今两厂灯泡的期望值相等：

$$EX=EY=1000\,,$$

即甲、乙两家灯泡厂的生产水平相当. 这就需要进一步考察哪家工厂灯泡的质量比较稳定，即看哪家工厂的灯泡的寿命取值更集中一些，这就需要比较其方差. 方差小的，寿命值较稳定，灯泡质量较好，由方差的定义式得

$$DX=(900-1000)^2\times 0.1+(1000-1000)^2\times 0.8+(1100-1000)^2\times 0.1=2000,$$
$$DY=(950-1000)^2\times 0.3+(1000-1000)^2\times 0.4+(1050-1000)^2\times 0.3=1500.$$

因 $DX>DY$，故乙厂生产的灯泡质量较甲厂稳定.

方法总结： 1. 给定 X 的分布，利用定义计算 EX. 具体公式参见本章内容提要 5（1）.

2. 给定 X 的分布，利用公式或定义计算 $E[g(X)]$. 函数期望的公式参见本章内容提要 5（3）.

3. 利用性质求线性函数的期望与方差. 具体公式参见本章内容提要 5（2）与本章内容提要 6（3）.

4. 方差的计算公式 $DX=EX^2-(EX)^2$.

5. 常见的离散型分布及其应用

例 19 设某运动员投篮命中的概率为 0.6，求他一次投篮时，投篮命中次数的概率分布.

分析 这是一个一重伯努利问题，结果应该用 0－1 分布来描述.

解 此运动员一次投篮的投中次数是一个随机变量，设为 X，它可能的值只有两个，即 0，1.

$X=0$ 表示未投中，其概率为 $P\{X=0\}=1-0.6=0.4$.

$X=1$ 表示投中一次，其概率为 $P\{X=1\}=0.6$.

则随机变量 X 的分布律为

X	0	1
p_i	0.4	0.6

例 20 有甲、乙两种味道和颜色都极为相似的名酒各 4 杯，如果从中挑 4 杯，能将甲种酒全部挑出来，算是试验成功一次.

(1) 某人随机去猜，问他试验成功一次的概率是多少?

(2) 某人声称他通过品尝能区分两种酒，他连续试验 10 次，成功 3 次，试推断他是猜对的，还是他确有区分的能力（设各次试验是相互独立的).

分析 (1) 根据古典概型计算；(2) 推断该人是猜对的还是有区分能力，只需要计算猜对的概率. 若猜对的概率特别小，则说明他确有区分能力.

解 (1) 设 $A=$“试验成功”，$P(A)=\frac{4}{8}\times\frac{3}{7}\times\frac{2}{6}\times\frac{1}{5}=\frac{1}{70}$.

(2) 假定他是猜的，因为每次试验是独立的，因此可看作伯努利试验，则猜正确的概率是

$$P=C_{10}^{3}\left(\frac{1}{70}\right)^{3}\left(1-\frac{1}{70}\right)^{7}\approx 3.16\times 10^{-4},$$

由于 p 非常小，照常理推断，他确有区分能力.

例 21 在长度为 t 的时间间隔内，某急救中心收到紧急呼救的次数 X 服从参数为 $\frac{t}{2}$ 的泊松分布，而与时间间隔的起点无关（时间以小时计)，求：

(1) 某一天从中午 12 时至下午 3 时没有收到紧急呼救的概率；

(2) 某一天从中午 12 时至下午 5 时至少收到 1 次紧急呼救的概率.

分析 本题是泊松分布的应用，需掌握泊松分布的特征，利用泊松分布的定义可得.

解 (1) 由于 $t=3$，则参数 $\lambda=\frac{3}{2}$，于是

$$P\{X=0\}=e^{-\frac{3}{2}}\approx 0.223.$$

(2) 由于 $t=5$，则参数 $\lambda=\frac{5}{2}$，于是

$$P\{X \geqslant 1\}=1-P\{X<1\}=1-P\{X=0\}=1-\mathrm{e}^{-\frac{5}{2}} \approx 0.918 .$$

例 22　纺织厂女工照顾 800 个纺锭，每一纺锭在某一段时间 τ 内断头的概率为 0.005. 求在 τ 这段时间内断头次数不大于 2 的概率.

分析　这是关于二项分布的题目，由已知条件，试验总次数为 800，每次试验成功的概率为 0.005. 故本题可应用泊松定理.

解　以 X 记纺锭断头次数，由题意，$X \sim B(800, 0.005)$，由于 $n=800$，$p=0.005$，$np=4$，应用泊松定理，X 近似服从参数为 $\lambda=4$ 的泊松分布. 所求概率为

$$\begin{aligned} P\{0 \leqslant X \leqslant 2\} &= P\{X=0\}+P\{X=1\}+P\{X=2\} \\ &= \frac{4^0 \mathrm{e}^{-4}}{0!}+\frac{4^1 \mathrm{e}^{-4}}{1!}+\frac{4^2 \mathrm{e}^{-4}}{2!}=13 \mathrm{e}^{-4} \approx 0.238 . \end{aligned}$$

例 23　若每只蚕产卵的数目服从参数为 λ 的泊松分布，而每个卵变成蚕的概率为 p，且各卵是否变成蚕彼此独立. 试求每只蚕养出 k 只小蚕的概率.

分析　每只蚕产卵个数 X 服从参数为 λ 的泊松分布，每只蚕养出小蚕的个数 Y 服从二项分布.

解　设每只蚕产卵个数为 X，则由题意知 $X \sim P(\lambda)$. 设每只蚕养出小蚕的个数为 Y. 若一只蚕产 i 个卵，即 $X=i$，则有 $P\{X=i\}=\dfrac{\lambda^k}{i!}\mathrm{e}^{-\lambda}(i=0, 1, 2, \cdots)$，且

$$P\{Y=k \mid X=i\}=\mathrm{C}_i^k p^k(1-p)^{i-k}(k=0, 1, 2, \cdots).$$

由全概率公式得

$$\begin{aligned} P\{Y=k\} &= \sum_{i=k}^{\infty} P\{X=i\} P\{Y=k \mid X=i\}=\sum_{i=k}^{\infty} \frac{\lambda^i}{i!} \mathrm{e}^{-\lambda} \mathrm{C}_i^k p^k(1-p)^{i-k} \\ &= \frac{\mathrm{e}^{-\lambda} p^k}{k!} \sum_{i=k}^{\infty} \frac{\lambda^i}{i!} \times \frac{i!}{(i-k)!}(1-p)^{i-k}=\frac{\mathrm{e}^{-\lambda} p^k \lambda^k}{k!} \sum_{i=k}^{\infty} \frac{\lambda^{i-k}}{(i-k)!}(1-p)^{i-k} \\ &= \frac{\mathrm{e}^{-\lambda}(p \lambda)^k}{k!} \mathrm{e}^{\lambda(1-p)}=\frac{(p \lambda)^k}{k!} \mathrm{e}^{-\lambda p} \quad(k=0, 1, 2, \cdots). \end{aligned}$$

即每只蚕养出 k 只小蚕的概率为 $\dfrac{(p\lambda)^k}{k!}\mathrm{e}^{-\lambda p}$.

方法总结：常见的离散型分布包括：0－1 分布、几何分布、超几何分布、二项分布及泊松分布，利用概率分布、特征数公式及各分布之间关系解题.

6. 常见的连续型分布及其应用

例 24　设 K 在 (0，5) 上服从均匀分布，求 x 的方程 $4x^2+4Kx+K+2=0$ 有实根的概率.

分析　利用均匀分布的定义求解.

解　因为 $K \sim U(0, 5)$，所以

$$f_K(k)=\begin{cases}\dfrac{1}{5}, & 0<k<5,\\ 0, & \text{其他},\end{cases}$$

方程 $4x^2+4Kx+K+2=0$ 有实根的充要条件为 $(4K)^2-4\times4(K+2)\geqslant0$，即 $K^2-K-2\geqslant0$，亦即 $(K-2)(K+1)\geqslant0$，解得 $K\geqslant2$ 或 $K\leqslant-1$(舍去)，所以

$$P\{\text{方程有实根}\}=P\{K\geqslant2\}=\int_2^5\frac{1}{5}\mathrm{d}x=\frac{3}{5}.$$

例 25 设顾客排队等待服务的时间 X（以分钟计）服从 $\lambda=\dfrac{1}{5}$ 的指数分布，某顾客等待服务，若超过 10 分钟，他就离开；他一个月要去等待服务 5 次，以 Y 表示一个月内他未等到服务而离开的次数，试求 Y 的概率分布和 $P\{Y\geqslant1\}$.

分析 等待服务时间 X 服从泊松分布，一个月内未等到服务而离开的次数服从二项分布.

解 由题意知

$$P\{X>10\}=1-P\{X\leqslant10\}=1-(1-\mathrm{e}^{-\frac{1}{5}\times10})=\mathrm{e}^{-2},$$

则 $Y\sim B(5,\mathrm{e}^{-2})$. 故

$$P\{Y\geqslant1\}=1-P\{Y<1\}=1-P\{Y=0\}=1-\mathrm{C}_5^0(\mathrm{e}^{-2})^0(1-\mathrm{e}^{-2})^5=1-(1-\mathrm{e}^{-2})^5\approx0.517.$$

例 26 某人去火车站乘车，有两条路可以走。第一条路程较短，但交通拥堵，所需时间(单位：分钟)服从正态分布 $N(40,10^2)$；第二条路程较长，但意外阻塞较少，所需时间服从正态分布 $N(50,4^2)$，求：

(1) 若动身时离火车开车时间只有 60 分钟，应走哪一条路线？

(2) 若动身时离火车开车时间只有 45 分钟，应走哪一条路线？

分析 本题是正态分布的应用，利用正态分布定义求解.

解 (1) 设 X，Y 分别为该人走第一、第二条路线到达火车站所用时间，则 $X\sim N(40,10^2)$，$Y\sim N(50,4^2)$. 哪一条路线在开车之前到达火车站的可能性大就走哪一条路线.

因为

$$P\{X<60\}=\Phi\left(\frac{60-40}{10}\right)=\Phi(2)=0.97725,$$

$$P\{Y<60\}=\Phi\left(\frac{60-50}{4}\right)=\Phi(2.5)=0.99379,$$

所以只有 60 分钟时应走第二条路线.

(2) 因为

$$P\{X<45\}=\Phi\left(\frac{45-40}{10}\right)=\Phi(0.5)=0.6915,$$

$$P\{Y<45\}=\Phi\left(\frac{45-50}{4}\right)=\Phi(-1.25)=1-\Phi(1.25)=1-0.8944=0.1056.$$

所以只有 45 分钟时应走第一条路线.

例 27　某单位招聘 155 人，按考试成绩录用，共有 526 人报名，假设报名者考试成绩 $X \sim N(\mu, \sigma^2)$，已知 90 分以上 12 人，60 分以下 83 人，若从高分到低分依次录取，某人成绩为 78 分，问此人是否能被录取?

分析　本题是正态分布的应用，利用正态分布定义求解.

解　要解决此问题首先确定 μ，σ^2，因为考试人数很多，可用频率近似概率. 根据已知条件，$P\{X > 90\} = \frac{12}{526} \approx 0.0228$，因此

$$P\{X \leqslant 90\} = 1 - P\{X > 90\} \approx 1 - 0.0228 = 0.9772.$$

又因为 $P\{X \leqslant 90\} = P\left\{\frac{X-\mu}{\sigma} \leqslant \frac{90-\mu}{\sigma}\right\}$，所以有 $\Phi\left(\frac{90-\mu}{\sigma}\right) = 0.9772$，查标准正态分布表得

$$\frac{90-\mu}{\sigma} = 2. \tag{1}$$

同理 $P\{X \leqslant 60\} = P\left\{\frac{X-\mu}{\sigma} \leqslant \frac{60-\mu}{\sigma}\right\}$，故 $\Phi\left(\frac{60-\mu}{\sigma}\right) = \frac{83}{526} \approx 0.1578$. 因为 $0.1578 < 0.5$，所以 $\frac{60-\mu}{\sigma} < 0$，故

$$\Phi\left(\frac{\mu-60}{\sigma}\right) \approx 1 - 0.1578 = 0.8422,$$

查标准正态分布表得

$$\frac{\mu-60}{\sigma} = 1.0. \tag{2}$$

联立式(1) 和(2) 解得 $\sigma = 10$，$\mu = 70$，所以，$X \sim N(70, 100)$.

某人是否能被录取，关键看录取率. 已知录取率为 $\frac{155}{526} \approx 0.2947$，看某人是否能被录取，有两种方法：

方法一 ：　$P\{X > 78\} = 1 - P\{X \leqslant 78\} = 1 - P\left\{\frac{X-70}{10} \leqslant \frac{78-70}{10}\right\}$

$$= 1 - \Phi(0.8) \approx 1 - 0.7881 = 0.2119,$$

因为 $0.2119 < 0.2947$(录取率)，所以此人能被录取.

方法二：　看录取分数线. 设被录取者最低分为 x_0，则

$$P\{X \geqslant x_0\} = 0.2947(\text{录取率}),$$

$$P\{X \leqslant x_0\} = 1 - P\{X \geqslant x_0\} = 1 - 0.2947 = 0.7053,$$

$$P\{X \leqslant x_0\} = P\left\{\frac{X-70}{10} \leqslant \frac{x_0-70}{10}\right\} = \Phi\left\{\frac{x_0-70}{10}\right\} = 0.7053,$$

反查标准正态分布表得$\frac{x_0-70}{10}\approx 0.54$，解得 $x_0=75.4$.

此人成绩 78 分高于最低分，所以能被录取.

方法总结：常见的连续型分布包括：均匀分布、指数分布及正态分布，利用概率密度、数字特征公式解题.

三、教材练习题详解

习题二(A)

1. 设随机变量 X 的分布律为

$$P\{X=k\}=c\cdot\left(\frac{1}{2}\right)^k,\ k=1,2,3,$$

求 c 的值.

解 由于$\sum_{k=1}^{3}P\{X=k\}=\sum_{k=1}^{3}c\cdot\left(\frac{1}{2}\right)^k=1$，故 $c=\frac{8}{7}$.

2. 设离散型随机变量 X 的分布律为

$$P\{X=k\}=\frac{c}{15},\ k=1,2,3,4,5.$$

(1) 试确定常数 c；(2) 求 $P\{1\leqslant X\leqslant 3\}$；(3) 求 $P\{0.5<X<2.5\}$.

解 (1) 由于$\sum_{k=1}^{5}P\{X=k\}=\sum_{k=1}^{5}\frac{c}{15}=1$，故 $c=3$.

(2)$P\{1\leqslant X\leqslant 3\}=P\{X=1\}+P\{X=2\}+P\{X=3\}$

$$=\frac{3}{15}+\frac{3}{15}+\frac{3}{15}=0.6.$$

(3)$P\{0.5<X<2.5\}=P\{X=1\}+P\{X=2\}$

$$=\frac{3}{15}+\frac{3}{15}=0.4.$$

3. 一筐中装有 7 个篮球，编号为 1，2，3，4，5，6，7. 在筐中同时取 3 个，以 X 表示“取出的 3 个当中的最大号码”，试写出：(1) 随机变量 X 的分布律；(2) 随机变量 X 的分布函数.

解 (1) 由题意知，X 的所有可能取值为 3，4，5，6，7，并且

$$P\{X=3\}=\frac{1}{C_7^3}=\frac{1}{35},\quad P\{X=4\}=\frac{C_3^2}{C_7^3}=\frac{3}{35},$$

$$P\{X=5\}=\frac{C_4^2}{C_7^3}=\frac{6}{35},\quad P\{X=6\}=\frac{C_5^2}{C_7^3}=\frac{2}{7},$$

$$P\{X=7\}=\frac{C_6^2}{C_7^3}=\frac{3}{7}.$$

列表如下

X	3	4	5	6	7
P	1/35	3/35	6/35	2/7	3/7

(2) X 的分布函数为

$$F(x)=\begin{cases}0, & x<3,\\ 1/35, & 3\leqslant x<4,\\ 4/35, & 4\leqslant x<5,\\ 2/7, & 5\leqslant x<6,\\ 4/7, & 6\leqslant x<7,\\ 1, & 7<x.\end{cases}$$

4. 设随机变量 X 的分布函数为

$$F(x)=\begin{cases}0, & x<-1,\\ 0.4, & -1\leqslant x<1,\\ 0.8, & 1\leqslant x<3,\\ 1, & x\geqslant 3.\end{cases}$$

求 X 的分布律.

解 根据分布律与分布函数之间的关系知

X	-1	1	3
P	0.4	0.4	0.2

5. 设连续型随机变量 X 的密度函数为

$$f(x)=\begin{cases}ax+b, & 0<x<1,\\ 0, & \text{其他},\end{cases}$$

又已知 $P\left\{X<\frac{1}{3}\right\}=P\left\{X>\frac{1}{3}\right\}$，试求常数 a 和 b.

解 由正则性知

$$\int_0^1(ax+b)\,\mathrm{d}x=\left(\frac{a}{2}x^2+bx\right)\bigg|_0^1=\frac{a}{2}+b=1,$$

又因为 $P\left\{X<\frac{1}{3}\right\}=P\left\{X>\frac{1}{3}\right\}$，故 $2P\left\{X<\frac{1}{3}\right\}=1$，即

$$2\int_0^{\frac{1}{3}}(ax+b)\,\mathrm{d}x=2\left(\frac{a}{2}x^2+bx\right)\bigg|_0^{\frac{1}{3}}=\frac{a}{9}+\frac{2b}{3}=1,$$

解得 $a=-\frac{3}{2}$， $b=\frac{7}{4}$.

6. 设连续型随机变量 X 的密度函数为

$$f(x)=\begin{cases} A\cos x, & |x|\leqslant\frac{\pi}{2}, \\ 0, & |x|>\frac{\pi}{2}. \end{cases}$$

求：(1) 常数 A；(2) X 落入区间 $\left(0,\ \frac{\pi}{4}\right)$ 内的概率；(3) X 的分布函数.

解 (1) 由正则性知 $\int_{-\frac{\pi}{2}}^{\frac{\pi}{2}} A\cos x\,\mathrm{d}x=1$，得 $A=\frac{1}{2}$.

(2) $P\left\{0<X<\frac{\pi}{4}\right\}=\int_0^{\frac{\pi}{4}}\frac{1}{2}\cos x\,\mathrm{d}x=\frac{\sqrt{2}}{4}$.

(3) 由概率密度定义知

$$F(x)=\int_{-\infty}^{x} f(t)\mathrm{d}t=\begin{cases} 0, & x<-\frac{\pi}{2}, \\ \frac{1}{2}\sin x+\frac{1}{2}, & -\frac{\pi}{2}\leqslant x<\frac{\pi}{2}, \\ 1, & x\geqslant\frac{\pi}{2}. \end{cases}$$

7. 设随机变量 X 的分布函数为

$$F(x)=\begin{cases} 0, & x<1, \\ \ln x, & 1\leqslant x<\mathrm{e}, \\ 1, & x\geqslant\mathrm{e}. \end{cases}$$

试求：(1) $P\{X<2\}$，$P\{1<X\leqslant 4\}$，$P\{X>\frac{3}{2}\}$；(2) 概率密度函数 $f(x)$.

解 (1) $P\{X<2\}=F(2-0)=\ln 2$，

$P\{1<X\leqslant 4\}=F(4)-F(1)=1-0=1$，

$P\{X>\frac{3}{2}\}=1-P\{X\leqslant\frac{3}{2}\}=1-F\left(\frac{3}{2}\right)=1-\ln\frac{3}{2}$.

(2) 由于 $f(x)=F'(x)$，故

$$f(x)=\begin{cases} \frac{1}{x}, & 1<x<\mathrm{e}, \\ 0, & \text{其他}. \end{cases}$$

8. 设连续型随机变量 X 的分布函数为

$$F(x)=A+B\arctan x,\quad -\infty<x<+\infty,$$

求：(1) 常数 A 和 B；(2) X 落入区间 $(-1,\ 1)$ 内的概率；(3) 随机变量 X 的密度函数.

解 (1) 由于

$$\lim_{x \to -\infty} F(x) = \lim_{x \to -\infty} (A + B\arctan x) = 0,$$

$$\lim_{x \to +\infty} F(x) = \lim_{x \to +\infty} (A + B\arctan x) = 1.$$

故

$$\begin{cases} A - \frac{\pi}{2}B = 0, \\ A + \frac{\pi}{2}B = 1, \end{cases} \quad \text{解得 } A = \frac{1}{2},\ B = \frac{1}{\pi}.$$

(2) $P\{-1 < X < 1\} = P\{-1 < X \leqslant 1\} = F(1) - F(-1) = \frac{1}{2}$.

(3) $f(x) = F'(x) = \frac{1}{\pi(1+x^2)}$，$-\infty < x < +\infty$.

9. 设连续型随机变量 X 的分布函数为

$$F(x) = \begin{cases} Ae^x, & x < 0, \\ B, & 0 \leqslant x < 1, \\ 1 - Ae^{-(x-1)}, & x \geqslant 1. \end{cases}$$

求：(1) 常数 A 和 B；(2) 随机变量 X 的密度函数；(3) $P\left\{X > \frac{1}{3}\right\}$.

解 (1) 由连续型随机变量的分布函数的连续性知

$$\lim_{x \to 0^-} F(x) = \lim_{x \to 0^+} F(x)，\text{即 } A = B,$$

$$\lim_{x \to 1^-} F(x) = \lim_{x \to 1^+} F(x)，\text{即 } 1 - A = B,$$

故 $A = \frac{1}{2}$，$B = \frac{1}{2}$.

$$(2)\ f(x) = F'(x) = \begin{cases} \frac{1}{2}e^x, & x < 0, \\ 0, & 0 \leqslant x \leqslant 1, \\ \frac{1}{2}e^{-(x-1)}, & x > 1. \end{cases}$$

(3) $P\left\{X > \frac{1}{3}\right\} = 1 - P\left\{X \leqslant \frac{1}{3}\right\} = 1 - F\left(\frac{1}{3}\right) = \frac{1}{2}$.

10. 设随机变量 X 的分布律为

X	-1	0	1	2	2.5
P	0.2	0.1	0.1	0.3	0.3

求：(1) $2X$ 的分布律；(2) X^2 的分布律.

解 (1)$2X$ 的可能取值为 -2，0，2，4，5，并且

$P\{2X=-2\}=P\{X=-1\}=0.2$，$P\{2X=0\}=P\{X=0\}=0.1$，

$P\{2X=2\}=P\{X=1\}=0.1$，$P\{2X=4\}=P\{X=2\}=0.3$，

$P\{2X=5\}=P\{X=2.5\}=0.3$，

故 $2X$ 的分布律为

$2X$	-2	0	2	4	5
P	0.2	0.1	0.1	0.3	0.3

(2)X^2 的可能取值为 0，1，4，6.25，并且

$P\{X^2=1\}=P\{X=-1\}+P\{X=1\}=0.3$，$P\{X^2=0\}=P\{X=0\}=0.1$，

$P\{X^2=4\}=P\{X=2\}=0.3$，$P\{X^2=6.25\}=P\{X=2.5\}=0.3$，

故 X^2 的分布律为

X^2	0	1	4	6.25
P	0.1	0.3	0.3	0.3

11. 设连续型随机变量 X 的密度函数为

$$f_X(x)=\begin{cases}e^{-x}, & x\geqslant 0,\\ 0, & x<0.\end{cases}$$

求随机变量 $Y=e^X$ 的概率密度函数 $f_Y(y)$.

解 （分布函数法）设 $F_Y(y)$，$f_Y(y)$ 分别为 Y 的分布函数与概率密度，则

$$F_Y(y)=P\{e^X\leqslant y\}=P\{X\leqslant \ln y\}.$$

当 $y\leqslant 1$ 时，$F_Y(y)=0$；

当 $y>1$ 时，$F_Y(y)=P\{e^X\leqslant y\}=P\{X\leqslant \ln y\}=F_X(\ln y)$.

即

$$F_Y(y)=\begin{cases}F_X(\ln y), & y>1,\\ 0, & y\leqslant 1.\end{cases}$$

两端求导数得

$$f_Y(y)=\begin{cases}\dfrac{1}{y^2}, & y>1,\\ 0, & y\leqslant 1.\end{cases}$$

12. 设随机变量 X 服从标准正态分布 $N(0,1)$，其密度函数为 $\varphi(x)=\frac{1}{\sqrt{2\pi}}e^{-\frac{x^2}{2}}$，$x\in(-\infty,+\infty)$，分布函数为 $\Phi(x)=\frac{1}{\sqrt{2\pi}}\int_{-\infty}^{x}e^{-\frac{t^2}{2}}dt$，$x\in(-\infty,+\infty)$，试求以下随机变量 Y 的概率密度函数：(1) $Y=|X|$；(2) $Y=2X^2+1$.

解 (1) 先求 Y 的分布函数 $F_Y(y)$，由 $Y=|X|\geqslant 0$，故当 $y\leqslant 0$ 时，有 $F_Y(y)=0$，从而 $f_Y(y)=0$. 当 $y>0$ 时，有

$$F_Y(y)=P\left\{Y\leqslant y\right\}=P\left\{|X|\leqslant y\right\}=P\left\{-y\leqslant X\leqslant y\right\}=2\Phi(y)-1.$$

此时，Y 的密度函数为

$$f_Y(y)=F_Y'(y)=2\Phi'(y)=\sqrt{\frac{2}{\pi}}e^{-\frac{y^2}{2}}.$$

因此，Y 的密度函数为

$$f_Y(y)=\begin{cases}\sqrt{\frac{2}{\pi}}e^{-\frac{y^2}{2}}, & y>0,\\ 0, & \text{其他}.\end{cases}$$

(2)　先求 Y 的分布函数 $F_Y(y)$，由 $Y=2X^2+1\geqslant 1$，故当 $y\leqslant 1$ 时，有 $F_Y(y)=0$，从而 $f_Y(y)=0$. 当 $y>1$ 时，有

$$F_Y(y)=P\left\{Y\leqslant y\right\}=P\left\{2X^2+1\leqslant y\right\}=P\left\{-\sqrt{\frac{y-1}{2}}\leqslant X\leqslant\sqrt{\frac{y-1}{2}}\right\}=2\Phi\left(\sqrt{\frac{y-1}{2}}\right)-1.$$

此时，Y 的密度函数为

$$f_Y(y)=F_Y'(y)=2\left[\Phi\left(\sqrt{\frac{y-1}{2}}\right)\right]_y'=\frac{1}{2\sqrt{\pi(y-1)}}e^{-\frac{y-1}{4}}.$$

因此 Y 的密度函数为

$$f_Y(y)=\begin{cases}\frac{1}{2\sqrt{\pi(y-1)}}e^{-\frac{y-1}{4}}, & y>1,\\ 0, & \text{其他}.\end{cases}$$

13. 某地区一个月内发生重大交通事故数 X 服从如下分布：

X	0	1	2	3	4	5	6
P	0.301	0.362	0.216	0.087	0.026	0.006	0.002

试求该地区发生重大交通事故的月平均数.

解　$EX=0\times0.301+1\times0.362+2\times0.216+3\times0.087$

$+4\times0.026+5\times0.006+6\times0.002$

$=1.201.$

14. 设连续型随机变量 X 的密度函数为

$$f(x)=\begin{cases}ax, & 0<x<2,\\ bx+c, & 2\leqslant x\leqslant 4,\\ 0, & \text{其他}.\end{cases}$$

又 $EX=2$，$P\{1<X<3\}=\frac{3}{4}$，求常数 a，b，c 的值.

解　由题意知

$$\int_{-\infty}^{+\infty}f(x)\mathrm{d}x=\int_0^2 ax\,\mathrm{d}x+\int_2^4(bx+c)\,\mathrm{d}x=1,$$

$$EX=\int_{-\infty}^{+\infty}xf(x)\mathrm{d}x=\int_{0}^{2}x\cdot ax\mathrm{d}x+\int_{2}^{4}x\cdot(bx+c)\mathrm{d}x=2,$$

$$P\{1<X<3\}=\int_{1}^{2}ax\mathrm{d}x+\int_{2}^{3}(bx+c)\mathrm{d}x=\frac{3}{4},$$

即 a，b，c 满足以下方程组

$$\begin{cases}\frac{8}{3}a+\frac{56}{3}b+6c=2,\\ \frac{3}{2}a+\frac{5}{2}b+c=\frac{3}{4},\\ 2a+6b+2c=1,\end{cases}$$

解得 $a=\frac{1}{4}$，$b=-\frac{1}{4}$，$c=1$.

15. 设随机变量 X 的分布律为

X	-3	0	1	3
P	0.2	0.1	0.4	0.3

求 EX，EX^2 和 $E(3X^2+2)$.

解 $EX=-3\times0.2+0\times0.1+1\times0.4+3\times0.3=0.7$,

$EX^2=(-3)^2\times0.2+0^2\times0.1+1^2\times0.4+3^2\times0.3=4.9$,

$E(3X^2+2)=3EX^2+2=3\times4.9+2=16.7$.

16. 设随机变量 X 的概率密度为

$$f(x)=\begin{cases}e^{-x}, & x>0,\\ 0, & x\leqslant 0,\end{cases}$$

$Y=2X$，$Z=e^{-2X}$，求 EY，EZ.

解 $EY=\int_{-\infty}^{+\infty}2xf(x)\mathrm{d}x=\int_{0}^{+\infty}2xe^{-x}\mathrm{d}x=2$,

$$EZ=\int_{-\infty}^{+\infty}e^{-2x}f(x)\mathrm{d}x=\int_{0}^{+\infty}e^{-3x}\mathrm{d}x=\frac{1}{3}.$$

17. 已知投资一项目的收益率 R 是一随机变量，其分布律为

R	1%	2%	3%	4%	5%	6%
P	0.1	0.1	0.2	0.3	0.2	0.1

一位投资者在该项目上投资 10 万元，求他预期获得多少收入？收入的方差是多少？

解 设 Y 为该投资的收入，$Y=10R$，由于

$$ER=1\%\times0.1+2\%\times0.1+3\%\times0.2+4\%\times0.3+$$
$$5\%\times0.2+6\%\times0.1=0.037,$$

$$ER^2=(1\%)^2\times0.1+(2\%)^2\times0.1+(3\%)^2\times0.2+(4\%)^2\times0.3+$$
$$(5\%)^2\times0.2+(6\%)^2\times0.1=0.00157,$$
$$DR=ER^2-(ER)^2=0.00157-0.037^2=0.000201,$$

因此有 $EY=10ER=0.37$，$DY=100DR=0.0201$，即预期收入 0.37 万元，方差为 0.0201.

18. 设 $X\sim f(x)=\begin{cases}\dfrac{1}{\pi\sqrt{1-x^2}}, & |x|<1,\\ 0, & \text{其他},\end{cases}$ 求 EX，DX.

解　$EX=\int_{-\infty}^{+\infty}xf(x)\mathrm{d}x=\int_{-1}^{1}\dfrac{x}{\pi\sqrt{1-x^2}}\mathrm{d}x=0$，

$EX^2=\int_{-\infty}^{+\infty}x^2f(x)\mathrm{d}x=\int_{-1}^{1}\dfrac{x^2}{\pi\sqrt{1-x^2}}\mathrm{d}x=\dfrac{1}{2}$，

$DX=EX^2-(EX)^2=\dfrac{1}{2}$.

19. 设随机变量 X 的期望 $EX=\mu$，方差 $DX=\sigma^2$，随机变量 $Y=\dfrac{X-\mu}{\sigma}$，求 EY 和 DY.

解　$EY=\dfrac{1}{\sigma}(EX-\mu)=0$，$DY=\dfrac{1}{\sigma^2}DX=1$.

20. 甲、乙两人操作同一台机器生产某种产品，100 件产品中的次品数分别用 X，Y 表示，X，Y 的概率分布如下：

X	0	1	2	3
P	0.8	0.12	0.03	0.05

Y	0	1	2	3
P	0.8	0.1	0.07	0.03

试比较甲、乙两人的技术水平.

解　由期望的定义有

$$EX=0\times0.8+1\times0.12+2\times0.03+3\times0.05=0.33,$$
$$EY=0\times0.8+1\times0.1+2\times0.07+3\times0.03=0.33.$$

两期望值相等，即甲、乙两人的技术水平相当. 这就需要进一步考察哪个工人的技术比较稳定，这就需要比较其方差. 方差小的，技术较稳定，由方差的定义式得

$$DX=(0-0.33)^2\times0.8+(1-0.33)^2\times0.12+(2-0.33)^2\times0.03+$$
$$(3-0.33)^2\times0.05=0.5811,$$
$$DY=(0-0.33)^2\times0.8+(1-0.33)^2\times0.1+(2-0.33)^2\times0.07+$$
$$(3-0.33)^2\times0.03=0.5411,$$

因 $DX>DY$，故乙工人技术水平较甲工人稳定.

21. 有 1000 件产品，其中 900 件是正品，其余是次品. 现从中每次任取 1 件，有放回地取 5 件，试求这 5 件所含次品数的分布律.

解 设 X 表示5件产品中所含的次品数，因为是有放回地抽取，产品的次品率为0.1，故 $X\sim B(5,\ 0.1)$，即 $P\{X=k\}=C_5^k\,0.1^k\,0.9^{5-k}$，$k=0,\ 1,\ 2,\ 3,\ 4,\ 5$.

22. 一座大楼装有5个同类型的供水设备. 调查表明在任一时刻每个设备被使用的概率为0.1，问在同一时刻：

(1) 恰有2个设备被使用的概率是多少?

(2) 至少有3个设备被使用的概率是多少?

(3) 至多有3个设备被使用的概率是多少?

解 设被使用的设备数为 X，由题意 $X\sim B(5,\ 0.1)$，则

(1) $P\{X=2\}=C_5^2\,0.1^2\,0.9^3=0.0729$.

(2) $P\{X\geqslant 3\}=P\{X=3\}+P\{X=4\}+P\{X=5\}=C_5^3\,0.1^3\,0.9^2+C_5^4\,0.1^4\,0.9+C_5^5\,0.1^5=0.00856$.

(3) $P\{X\leqslant 3\}=1-P\{X>3\}=1-P\{X=4\}-P\{X=5\}=1-C_5^4\,0.1^4\,0.9-C_5^5\,0.1^5=0.99954$.

23. 随机变量 $X\sim B(n,\ p)$，$EX=0.8$，$EX^2=1.28$，问 X 取什么值的概率最大，其概率值为多少?

解 由题意 $EX=np=0.8$，$DX=EX^2-(EX)^2=np(1-p)=0.64$，解得 $p=0.2$，$n=4$. 由于 $(n+1)p=1$ 是一个整数，所以 X 取0或1的概率最大，概率值为0.4096.

24. 设随机变量 X 服从泊松分布，且已知 $P\{X=1\}=P\{X=2\}$，求 $P\{X=4\}$.

解 设 $X\sim P(\lambda)$，即 $P\{X=k\}=\dfrac{\lambda^k}{k!}e^{-\lambda}$. 由于 $P\{X=1\}=P\{X=2\}$，故

$$\frac{\lambda^1}{1}e^{-\lambda}=\frac{\lambda^2}{2}e^{-\lambda},$$

解得 $\lambda=2$. 于是，查表可得

$$P\{X=4\}=0.0902.$$

25. 某商店出售某种商品，月销售量服从参数为5的泊松分布，问在月初进货时至少要库存多少件此种商品，才能以0.999的概率满足顾客的需要?

解 设 X 为月销售量，至少库存 k 件商品，$X\sim P(5)$. 由题意知 $P\{X\leqslant k\}=0.999$，查表得 $k=13$.

26. 设书籍中每页的印刷错误服从泊松分布，经统计发现在某本书上，有1个印刷错误的页数与有2个印刷错误的页数相同，求任意检验4页，每页上都没有印刷错误的概率.

解 设 X 为每页的印刷错误数，$X\sim P(\lambda)$，由题意 $P\{X=1\}=P\{X=2\}$，即

$$\frac{\lambda^1}{1!}e^{-\lambda}=\frac{\lambda^2}{2!}e^{-\lambda},$$

解得 $\lambda=2$. 任一页上没有印刷错误的概率 $P\{X=0\}=e^{-2}$，因此4页中每页都没有印刷错误的概率为 e^{-8}.

27. 在一个繁忙的交通路口，单独1辆汽车发生意外事故的概率是很小的，$p=0.0001$. 如果某段时间内有1000辆汽车通过这个路口，问这段时间内，该路口至少发生1起意外事故的概率是多少?

解 设 X 表示这段时间内该路段发生交通事故的次数，$X\sim B(1000, 0.0001)$. 由于 $n=1000$ 较大，$p=0.0001$ 较小，$np=0.1$ 适中，所以 X 近似服从参数为0.1的泊松分布. 于是

$$P\{X\geqslant 1\}=1-P\{X=0\}=1-e^{-0.1}.$$

28. 一批产品中有10%的不合格品，现从中任取3件，求其中至多有一件不合格品的概率.

解 设随机变量 X 表示抽出的不合格品数，则 X 服从超几何分布. 由于 $N>n$，所以可近似看成 $X\sim B(3, 0.1)$，则

$$P\{X\leqslant 1\}=P\{X=0\}+P\{X=1\}=C_3^0\times 0.1^0\times 0.9^3+C_3^1\times 0.1\times 0.9^2=0.972.$$

29. 设随机变量 X 服从$[-2, 2]$上的均匀分布，则方程 $y^2+3Xy+4=0$ 有实根的概率是多少?

解 方程 $y^2+3Xy+4=0$ 有实根，等价于 $X\leqslant -\frac{4}{3}$ 或 $X\geqslant \frac{4}{3}$. 因为 $X\sim U[-2, 2]$，即 X 的概率密度

$$f(x)=\begin{cases}\frac{1}{4}, & -2\leqslant x\leqslant 2,\\ 0, & \text{其他},\end{cases}$$

因此 $P\left\{X\leqslant -\frac{4}{3}\right\}+P\left\{X\geqslant \frac{4}{3}\right\}=\int_{-2}^{-\frac{4}{3}}\frac{1}{4}dx+\int_{\frac{4}{3}}^{2}\frac{1}{4}dx=\frac{1}{3}.$

30. 设随机变量 $X\sim U(-1, 2)$，定义

$$Y=\begin{cases}1, & X\geqslant 0,\\ -1, & X<0.\end{cases}$$

求随机变量 Y 的分布律.

解 由题意知

$$X\sim f_X(x)=\begin{cases}\frac{1}{3}, & -1<x<2,\\ 0, & \text{其他},\end{cases}$$

所以

$$P\{Y=1\}=P\{X\geqslant 0\}=\int_0^2\frac{1}{3}dx=\frac{2}{3},$$

$$P\{Y=-1\}=1-P\{Y=1\}=\frac{1}{3}.$$

于是

Y	-1	1
P	$1/3$	$2/3$

31. 已知某种电子元件的寿命 X(单位：小时)服从参数 $\lambda=\dfrac{1}{1000}$ 的指数分布，求 3 个这样的元件使用 1000 小时至少有 1 个已损坏的概率.

解 由题意，X 的密度函数为

$$f(x)=\begin{cases}\dfrac{1}{1000}e^{-\frac{x}{1000}}, & x>0,\\ 0, & x\leqslant 0,\end{cases}$$

于是任意一个元件使用 1000 小时不坏的概率为

$$P\{X>1000\}=\int_{1000}^{+\infty}\frac{1}{1000}e^{-\frac{x}{1000}}dx=e^{-1},$$

3 个元件使用 1000 小时都没坏的概率为 e^{-3}，因此至少有 1 个已损坏的概率为 $1-e^{-3}$.

32. 设随机变量 X 服从参数为 3 的指数分布，求随机变量 $Y=1-e^{-3x}$ 的概率密度函数.

解 由题意知

$$X\sim f_X(x)=\begin{cases}3e^{-3x}, & x>0,\\ 0, & x\leqslant 0,\end{cases}$$

当 $x>0$ 时，$y=1-e^{-3x}$ 严格单调，$0<y<1$，其反函数 $x=h(y)=-\dfrac{\ln(1-y)}{3}$，并且 $h'(y)=\dfrac{1}{3(1-y)}>0$，所以利用公式得

$$f_Y(y)=\begin{cases}3e^{-3\cdot\left[-\frac{\ln(1-y)}{3}\right]}\cdot\dfrac{1}{3(1-y)}, & 0<y<1,\\ 0, & \text{其他},\end{cases}$$

$$=\begin{cases}1, & 0<y<1,\\ 0, & \text{其他}.\end{cases}$$

33. 设 $X\sim N(0,1)$，试求：(1)$P\{X\leqslant 1.5\}$；(2)$P\{X>2\}$；(3)$P\{X\leqslant -1.8\}$；(4)$P\{-1<X\leqslant 3\}$；(5)$P\{|X|\leqslant 2\}$.

解 (1)$P\{X\leqslant 1.5\}=\Phi(1.5)=0.93319$.

(2)$P\{X>2\}=1-\Phi(2)=0.02275$.

(3)$P\{X\leqslant -1.8\}=\Phi(-1.8)=1-\Phi(1.8)=0.03593$.

(4)$P\{-1<X\leqslant 3\}=\Phi(3)-\Phi(-1)=\Phi(3)-[1-\Phi(1)]=0.83995$.

(5)$P\{|X|\leqslant 2\}=2\Phi(2)-1=0.9545$.

34. 设随机变量 X 服从正态分布 $N(108, 3^2)$，试求：

(1) $P\{102 < X < 117\}$；(2) 常数 a，使得 $P\{X < a\} = 0.95$.

解　(1) $$P\{102 < X < 117\} = P\left\{\frac{102-108}{3} < \frac{X-108}{3} < \frac{117-108}{3}\right\}$$
$$= \Phi(3) - \Phi(-2)$$
$$= \Phi(3) - [1 - \Phi(2)]$$
$$= 0.9759.$$

(2) 由于 $P\{X < a\} = \Phi\left(\frac{a-108}{3}\right) = 0.95$，故查表知 $\frac{a-108}{3} = 1.64$，解得 $a = 112.92$.

35. 设随机变量 X 服从正态分布 $N(0, \sigma^2)$，若 $P\{|X| > k\} = 0.1$，试求 $P\{X < k\}$.

解　由题设 $P\{|X| > k\} = 0.1$ 知
$$P\{|X| \leqslant k\} = 1 - P\{|X| > k\} = 1 - 0.1 = 0.9,$$
故
$$0.9 = P\{|X| \leqslant k\} = P\left\{\left|\frac{X-0}{\sigma}\right| \leqslant \frac{k-0}{\sigma}\right\} = 2\Phi\left(\frac{k}{\sigma}\right) - 1,$$

由此得 $\Phi\left(\frac{k}{\sigma}\right) = 0.95$，所以 $P\{X < k\} = P\left\{\frac{X-0}{\sigma} < \frac{k-0}{\sigma}\right\} = \Phi\left(\frac{k}{\sigma}\right) = 0.95$.

习题二(B)

1. 某射手的射击命中率为 3/4. 现对一目标连续射击，直到第一次命中为止. 令 X 表示第一次命中为止所用的射击次数，求 X 的概率分布，并计算 X 取偶数的概率.

解　由题意知
$$P\{X = k\} = \frac{3}{4}\left(\frac{1}{4}\right)^{k-1}, \quad k = 1, 2, \cdots.$$

设 A 表示“X 取偶数”，则
$$P(A) = \sum_{n=1}^{\infty} P\{X = 2n\} = \sum_{n=1}^{\infty}\left(\frac{1}{4}\right)^{2n-1}\frac{3}{4} = \frac{3/16}{1-1/16} = \frac{1}{5}.$$

2. 假设一台设备开机的无故障工作的时间 X 服从指数分布，平均无故障工作的时间为 5 小时，设备定时开机，出现故障时自动关机，而在无故障的情况下工作 2 小时便关机. 试求该设备每次开机无故障工作的时间 Y 的分布函数 $F(y)$.

解　设 X 为参数 λ 的指数分布，则 $EX = \frac{1}{\lambda} = 5$，$\lambda = \frac{1}{5}$. 则 X 的分布函数为
$$F_X(x) = \begin{cases} 1 - e^{-\frac{1}{5}x}, & x > 0, \\ 0, & x \leqslant 0. \end{cases}$$

而 $Y=\min\{X,2\}$，对于 $y<0$，有 $F(y)=0$；对于 $0\leqslant y<2$，有

$$F(y)=P\{Y\leqslant y\}=P\{\min\{X,2\}\leqslant y\}=P\{X\leqslant y\}=1-\mathrm{e}^{-\frac{y}{5}},$$

于是 Y 的分布函数为

$$F(y)=\begin{cases}0, & y<0,\\ 1-\mathrm{e}^{-\frac{y}{5}}, & 0\leqslant y<2,\\ 1, & y\geqslant 2.\end{cases}$$

3. 假设一台机器在一天内发生故障的概率为 0.2，机器发生故障时全天停止工作. 若一周 5 个工作日内无故障，可获利润 10 万元；发生 1 次故障仍可获利润 5 万元；发生 2 次故障所获利润 0 元；发生 3 次或 3 次以上故障就要亏损 2 万元. 求一周内的期望利润是多少.

解 设 X 表示发生故障的天数，Y 表示获利，则由题意知，X 的所有可能取值为 0、1、2、3、4、5；Y 的所有可能取值为 10 万元、5 万元、0 元、-2 万元，并且

$$P\{Y=10\}=P\{X=0\}=0.8^5=0.3277,$$

$$P\{Y=5\}=P\{X=1\}=\mathrm{C}_5^1\cdot 0.2\cdot 0.8^4=0.4096,$$

$$P\{Y=0\}=P\{X=2\}=\mathrm{C}_5^2\cdot 0.2^2\cdot 0.8^3=0.2048,$$

$$P\{Y=-2\}=P\{3\leqslant X\leqslant 5\}=1-0.3277-0.4096-0.2048=0.0579.$$

于是，一周内的期望利润

$$EY=10\times 0.3277+5\times 0.4096+0\times 0.2048+(-2)\times 0.0579=5.2090.$$

4. 设连续型随机变量 X 的密度函数为

$$f(x)=\begin{cases}\dfrac{x}{a^2}\mathrm{e}^{-\frac{x^2}{2a^2}}, & x>0,\\ 0, & \text{其他}.\end{cases}$$

试求 $Y=\dfrac{1}{X}$ 的数学期望.

解 $E\left(\dfrac{1}{X}\right)=\displaystyle\int_{-\infty}^{+\infty}\frac{1}{x}f(x)\mathrm{d}x=\int_0^{+\infty}\left(\frac{1}{x}\cdot\frac{x}{a^2}\mathrm{e}^{-\frac{x^2}{2a^2}}\right)\mathrm{d}x=\frac{\sqrt{2\pi}}{2a}.$

5. 游客乘电梯从底层到电视塔顶层观光，电梯于每个整点的第 5 分钟、第 25 分钟、第 55 分钟从底层起行. 假设一游客在早上 8 点的第 X 分钟到达底层的候梯处，且 X 服从[0，60]上的均匀分布，求该游客等候时间的数学期望.

解 令 Y 为等候时间，则

$$Y=g(X)=\begin{cases}5-X, & 0\leqslant X\leqslant 5,\\ 25-X, & 5<X\leqslant 25,\\ 55-X, & 25<X\leqslant 55,\\ 60-X, & 55<X\leqslant 60.\end{cases}$$

由题意知

$$X \sim f(x)=\begin{cases}\dfrac{1}{60}, & 0 \leqslant X \leqslant 60, \\ 0, & \text{其他}.\end{cases}$$

于是

$$\begin{aligned} EY &= \int_{-\infty}^{+\infty} g(x) f(x) \mathrm{d}x \\ &= \int_{0}^{5}(5-x) \cdot \frac{1}{60} \mathrm{d}x+\int_{5}^{25}(25-x) \cdot \frac{1}{60} \mathrm{d}x+\int_{25}^{55}(55-x) \cdot \frac{1}{60} \mathrm{d}x+\int_{55}^{60}(65-x) \cdot \frac{1}{60} \mathrm{d}x \\ &\approx 11.67. \end{aligned}$$

6. 某人家中在时间间隔 t（单位：小时）内接到电话的次数 X 服从参数为 $2t$ 的泊松分布.

(1) 外出计划用时 10 分钟，问其间电话铃响一次的概率是多少？

(2) 若他希望外出时没有电话的概率至少为 0.5，问他外出应控制最长时间是多少？

解　以 X 表示此人外出时电话铃响的次数，则 $X \sim P(2t)$，其中 t 表示外出总时间，则

(1) $t=\frac{10}{60}=\frac{1}{6}$ 时，$X \sim P\left(\frac{1}{3}\right)$，故所求概率为 $P\{X=1\}=\frac{1}{3} \mathrm{e}^{-\frac{1}{3}} \approx 0.2388$.

(2) 设外出时间为 t（小时），因 $X \sim P(2t)$，无电话打进的概率为

$$P\{X=0\}=\mathrm{e}^{-2t},$$

要使 $P\{X=0\}=\mathrm{e}^{-2t} \geqslant 0.5$，由此得 $t \leqslant \frac{\ln 2}{2} \approx 0.3466$（小时）$=20.796$（分钟），即外出时间应控制小于 20.796 分钟.

四、自测题及答案

（一）自测题

一、填空题（本大题共 5 小题，每小题 3 分，共 15 分）

1. 设随机变量 X 的概率密度为

$$f(x)=\begin{cases}\dfrac{1}{3}, & \text{若 } x \in[0,1], \\ \dfrac{2}{9}, & \text{若 } x \in[3,6], \\ 0, & \text{其他}.\end{cases}$$

若 k 使得 $P\{X \geqslant k\}=\frac{2}{3}$，则 k 的取值范围是 ________.

2. 设随机变量 X 的概率密度为 $f(x)=\begin{cases}2x, & 0<x<1,\\ 0, & \text{其他},\end{cases}$ 以 Y 表示对 X 的 3 次独立重复观察中事件 $\{X\leqslant\frac{1}{2}\}$ 出现的次数，则 $P\{Y=2\}=$ ________.

3. 设随机变量 X 服从(0，2)上的均匀分布，则随机变量 $Y=X^2$ 在(0，4)内的概率分布密度 $f_Y(y)=$ ________.

4. 设随机变量 X 在区间[−1，2]上服从均匀分布，随机变量

$$Y=\begin{cases}1, & X>0,\\ 0, & X=0,\\ -1, & X<0,\end{cases}$$

则 $DY=$ ________.

5. 设随机变量 X 服从参数为 λ 的指数分布，则 $P\{X>\sqrt{DX}\}=$ ________.

二、选择题(本大题共 5 小题，每小题 3 分，共 15 分)

1. 设 $F_1(x)$ 和 $F_2(x)$ 分别表示随机变量 X_1 和 X_2 的分布函数，为使 $F(x)=aF_1(x)-bF_2(x)$ 是某一随机变量的分布函数，在下列给定的各组数值中应取(　　).

(A) $a=\frac{3}{5}$，$b=-\frac{2}{5}$　　(B) $a=\frac{2}{3}$，$b=\frac{2}{3}$

(C) $a=-\frac{1}{2}$，$b=\frac{3}{2}$　　(D) $a=\frac{1}{2}$，$b=-\frac{3}{2}$

2. 设 $f_1(x)$ 为标准正态分布的概率密度，$f_2(x)$ 为[−1，3]上均匀分布的概率密度，若

$$f(x)=\begin{cases}af_1(x), & x\leqslant 0,\\ bf_2(x), & x>0,\end{cases}\quad (a>0,\ b>0)$$

为概率密度，则 a，b 应满足(　　).

(A) $2a+3b=4$　　(B) $3a+2b=4$

(C) $a+b=1$　　(D) $a+b=2$

3. 已知随机变量 X 服从二项分布，且 $EX=2.4$，$DX=1.44$，则二项分布的参数 n，p 的值为(　　).

(A) $n=4$，$p=0.6$　　(B) $n=6$，$p=0.4$

(C) $n=3$，$p=0.8$　　(D) $n=24$，$p=0.1$

4. 设随机变量 X 服从正态分布 $N(0,1)$，对给定的 $\alpha\in(0,1)$，数 u_α 满足 $P\{X>u_\alpha\}=\alpha$，若 $P\{|X|<x\}=\alpha$，则 x 等于(　　).

(A) $u_{\frac{\alpha}{2}}$　　(B) $u_{1-\frac{\alpha}{2}}$　　(C) $u_{\frac{1-\alpha}{2}}$　　(D) $u_{1-\alpha}$

5. 设随机变量 X 服从正态分布 $N(\mu_1,\sigma_1^2)$，Y 服从正态分布 $N(\mu_2,\sigma_2^2)$，且

$P\{|X-\mu_1|<1\}>P\{|Y-\mu_2|<1\}$，则必有(　　).

(A)$\sigma_1<\sigma_2$　　(B) $\sigma_1>\sigma_2$

(C)$\mu_1<\mu_2$　　(D) $\mu_1>\mu_2$

三、计算题(本大题共 3 小题，每小题 10 分，共 30 分)

1. 已知 ξ 的概率密度

$$\varphi(x)=\begin{cases} c\lambda e^{-\lambda x}, & x>a, \\ 0, & \text{其他}, \end{cases} \quad (\lambda>0),$$

求常数 c 及 $P\{a-1<\xi\leqslant a+1\}$.

2. 设连续型随机变量 X 的分布函数为

$$F(x)=\begin{cases} 0, & \text{若 } x<0, \\ A\sin x, & \text{若 } 0\leqslant x\leqslant \dfrac{\pi}{2}, \\ 1, & \text{若 } x>\dfrac{\pi}{2}, \end{cases}$$

试求：(1) 常数 A；(2)$P\left\{|X|<\dfrac{\pi}{6}\right\}$；(3)$X$ 的密度函数 $f(x)$.

3. 设随机变量 X 的分布函数为

$$F(x)=P\{X\leqslant x\}=\begin{cases} 0, & x<0, \\ x/4, & 0\leqslant x<1, \\ 1/2+(x-1)/4, & 1\leqslant x<2, \\ 11/12, & 2\leqslant x<3, \\ 1, & x\geqslant 3, \end{cases}$$

试求：(1)$P\{X=k\}$，$k=1，2，3$；(2) $P\left\{\dfrac{1}{2}<X\leqslant\dfrac{3}{2}\right\}$.

四、应用题(本大题共 4 小题，每小题 10 分，共 40 分)

1. 某产品的次品率为 0.1，检验员每天检验 4 次，每次随机取 10 件产品进行检验，如发现其中的次品数大于 1，就去调整设备. 以 X 表示一天中调整设备的次数，试求 EX(设诸产品是否为次品是相互独立的).

2. 假设一大型设备在任何长为 t 的时间内发生故障的次数 $N(t)$ 服从参数为 λt 的泊松分布，求：

(1) 相继 2 次故障之间时间间隔 T 的分布函数；

(2) 在设备已经无故障工作 8 小时的情形下，再无故障工作 8 小时的概率.

3. 某仪器装有 3 个独立工作的同型号电子元件，其寿命(单位：小时) 都服从同一指数分布，密度函数为

$$f(x)=\begin{cases}\dfrac{1}{600}e^{-\frac{x}{600}}, & x>0,\\ 0, & x\leqslant 0,\end{cases}$$

试求在仪器使用的最初 200 小时内，至少有 1 个电子元件损坏的概率.

4. 某地抽样调查结果表明，考生的外语成绩(百分制)近似服从正态分布，平均成绩为 72 分，96 分以上的占考生总数的 2.3%，试求考生的外语成绩在 60 分至 84 分的概率.

(二) 答案

一、1. $[1, 3]$.

2. $\dfrac{9}{64}$.

3. $\dfrac{1}{4\sqrt{y}}$.

4. $\dfrac{8}{9}$.

5. e^{-1}.

二、1. A

2. A

3. B

4. C

5. A

三、1. $e^{\lambda a}$，$1-e^{-\lambda}$.

2. (1)1，(2) $\dfrac{1}{2}$，(3) $f(x)=\begin{cases}\cos x, & 0<x<\dfrac{\pi}{2},\\ 0, & 其他.\end{cases}$

3. (1) $P\{X=1\}=\dfrac{1}{4}$，$P\{X=2\}=\dfrac{1}{6}$，$P\{X=3\}=\dfrac{1}{12}$；

(2) $P\left\{\dfrac{1}{2}<X\leqslant\dfrac{3}{2}\right\}=\dfrac{1}{2}$.

四、1. 1.0556.

2. (1) $F(t)=\begin{cases}1-e^{-\lambda t}, & t\geqslant 0,\\ 0, & t<0.\end{cases}$

(2) $e^{-8\lambda}$. 提示：T 的分布函数 $F(t)=1-P\{N(t)=0\}$，$t\geqslant 0$.

3. $1-e^{-1}$.

4. 0.6826.

第三章　多维随机变量及其分布

一、教学基本要求与内容提要

（一）教学基本要求

1. 理解二维随机变量及其联合分布函数、二维离散型随机变量及其联合概率分布、二维连续型随机变量及其联合概率密度的概念，掌握联合概率分布和联合概率密度的性质以及它们与联合分布函数之间的关系，掌握联合分布函数的性质，学会利用分布法计算概率；

2. 理解边缘分布和条件分布的概念，掌握其计算方法，并了解二者与联合分布之间的关系；

3. 理解随机变量的独立性概念，掌握相应判据并且会用来简化概率计算；

4. 理解用分布函数法求二维随机变量函数的概率密度的标准过程，会计算二维随机变量函数的分布；

5. 理解期望和方差的性质，并学会利用公式计算二维随机变量函数的期望；

6. 理解协方差与相关系数的概念，掌握其性质与计算方法.

（二）内容提要

1. 多维随机变量及其分布函数

(1) 概念

由 n 个一维随机变量 X_1，X_2，…，X_n 构成的有序组 $(X_1, X_2, \cdots, X_n)$ 称为 n **维随机变量**，其中 X_i 称为 $(X_1, X_2, \cdots, X_n)$ 的**第 i 个分量**；n 元实值函数 $F(x_1, x_2, \cdots, x_n)=P\{X_1\leqslant x_1, X_2\leqslant x_2, \cdots, X_n\leqslant x_n\}$，$(x_1, x_2, \cdots, x_n)\in \mathrm{R}^n$，称为 $(X_1, X_2, \cdots, X_n)$ 的**分布函数**或 X_1，X_2，…，X_n 的**联合分布函数**.

(2) 二维随机变量的分布函数

① 概念

二维随机变量(X, Y)的**分布函数**为

$$F(x, y)=P\{X \leqslant x, Y \leqslant y\}, (x, y) \in \mathrm{R}^2.$$

② 矩形公式

$$P\{a<x \leqslant b, c<y \leqslant d\}=F(b, d)-F(a, d)-F(b, c)+F(a, c).$$

2. 二维离散型随机变量及其概率分布、边缘概率分布与条件概率分布

(1) 概念

如果二维随机变量(X, Y)的所有可能取值为有限对或可列对(x_i, y_j)，则称(X, Y)为**二维离散型随机变量.**

(2) 联合概率分布

① 概念

对于二维离散型随机变量(X, Y)的所有可能取值(x_i, y_j)，称

$$p_{ij}=P\{X=x_i, Y=y_j\}, i, j=1, 2, \cdots$$

为(X, Y)的**概率分布**或者X与Y的**联合概率分布**. 为了直观，也常记成下面表格形式：

$X \backslash Y$	y_1	y_2	$\cdots$	y_j	$\cdots$
x_1	p_{11}	p_{12}	$\cdots$	p_{1j}	$\cdots$
x_2	p_{21}	p_{22}	$\cdots$	p_{2j}	$\cdots$
$\vdots$	$\vdots$	$\vdots$	$\vdots$	$\vdots$	$\vdots$
x_i	p_{i1}	p_{i2}	$\cdots$	p_{ij}	$\cdots$
$\vdots$	$\vdots$	$\vdots$	$\vdots$	$\vdots$	$\vdots$

② 基本性质

非负性：$p_{ij} \geqslant 0, i, j=1, 2, \cdots$;

正则性：$\sum\limits_i \sum\limits_j p_{ij}=1.$

以上性质是验证$\{p_{ij}\}$为联合概率分布的依据.

③ 分布法求概率

$$P\{(X, Y) \in D)\}=\sum_{(x_i, y_j) \in D}\sum p_{ij}.$$

④ 分布形式之间的互化公式

Ⅰ. $F(x, y)=\sum\limits_{x_i \leqslant x,}\sum\limits_{y_j \leqslant y} p_{ij}$;

Ⅱ. 已知联合分布函数求联合概率分布，一般可借助矩形公式等工具.

(3) 边缘概率分布

① 概念

二维离散型随机变量(X, Y)中分量X、Y的概率分布，分别称为**关于X、Y的边缘概率分布**.

② 计算公式

设(X, Y)的概率分布为$p_{ij}=P\{X=x_i, Y=y_j\}$，并且记$p_{i\cdot}=P\{X=x_i\}$和$p_{\cdot j}=P\{Y=y_j\}$分别为关于X、Y的边缘概率分布，则有

$$p_{i\cdot}=\sum_j p_{ij},\ i=1,2,\cdots;$$

$$p_{\cdot j}=\sum_i p_{ij},\ j=1,2,\cdots.$$

(4) 条件概率分布

① 概念

设二维随机变量(X, Y)是离散型的，对于固定的j，如果$p_{\cdot j}=P\{Y=y_j\}>0$，则称

$$P\{X=x_i \mid Y=y_j\}=\frac{P\{X=x_i, Y=y_j\}}{P\{Y=y_j\}}=\frac{p_{ij}}{p_{\cdot j}},\quad i=1,2,\cdots$$

为**在$Y=y_j$条件下随机变量X的条件概率分布**；对于固定的i，如果$p_{i\cdot}=P\{X=x_i\}>0$，则称

$$P\{Y=y_j \mid X=x_i\}=\frac{P\{X=x_i, Y=y_j\}}{P\{X=x_i\}}=\frac{p_{ij}}{p_{i\cdot}},\quad j=1,2,\cdots$$

为**在$X=x_i$条件下随机变量Y的条件概率分布**. 写成表格形式分别为

X	x_1	x_2	$\cdots$	x_i	$\cdots$
$P\{X=x_i \mid Y=y_j\}$	$\frac{p_{1j}}{p_{\cdot j}}$	$\frac{p_{2j}}{p_{\cdot j}}$	$\cdots$	$\frac{p_{ij}}{p_{\cdot j}}$	$\cdots$

Y	y_1	y_2	$\cdots$	y_j	$\cdots$
$P\{Y=y_j \mid X=x_i\}$	$\frac{p_{i1}}{p_{i\cdot}}$	$\frac{p_{i2}}{p_{i\cdot}}$	$\cdots$	$\frac{p_{ij}}{p_{i\cdot}}$	$\cdots$

② 基本性质

非负性：$P\{X=x_i \mid Y=y_j\}\geqslant 0,\ i=1,2,\cdots;$

正则性：$\sum_i P\{X=x_i \mid Y=y_j\}=1.$

此外，$P\{Y=y_j \mid X=x_i\}$也具有上面类似性质.

③ 边缘概率分布、条件概率分布与联合概率分布的关系

一般地，联合概率分布确定边缘概率分布与条件概率分布；反之，给定边缘概率分布与条件概率分布也可反向确定联合概率分布.

3. 二维连续型随机变量及其概率密度、边缘概率密度与条件概率密度

(1) 二维连续型随机变量与联合概率密度

① 概念

设二维随机变量(X, Y)的分布函数为$F(x, y)$，如果存在非负函数$f(x, y)$，使得对于任意的$x, y \in R$，都有

$$F(x, y)=\int_{-\infty}^{x}\int_{-\infty}^{y} f(s, t)\,ds\,dt,$$

则称(X, Y)为**二维连续型随机变量**，$f(x, y)$为(X, Y)的**概率密度**或X与Y的**联合概率密度**，记为$(X, Y) \sim f(x, y)$.

② 联合概率密度的基本性质

非负性：$f(x, y) \geqslant 0$；

正则性：$\int_{-\infty}^{+\infty}\int_{-\infty}^{+\infty} f(x, y)\,dx\,dy=1$.

上面两条性质是验证$f(x, y)$为联合概率密度的依据.

③ 分布法求概率

$P\{(X, Y) \in G\}=\iint\limits_{G} f(x, y)\,dx\,dy$，其中$G$为平面$R^2$上某一可度量区域.

④ 分布形式之间的互化公式

若$f(x, y)$连续，则$f(x, y)=\dfrac{\partial^2 F(x, y)}{\partial x \partial y}$；

已知联合概率密度求联合分布函数，可利用联合概率密度的定义.

(2) 边缘概率密度

① 概念

二维连续型随机变量(X, Y)中分量X、Y的概率密度，分别称为**关于X、Y的边缘概率密度.**

② 计算公式

设二维连续型随机变量$(X, Y) \sim f(x, y)$，则关于X、Y的边缘概率密度分别为

$$f_1(x)=\int_{-\infty}^{+\infty} f(x, y)\,dy;$$

$$f_2(y)=\int_{-\infty}^{+\infty} f(x, y)\,dx.$$

(3) 条件概率密度

① 概念

设二维连续型随机变量(X, Y)的概率密度为$f(x, y)$，对于固定的y，如果$f_Y(y)=\int_{-\infty}^{+\infty} f(x, y)\,dx>0$，则称

$$f_{X|Y}(x|y)=\frac{f(x,y)}{f_Y(y)}$$

为**在 $Y=y$ 条件下 X 的条件概率密度**. 对于固定的 x，如果 $f_X(x)=\int_{-\infty}^{+\infty}f(x,y)\mathrm{d}y>0$，则称

$$f_{Y|X}(y|x)=\frac{f(x,y)}{f_X(x)}$$

为**在 $X=x$ 条件下 Y 的条件概率密度**.

② 边缘概率密度、条件概率密度与联合概率密度的关系

一般地，联合概率密度确定边缘概率密度与条件概率密度；反之，给定边缘概率密度与条件概率密度也可反向确定联合概率密度.

4. 随机变量的独立性

(1) 概念

设二维随机变量（X，Y）的分布函数和关于 X、Y 的边缘分布函数分别为 $F(x,y)$ 以及 $F_X(x)$，$F_Y(y)$，如果对于任意的 x，$y\in R$，都有

$$F(x,y)=F_X(x)\cdot F_Y(y),$$

则称随机变量 X 与 Y **相互独立**.

(2) 判据

① 设 p_{ij} 和 $p_{i\cdot}$，$p_{\cdot j}$ 分别为(X，Y)的概率分布以及关于 X、Y 的边缘概率分布，则 X 与 Y 相互独立 $\Leftrightarrow p_{ij}=p_{i\cdot}\cdot p_{\cdot j}$.

② 设（X，Y）$\sim f(x,y)$，$f_X(x)$、$f_Y(y)$ 分别为关于 X、Y 的边缘概率密度，则 X 与 Y 相互独立 $\Leftrightarrow f(x,y)=f_X(x)\cdot f_Y(y)$.

5. 二维随机变量函数的分布

(1) 离散场合

设 $Z=g(X,Y)$，其中(X，Y)是离散型随机变量，则 Z 也是离散型的，其概率分布由一维随机变量概率分布的定义可求得.

(2) 连续场合

设(X，Y) $\sim f(x,y)$，并且 $f_X(x)$、$f_Y(y)$ 分别为关于 X、Y 的边缘概率密度.

① 分布函数法

设 $Z=g(X,Y)$ 为连续型变量，则可使用分布函数法求 Z 的概率密度. 标准过程分两步：

Ⅰ. 求 Z 的分布函数

$$F_Z(z)=P\{g(X,Y)\leqslant z\}=\iint_{g(x,y)\leqslant z}f(x,y)\mathrm{d}x\mathrm{d}y;$$

Ⅱ. 对其求导数得到 Z 的概率密度

$$f_Z(z)=\begin{cases}F'_Z(z), & z\text{ 是 } f_Z(z)\text{ 的连续点},\\ 0, & \text{其他}.\end{cases}$$

② 和的分布

设 $Z=X+Y$，则 Z 的概率密度为

$$f_Z(z)=\int_{-\infty}^{+\infty}f(x,\ z-x)\mathrm{d}x=\int_{-\infty}^{+\infty}f(z-y,\ y)\mathrm{d}y.$$

若 X 与 Y 相互独立，有卷积公式：

$$f_Z(z)=\int_{-\infty}^{+\infty}f_X(x)f_Y(z-x)\mathrm{d}x=\int_{-\infty}^{+\infty}f_X(z-y)f_Y(y)\mathrm{d}y.$$

③ 商的分布

设 $Z=\dfrac{X}{Y}$，则 Z 的概率密度为

$$f_Z(z)=\int_{-\infty}^{+\infty}|y|f(zy,\ y)\mathrm{d}y.$$

特别地，若 X 与 Y 相互独立，则有

$$f_Z(z)=\int_{-\infty}^{+\infty}|y|f_X(zy)f_Y(y)\mathrm{d}y.$$

6. 多维随机变量的数字特征

(1) 期望与方差的性质

① $E(X\pm Y)=EX\pm EY$.

推论：$E(X_1+X_2+\cdots+X_n)=EX_1+EX_2+\cdots+EX_n$.

② 设 X 与 Y 相互独立，则 $E(XY)=EX\cdot EY$.

推论：设 X_1，X_2，…，X_n 相互独立，则 $E(X_1X_2\cdots X_n)=EX_1EX_2\cdots EX_n$.

③$D(X\pm Y)=DX+DY\pm 2\mathrm{Cov}(X,\ Y)$.

特别地，设 X 与 Y 相互独立，则 $D(X\pm Y)=DX+DY$.

推论：设 X_1，X_2，…，X_n 相互独立，则 $D(\sum\limits_{i=1}^{n}X_i)=\sum\limits_{i=1}^{n}DX_i$.

(2) 二维随机变量函数的期望公式

设 $Z=g(X,\ Y)$，则

$$EZ=\begin{cases}\sum\limits_i\sum\limits_j g(x_i,\ y_j)p_{ij},\\ \int_{-\infty}^{+\infty}\int_{-\infty}^{+\infty}g(x,\ y)f(x,\ y)\mathrm{d}x\mathrm{d}y,\end{cases}$$

其中 p_{ij}，$f(x,\ y)$ 分别为 $(X,\ Y)$ 的概率分布和概率密度.

(3) 协方差

① 概念

若 $E[(X-EX)(Y-EY)]$ 存在，称

$$\mathrm{Cov}(X, Y)=E[(X-EX)(Y-EY)]$$

为随机变量 X 与 Y 的**协方差**.

② 简单性质

对称性：$\mathrm{Cov}(X, Y)=\mathrm{Cov}(Y, X)$.

线性性：$\begin{cases}\mathrm{Cov}(aX, Y)=a\mathrm{Cov}(X, Y), \\ \mathrm{Cov}(X+Y, Z)=\mathrm{Cov}(X, Z)+\mathrm{Cov}(Y, Z).\end{cases}$

③ 计算公式

$\mathrm{Cov}(X, Y)=E(XY)-EX \cdot EY$.

(4) 相关系数

① 概念

若 DX 和 DY 存在且大于零，称

$$\rho_{XY}=\frac{\mathrm{Cov}(X, Y)}{\sqrt{DX} \cdot \sqrt{DY}}$$

为随机变量 X 与 Y 的**相关系数**.

② 性质

Ⅰ. $|\rho_{XY}| \leqslant 1$;

Ⅱ. $Y=aX+b\ (a \neq 0) \Rightarrow \rho_{XY}=\begin{cases}1, & a>0, \\ -1, & a<0.\end{cases}$

③ 不相关与独立的关系

X 与 Y 相互独立 $\Rightarrow \rho_{XY}=0$(不相关)；反之，不成立.

(5) 协方差矩阵

设$(X_1, X_2, \cdots, X_n)$是 n 维随机变量，若 $v_{ij}=\mathrm{Cov}(X_i, X_j)$ 均存在，$i, j=1, 2, \cdots, n$，称

$$V=\begin{bmatrix} v_{11} & v_{12} & \cdots & v_{1n} \\ v_{21} & v_{22} & \cdots & v_{2n} \\ \cdots & \cdots & \cdots & \cdots \\ v_{n_1} & v_{n_2} & \cdots & v_{nn} \end{bmatrix}$$

为$(X_1, X_2, \cdots, X_n)$的**协方差矩阵**.

(6) 相关矩阵

设$(X_1, X_2, \cdots, X_n)$是 n 维随机变量，若分量 X_i 与分量 X_j 的相关系数 ρ_{ij} 均存在，$i, j=1, 2, \cdots, n$，称

$$R=\begin{bmatrix}\rho_{11} & \rho_{12} & \cdots & \rho_{1n}\\ \rho_{21} & \rho_{22} & \cdots & \rho_{2n}\\ \cdots & \cdots & \cdots & \cdots\\ \rho_{n_1} & \rho_{n_2} & \cdots & \rho_{nn}\end{bmatrix}$$

为$(X_1, X_2, \cdots, X_n)$的**相关矩阵**.

二、典型方法与范例

1. 给定试验计算联合概率分布

例 1 假设盒中装有 3 个黑球、4 个白球、3 个红球，现分 3 次抽取，每次抽 1 个球，求取到的黑球数 X 与白球数 Y 的联合概率分布.

分析 试验方式可分为有放回与不放回两种，利用定义分别计算联合概率分布.

解 由题设知，(X, Y)的全部可能取值为$(0, 0)$，$(0, 1)$，$(0, 2)$，$(0, 3)$，$(1, 0)$，$(1, 1)$，$(1, 2)$，$(2, 0)$，$(2, 1)$，$(3, 0)$.

(1) 不放回抽样

$$P\{X=0, Y=0\}=\frac{C_3^3}{C_{10}^3}=\frac{1}{120}, P\{X=0, Y=1\}=\frac{C_4^1C_3^2}{C_{10}^3}=\frac{1}{10},$$

$$P\{X=0, Y=2\}=\frac{C_4^2C_3^1}{C_{10}^3}=\frac{3}{20}, P\{X=0, Y=3\}=\frac{C_4^3}{C_{10}^3}=\frac{1}{30},$$

$$P\{X=1, Y=0\}=\frac{C_3^1C_3^2}{C_{10}^3}=\frac{3}{40}, P\{X=1, Y=1\}=\frac{C_3^1C_4^1C_3^1}{C_{10}^3}=\frac{3}{10},$$

$$P\{X=1, Y=2\}=\frac{C_3^1C_4^2}{C_{10}^3}=\frac{3}{20}, P\{X=2, Y=0\}=\frac{C_3^2C_3^1}{C_{10}^3}=\frac{3}{40},$$

$$P\{X=2, Y=1\}=\frac{C_3^2C_4^1}{C_{10}^3}=\frac{1}{10}, P\{X=3, Y=0\}=\frac{C_3^3}{C_{10}^3}=\frac{1}{120}.$$

列表如下：

X \ Y	0	1	2	3
0	$\frac{1}{120}$	$\frac{1}{10}$	$\frac{3}{20}$	$\frac{1}{30}$
1	$\frac{3}{40}$	$\frac{3}{10}$	$\frac{3}{20}$	0
2	$\frac{3}{40}$	$\frac{1}{10}$	0	0
3	$\frac{1}{120}$	0	0	0

(2) 有放回抽样

$P\{X=0, Y=0\}=\frac{3^3}{10^3}=\frac{27}{1000}$，$P\{X=0, Y=1\}=\frac{C_3^1\times 4\times 3^2}{10^3}=\frac{27}{250}$，

$P\{X=0, Y=2\}=\frac{C_3^2\times 4^2\times 3}{10^3}=\frac{18}{125}$，$P\{X=0, Y=3\}=\frac{4^3}{10^3}=\frac{8}{125}$，

$P\{X=1, Y=0\}=\frac{C_3^1\times 3\times 3^2}{10^3}=\frac{81}{1000}$，$P\{X=1, Y=1\}=\frac{A_3^3\times 3\times 4\times 3}{10^3}=\frac{27}{125}$，

$P\{X=1, Y=2\}=\frac{C_3^1\times 3\times 4^2}{10^3}=\frac{18}{125}$，$P\{X=2, Y=0\}=\frac{C_3^2\times 3^2\times 3}{10^3}=\frac{81}{1000}$，

$P\{X=2, Y=1\}=\frac{C_3^2\times 3^2\times 4}{10^3}=\frac{27}{250}$，$P\{X=3, Y=0\}=\frac{3^3}{10^3}=\frac{27}{1000}$.

列表如下：

$X \backslash Y$	0	1	2	3
0	$\frac{27}{1000}$	$\frac{27}{250}$	$\frac{18}{125}$	$\frac{8}{125}$
1	$\frac{81}{1000}$	$\frac{27}{125}$	$\frac{18}{125}$	0
2	$\frac{81}{1000}$	$\frac{27}{250}$	0	0
3	$\frac{27}{1000}$	0	0	0

例 2　从1，3，5这三个数字中一次任取两数，记第一个数为随机变量 X，第二个数为随机变量 Y，试求二维随机变量 (X, Y) 的关于 X 的边缘分布.

分析　要求二维随机变量分量的分布，先求二维随机变量的联合分布.

解　由题设知，X，Y 的可能值为1，3，5，且因为一次取两个数，所以这两个数不相等，从而有 $P\{X=Y\}=0$，且

$$P\{X=i, Y=j\}=\frac{1}{3\times 2}=\frac{1}{6},\ i\neq j,\ i,\ j=1,\ 3,\ 5,$$

$X \backslash Y$	1	3	5	$p_{i\cdot}$
1	0	$\frac{1}{6}$	$\frac{1}{6}$	$\frac{1}{3}$
3	$\frac{1}{6}$	0	$\frac{1}{6}$	$\frac{1}{3}$
5	$\frac{1}{6}$	$\frac{1}{6}$	0	$\frac{1}{3}$

故关于 X 的边缘分布为

X	1	3	5
P	$\frac{1}{3}$	$\frac{1}{3}$	$\frac{1}{3}$

例 3 袋中装有 5 个黑球和 2 个白球，若每次取 1 个，连续不放回地取两次，令

$$X=\begin{cases}1，第 i 次抽到白球，\\0，第 i 次抽到黑球，\end{cases}$$

求(X_1, X_2)的概率分布.

分析 利用定义求联合概率分布. 首先要明确(X, Y)描述的基本事件的含义，再选择适当的概率公式(如乘法公式等)计算所有的基本事件发生的概率.

解 由题设知，(X_1, X_2)的所有可能取值为$(0, 0)$，$(0, 1)$，$(1, 0)$，$(1, 1)$，由乘法公式知$P\{X_1=0, X_2=0\}=\frac{5}{7}\times\frac{4}{6}=\frac{10}{21}$，类似可得$P\{X_1=0, X_2=1\}=P\{X_1=1, X_2=0\}=\frac{2}{7}\times\frac{5}{6}=\frac{5}{21}$，$P\{X_1=1, X_2=1\}=\frac{2}{7}\times\frac{1}{6}=\frac{1}{21}$，

列表如下：

X_1 \ X_2	0	1
0	$\frac{10}{21}$	$\frac{5}{21}$
1	$\frac{5}{21}$	$\frac{1}{21}$

例 4 设二维随机变量(X, Y)的概率分布为

X \ Y	0	1
0	a	0.3
1	0.2	b

若事件$\{X=0\}$与$\{X+Y=1\}$相互独立，求：(1) 参数 a 和b；(2)$P\{XY>0\}$.

分析 (1) 利用正则性和独立性条件建立方程组求出双参数. (2) 已知联合概率分布求(X, Y)落在平面区域上的概率，只需将该区域包含的有利事件发生的概率作和.

解 (1) 由题设知，

$$P\{X=0\}=P\{X=0, Y=0\}+P\{X=0, Y=1\}=a+0.3,$$

$$P\{X+Y=1\}=P\{X=0, Y=1\}+P\{X=1, Y=0\}=0.2+0.3=0.5,$$

$$P\{X=0, X+Y=1\}=P\{X=0, Y=1\}=0.3.$$

并且 $P\{X=0, X+Y=1\}=P\{X=0\}\cdot P\{X+Y=1\}$，即$(0.3+a)\times 0.5=0.3$，再由正则性得 $0.2+b+a+0.3=1$，于是参数 a 与 b 满足下面线性方程组

$$\begin{cases}(0.3+a)\times 0.5=0.3,\\ a+b=0.5,\end{cases}$$

解得 $a=0.3$，$b=0.2$.

(2)$P\{XY>0\}=P\{X=1, Y=1\}=0.2$.

例 5　设随机变量 X 和 Y 的联合概率密度为

$$f(x, y)=\begin{cases}A(x+y), & 0\leqslant x\leqslant 2, 0\leqslant y\leqslant 2,\\ 0, & \text{其他},\end{cases}$$

求：(1) 参数 A；(2)$P\{X+Y\leqslant 2\}$.

分析　(1) 利用联合概率密度函数的正则性计算参数值. (2) 已知联合概率密度函数求(X, Y)落在平面区域上的概率，需计算联合概率密度在该区域上的二重积分.

解　(1) 令 $\Omega=\{(x, y)\in \mathbf{R}^2 \mid 0\leqslant x\leqslant 2, 0\leqslant y\leqslant 2\}$，则由正则性知

$$\begin{aligned}1&=\int_{-\infty}^{+\infty}\int_{-\infty}^{+\infty}f(x, y)\mathrm{d}x\mathrm{d}y=\iint_{\Omega}A(x+y)\mathrm{d}x\mathrm{d}y\\&=A\int_0^2\mathrm{d}x\int_0^2(x+y)\mathrm{d}y=A\int_0^2(2x+2)\mathrm{d}x\\&=8A,\end{aligned}$$

所以 $A=\dfrac{1}{8}$.

(2) 令 $D=\{(x, y)\in \Omega \mid x+y\leqslant 2\}$，则

$$\begin{aligned}P\{X+Y\leqslant 2\}&=\iint_D\frac{1}{8}(x+y)\mathrm{d}x\mathrm{d}y=\frac{1}{8}\int_0^2\mathrm{d}x\int_0^{2-x}(x+y)\mathrm{d}y\\&=\frac{1}{8}\int_0^2\left(x+2-\frac{1}{2}x^2\right)\mathrm{d}x\\&=\frac{7}{12}.\end{aligned}$$

例 6　设二维随机变量(X, Y)服从区域 $D=\{(x, y)\mid 0\leqslant x\leqslant a, 0\leqslant y\leqslant b\}$上的均匀分布，并且 $E(X\pm Y)=0.75\pm 0.5$，求：(1) 参数 a 和 b；(2)$P\{X>Y\}$.

分析　对于常见分布(如均匀分布)，正则性条件自然满足，从而不会影响参数的取值.

解　设$(X, Y)\sim\{X>Y\}$，则由题设知

$$f(x+y)=\begin{cases}\dfrac{1}{ab} & (x, y)\in D,\\ 0, & \text{其他}.\end{cases}$$

而

$$0.75 \pm 0.5 = E(X \pm Y) = \int_{-\infty}^{+\infty}\int_{-\infty}^{+\infty}(x \pm y)f(x, y)\mathrm{d}x\mathrm{d}y$$

$$= \frac{1}{ab}\iint_D (x \pm y)\mathrm{d}x\mathrm{d}y = \frac{1}{ab}\int_0^a\int_0^b (x \pm y)\mathrm{d}x\mathrm{d}y = \frac{1}{2}(a \pm b).$$

即参数 a 与 b 满足下面线性方程组：

$$\begin{cases} a + b = 2.5, \\ a - b = 0.5, \end{cases}$$

解得 $a = 1.5$，$b = 1$.

(2) $P\{X > Y\} = \iint_{x>y} f(x, y)\mathrm{d}x\mathrm{d}y = \frac{2}{3}\int_0^1\int_y^{1.5}\mathrm{d}x\mathrm{d}y = \frac{2}{3}.$

例 7 设二维随机变量 (X, Y) 的分布函数为

$$F(x, y) = A(B + \arctan x)(C + \arctan y),\quad (x, y) \in \mathrm{R}^2.$$

求：(1) 参数 A、B 和 C；(2) $P\{(X, Y) \in D\}$，其中 $D = \{(X, Y) \mid 0 \leqslant x, y \leqslant 1\}$.

分析 思路之一是直接利用联合分布函数的性质建立方程组确定参数，再利用矩形公式求概率；间接解法是先算出联合概率密度后转化为与例 5 类似的问题，以下仅就思路一给出解答.

解 (1) 由于 $F(+\infty, +\infty) = 1$，$F(-\infty, +\infty) = F(+\infty, -\infty) = 0$，因此参数 A，B 与 C 满足方程组

$$\begin{cases} A\left(B + \frac{\pi}{2}\right)\left(C + \frac{\pi}{2}\right) = 1, \\ A\left(B - \frac{\pi}{2}\right)\left(C + \frac{\pi}{2}\right) = 0, \\ A\left(B + \frac{\pi}{2}\right)\left(C - \frac{\pi}{2}\right) = 0, \end{cases}$$

解得 $A = \frac{1}{\pi^2}$，$B = C = \frac{\pi}{2}$.

(2) $P\{(X, Y) \in D\} = F(1, 1) - F(0, 1) - F(1, 0) + F(0, 0) = \frac{9}{16} - \frac{3}{8} - \frac{3}{8} + \frac{1}{4} = \frac{1}{16}.$

方法总结：(1) 参数定值问题一般可归结为求解方程(组). 一个典型技巧是利用分布性质结合题设信息(如独立性、概率、数字特征等)的办法建立等式.

(2) 分布法是计算概率的最基本方法. 通常，若给定 (X, Y) 的概率分布、概率密度、分布函数三者之一，便可分别利用加法(或级数)、积分法以及矩形公式求概率.

2. 联合分布形式之间的相互转化

例 8 设二维随机变量(X, Y)的概率分布为

X \ Y	1	2
0	0.1	0.1
−1	0.4	0.4

试求二维随机变量(X, Y)的分布函数$F(x, y)$. 并考虑反问题：若已知该分布函数，求(X, Y)的概率分布.

分析 利用联合分布函数的定义求解；(2) 利用矩形公式求(X, Y)的概率分布.

解 (1) 由联合分布函数的定义知

$$F(x, y)=\begin{cases}0, & x<-1 \text{ 或 } y<1, \\ 0.4, & -1 \leqslant x<0, 1 \leqslant y<2, \\ 0.5, & x \geqslant 0, 1 \leqslant y<2, \\ 0.8, & -1 \leqslant x<0, y \geqslant 2, \\ 1, & x \geqslant 0, y \geqslant 2.\end{cases}$$

(2) 利用矩形公式，在全平面$\mathbf{R}^2$上逐点考察概率可得(X, Y)的概率分布.

例 9 设二维随机变量(X, Y)的概率密度为

$$f(x, y)=\begin{cases}4xy, & 0<x, y<1, \\ 0, & \text{其他},\end{cases}$$

求(X, Y)的分布函数$F(x, y)$，并反向验证结果的正确性.

分析 利用公式$F(x, y)=\int_{-\infty}^{x} \int_{-\infty}^{y} f(s, t) \mathrm{d}s \mathrm{d}t$求联合分布函数.

解 由概率密度定义知

$$\begin{aligned} F(x, y) &=\int_{-\infty}^{x} \int_{-\infty}^{y} f(s, t) \mathrm{d}s \mathrm{d}t \\ &=\begin{cases}0, & x \leqslant 0 \text{ 或 } y \leqslant 0, \\ \int_{0}^{x} \int_{0}^{y} 4st \mathrm{d}s \mathrm{d}t, & 0<x, y<1, \\ \int_{0}^{x} \int_{0}^{1} 4st \mathrm{d}s \mathrm{d}t, & 0<x<1, y \geqslant 1, \\ \int_{0}^{y} \int_{0}^{1} 4st \mathrm{d}s \mathrm{d}t, & 0<y<1, x \geqslant 1, \\ 1, & x \geqslant 1, y \geqslant 1,\end{cases}\end{aligned}$$

$$=\begin{cases}0, & x\leqslant 0 \text{ 或 } y\leqslant 0,\\ x^2y^2, & 0<x,\ y<1,\\ x^2, & 0<x<1,\ y\geqslant 1,\\ y^2 & 0<y<1,\ x\geqslant 1,\\ 1, & x\geqslant 1,\ y\geqslant 1.\end{cases}$$

下面通过计算二阶混合偏导数，验证上述结果的正确性.

$$\frac{\partial^2 F(x,\ y)}{\partial x\partial y}=\begin{cases}4xy, & 0<x,\ y<1,\\ 0, & \text{其他},\end{cases}$$

$$=f(x,\ y).$$

方法总结： 二维随机变量$(X,\ Y)$的分布函数$F(x,\ y)$与概率分布p_{ij}或者密度函数$f(x,\ y)$的转化方法如下：

$$\begin{cases}F(x,\ y)\xrightleftharpoons[F(x,\ y)=\sum\limits_{x_i\leqslant x,}\sum\limits_{y_j\leqslant y}p_{ij}]{\text{矩形公式}}p_{ij},\\ F(x,\ y)\xrightleftharpoons[F(x,\ y)=\int_{-\infty}^{x}\int_{-\infty}^{y}f(s,\ t)\mathrm{d}s\mathrm{d}t]{f(x,\ y)\text{连续，则 }f(x,\ y)=\frac{\partial^2}{\partial x\partial y}F(x,\ y)}f(x,\ y).\end{cases}$$

3. 边缘分布、条件分布与联合分布三者的关系

例 10 设二维随机变量$(X,\ Y)$的分布函数为

$$F(x,\ y)=\begin{cases}1-\mathrm{e}^{-x}-\mathrm{e}^{-y}+\mathrm{e}^{-x-y}, & x,\ y>0,\\ 0, & \text{其他},\end{cases}$$

求边缘分布函数$F_X(x)$.

分析 考查对边缘分布函数概念的理解.

解 由边缘分布函数的定义知，

$$F_X(x)=P\{X\leqslant x,\ Y\leqslant +\infty\}=F(x,\ +\infty)$$

$$=\begin{cases}1-\mathrm{e}^{-x}, & x\geqslant 0,\\ 0, & x<0.\end{cases}$$

例 11 设二维随机变量$(X,\ Y)$的概率分布为

X \ Y	−1	0	2
0	0.1	0.4	0.2
1	0.2	0	0.1

求关于X的边缘概率分布以及条件概率分布$P\{Y=y_j\mid X=0\}$.

分析 (1) 已知联合概率分布求边缘概率分布，其实就是分别将概率分布表中的概率值横向、纵向作和，并列在表的边缘. 边缘概率分布也可以单独列表. (2) 利用定义计算条件概率分布.

解 由边缘概率分布的定义知

$P\{X=0\}=P\{X=0, Y=-1\}+P\{X=0, Y=0\}+P\{X=0, Y=2\}=0.1+0.4+0.2=0.7$,

$P\{X=1\}=P\{X=1, Y=-1\}+P\{X=1, Y=0\}+P\{X=1, Y=2\}=0.2+0+0.1=0.3$.

列表如下：

X	0	1
p	0.7	0.3

再计算条件概率分布 $P\{Y=y_j \mid X=0\}$.

$$P\{Y=-1 \mid X=0\}=\frac{P\{X=0, Y=-1\}}{P\{X=0\}}=\frac{0.1}{0.7}=\frac{1}{7},$$

$$P\{Y=0 \mid X=0\}=\frac{P\{X=0, Y=0\}}{P\{X=0\}}=\frac{0.4}{0.7}=\frac{4}{7},$$

$$P\{Y=2 \mid X=0\}=\frac{P\{X=0, Y=2\}}{P\{X=0\}}=\frac{0.2}{0.7}=\frac{2}{7}.$$

列表如下：

Y	-1	0	2
$P\{Y=y_j \mid X=0\}$	$\frac{1}{7}$	$\frac{4}{7}$	$\frac{2}{7}$

例 12 设随机变量 X 和 Y 的联合概率密度为

$$f(x, y)=\begin{cases} x\mathrm{e}^{-x(1+y)}, & x>0, y>0, \\ 0, & \text{其他}, \end{cases}$$

求：(1) $f_X(x)$；(2) $f_{X|Y}(y \mid x)$.

分析 利用联合概率密度求边缘密度，并利用定义直接求解条件概率密度.

解 由边缘密度的计算公式知

$$f_X(x)=\int_{-\infty}^{+\infty} f(x, y)\mathrm{d}y=\begin{cases} \int_0^{+\infty} x\mathrm{e}^{-x(1+y)}\mathrm{d}y, & x>0, \\ 0, & x \leqslant 0, \end{cases}$$

$$=\begin{cases} \mathrm{e}^{-x}, & x>0, \\ 0, & x \leqslant 0. \end{cases}$$

下面求条件概率密度 $f_{X|Y}(x\mid y)$. 当 $x>0$ 时，$f_X(x)>0$，

$$f_{Y|X}(y\mid x)=\frac{f(x,y)}{f_X(x)}=\begin{cases}xe^{-xy}, & y>0,\\ 0, & \text{其他}.\end{cases}$$

例 13 已知 X、Y 的概率分布为

X	-1	0	1
P	$\frac{1}{6}$	$\frac{1}{3}$	$\frac{1}{2}$

Y	-1	0
P	$\frac{1}{4}$	$\frac{3}{4}$

当 X 与 Y 相互独立时，求 (X,Y) 的概率分布.

分析 已知边缘分布，再增加独立性条件或者其他信息，可最终确定联合分布. 本题 X 与 Y 相互独立，则 $p_{ij}=p_{i\cdot}\cdot p_{\cdot j}$.

解 由 X 与 Y 相互独立知，(X,Y) 的概率分布为

X \ Y	-1	0	1	$p_{i\cdot}$
0	$\frac{1}{24}$	$\frac{1}{12}$	$\frac{1}{8}$	$\frac{1}{4}$
1	$\frac{1}{8}$	$\frac{1}{4}$	$\frac{3}{8}$	$\frac{3}{4}$
$p_{\cdot j}$	$\frac{1}{6}$	$\frac{1}{3}$	$\frac{1}{2}$	1

例 14 设随机变量 X 和 Y 独立，X 的概率密度为

$$f_X(x)=\begin{cases}e^{-x}, & x<0,\\ 0, & \text{其他},\end{cases}$$

Y 服从区间 $(0,1)$ 上的均匀分布，求：(1) X 与 Y 的联合概率密度 $f(x,y)$；(2) 概率 $P\{0<X<1,0<Y<2\}$ 密度.

分析 利用变量独立性可得到联合概率密度.

解 (1) 由题设知，Y 服从区间 $(0,1)$ 上的均匀分布，则 Y 的概率密度为

$$f_Y(y)=\begin{cases}1, & 0<y<1,\\ 0, & \text{其他},\end{cases}$$

于是，X 与 Y 的联合概率密度 $f(x,y)$ 为

$$f(x,y)=\begin{cases}e^{-x}, & 0<y<1,\ x>0,\\ 0, & \text{其他}.\end{cases}$$

(2) $P\{0<X<1,0<Y<2\}=\int_0^1 e^{-x}dx\int_0^1 dy=1-e^{-1}$.

4. 随机变量之间的关系：独立性、相关性与函数关系

例 15 10件产品中有6件正品，4件次品，每次任取1件，连续取2次，设 X，Y 分别表示取到的正品数与次品数，试判断 X 与 Y 的相关性与独立性.

分析 本题考查相关性与独立性之间的关系：若 X 与 Y 相关，则一定不独立.

解 方法一：注意到 $Y=2-X$，即 X 与 Y 严格负相关，故 X 与 Y 不独立.

方法二：分有放回抽样和不放回抽样两种情况，分别计算 X 与 Y 的联合概率分布以及关于 X，Y 的边缘概率分布，验证独立性判据不成立，说明不独立. 再利用定义求相关系数并判断相关性. 具体过程是标准的，略去.

例 16 设二维随机变量 (X, Y) 服从区域 $D=\{(x, y) \mid x^2+y^2\leqslant 1\}$ 上的均匀分布，证明：X 与 Y 不相关.

分析 利用定义计算相关系数，确定相关性. 其中，求期望时用到二维连续型随机变量函数的期望公式.

证明 设 $(X, Y)\sim f(x, y)$，由题设知

$$f(x, y)=\begin{cases}\dfrac{1}{\pi}, & x^2+y^2\leqslant 1,\\ 0, & \text{其他}.\end{cases}$$

根据对称性知

$$EY=EX=\int_{-\infty}^{+\infty}\int_{-\infty}^{+\infty} xf(x, y)\mathrm{d}x\mathrm{d}y=\iint_D \frac{x}{\pi}\mathrm{d}x\mathrm{d}y=0,$$

$$E(XY)=\int_{-\infty}^{+\infty}\int_{-\infty}^{+\infty} xyf(x, y)\mathrm{d}x\mathrm{d}y=\iint_D \frac{xy}{\pi}\mathrm{d}x\mathrm{d}y=0,$$

故 $\mathrm{Cov}(X, Y)=E(XY)-EX\cdot EY=0$.

又通过直接计算可得 $DX=DY>0$，于是

$$\rho_{XY}=\frac{\mathrm{Cov}(X, Y)}{\sqrt{DX}\sqrt{DY}}=0,$$

即 X 与 Y 不相关.

注 结合教材中例 3.7 知，不相关未必独立.

例 17 已知随机变量 X 与 Y 的联合概率分布为

X \ Y	-1	0	1
-1	0	$\frac{1}{4}$	0
0	$\frac{1}{4}$	0	$\frac{1}{4}$
1	0	$\frac{1}{4}$	0

再令 $Z=Y-X$，$W=\max\{X, Y\}$，求 Z 与 W 各自的概率分布，并判断两者是否独立.

分析　利用概率分布的定义计算二维离散型随机变量函数的概率分布. 利用独立性判据判断独立性.

解　由题设知，Z，W 的概率分布分别为

Z	-1	1
P	$\frac{1}{2}$	$\frac{1}{2}$

W	0	1
P	$\frac{1}{2}$	$\frac{1}{2}$

由于 $P\{Z=-1, W=0\}=P\{X=0, Y=-1\}=\frac{1}{4}$，同理可得

$$P\{Z=-1, W=1\}=P\{Z=1, W=0\}=P\{Z=1, W=1\}=\frac{1}{4},$$

将 Z 与 W 的联合概率分布列表如下：

Z \ W	0	1
-1	$\frac{1}{4}$	$\frac{1}{4}$
1	$\frac{1}{4}$	$\frac{1}{4}$

由独立性判据知，Z 与 W 相互独立.

例 18　设随机变量 X 与 Y 分别服从区间(0，1)上的均匀分布和参数为 1 的指数分布，并且相互独立，求 $Z=2X+Y$ 的概率密度.

分析　方法一：直接使用卷积公式求解；方法二：利用分布函数法求解，以下使用此法.

解　设 $X \sim f_X(x)$，$Y \sim f_Y(y)$，$(X, Y) \sim f(x, y)$，则由题设知

$$f_X(x)=\begin{cases}1, & 0<x<1, \\ 0, & \text{其他},\end{cases} \qquad f_Y(y)=\begin{cases}e^{-y}, & y>0, \\ 0, & \text{其他}.\end{cases}$$

由于 X 与 Y 相互独立，因此

$$f(x, y)=\begin{cases}e^{-y}, & 0<x<1,\ y>0, \\ 0, & \text{其他}.\end{cases}$$

下面利用分布函数法计算 $Z=2X+Y$ 的概率密度. 设 Z 的分布函数和概率密度分别为 $F_Z(z)$ 与 $f_Z(z)$，则

$$F_Z(z)=P\{Z \leqslant z\}=P\{2X+Y \leqslant z\}$$

$$=\iint\limits_{2x+y\leqslant z} f(x, y)\mathrm{d}x\mathrm{d}y$$

$$=\begin{cases}\int_0^{\frac{z}{2}}\mathrm{d}x\int_0^{z-2x}\mathrm{e}^{-y}\mathrm{d}y, & 0\leqslant z<2,\\ \int_0^1\mathrm{d}x\int_0^{z-2x}\mathrm{e}^{-y}\mathrm{d}y, & z\geqslant 2,\\ 0, & z<0,\end{cases}$$

$$=\begin{cases}\frac{1}{2}(\mathrm{e}^{-z}+z-1), & 0\leqslant z<2,\\ 1-\frac{1}{2}\mathrm{e}^{-z}(\mathrm{e}^2-1), & z\geqslant 2,\\ 0, & z<0.\end{cases}$$

于是

$$f_Z(z)=F'_Z(z)=\begin{cases}\frac{1}{2}(1-\mathrm{e}^{-z}), & 0\leqslant z<2,\\ \frac{1}{2}(\mathrm{e}^2-1)\mathrm{e}^{-z}, & z\geqslant 2,\\ 0, & z<0.\end{cases}$$

方法总结：在概率统计中，经常讨论随机变量之间的三种联系——独立性、相关性以及函数关系.

(1) 判定独立性可利用独立性判据，关键要验证联合分布能否分解为两个边缘分布之积，若能则独立，否则不独立.

(2) 分析相关性就是计算相关系数.

(3) 求函数 $Z=g(X, Y)$ 的分布，需要区分 Z 是离散型随机变量还是连续型随机变量，若为前者，利用概率分布的定义求解；若为后者，则需要利用分布函数法或公式法求出 Z 的概率密度.

5. 求二维随机变量函数的期望

例 19　设随机变量 X 服从区间(0，3)上的均匀分布，令

$$X_i=\begin{cases}0, & X<i,\\ 1, & X\geqslant i,\end{cases}\quad i=1, 2.$$

求：(1)(X_1, X_2)的概率分布；(2)$E(X_1+X_2)$.

分析　(1) 利用联合概率分布的定义求解. (2) 已知联合概率分布，利用二维离散型随机变量函数的期望公式求解.

解 (1) 设 $X \sim f(x)$，则由题设知

$$f(x)=\begin{cases}\dfrac{1}{3}, & 0<x<3,\\ 0, & \text{其他}.\end{cases}$$

由于 $P\{X_1=0, X_2=0\}=P\{X<1, X<2\}=\int_0^1 \frac{1}{3}dx=\frac{1}{3}$，同理

$$P\{X_1=0, X_2=1\}=0, P\{X_1=1, X_2=0\}=P\{X_1=1, X_2=1\}=\frac{1}{3},$$

将 (X_1, X_2) 的概率分布列表如下：

X_1 \ X_2	0	1
0	$\frac{1}{3}$	0
1	$\frac{1}{3}$	$\frac{1}{3}$

(2) $E(X_1+X_2)=(0+0)\times\frac{1}{3}+(0+1)\times 0+(1+0)\times\frac{1}{3}+(1+1)\times\frac{1}{3}=1.$

注 也可利用期望的性质 $E(X_1+X_2)=EX_1+EX_2$ 求解.

例 20 设随机变量 (X, Y) 的概率密度为

$$f(x, y)=\begin{cases}\dfrac{1}{8}(x+y), & 0\leqslant x, y\leqslant 2,\\ 0, & \text{其他},\end{cases}$$

求：(1) EX，EY；(2) $E(X+Y)$.

分析 考察二维随机变量函数的期望公式，即联合分步法求期望.

解 (1) 由题意知，

$$EX=\int_{-\infty}^{+\infty}\int_{-\infty}^{+\infty} xf(x, y)\mathrm{d}x\mathrm{d}y=\frac{1}{8}\int_{-\infty}^{+\infty}\int_{-\infty}^{+\infty} x(x+y)\mathrm{d}x\mathrm{d}y=\frac{7}{6},$$

由对称性知 $EY=\frac{7}{6}$.

$$(2) E(X+Y)=\int_{-\infty}^{+\infty}\int_{-\infty}^{+\infty}(x+y)f(x, y)\mathrm{d}x\mathrm{d}y=\frac{1}{8}\int_0^2\int_0^2 (x+y)^2\mathrm{d}x\mathrm{d}y=\frac{7}{3},$$

或者

$$E(X+Y)=EX+EY=\frac{7}{3}.$$

例 21 设 (X, Y) 是二维随机变量，并且 $EX=1$，$EY=2$，$DX=4$，$DY=9$，令 $Z=2X-Y+1$，分两种情况：

(1) X 与 Y 不相关，

(2)$\rho_{XY}=\frac{1}{2}$，

计算 EZ 和 DZ.

分析　利用性质求期望和方差.

解　由题意知，

$$EZ=E(2X-Y+1)=2EX-EY+1=2\times 1-2+1=1.$$

(1) 由于 X 与 Y 不相关，故

$$DZ=D(2X-Y+1)=4DX+DY=4\times 4+9=25.$$

(2) 由于 $\rho_{XY}=\frac{1}{2}$，故

$$\begin{aligned}DZ&=D(2X-Y+1)\\&=D(2X-Y)\\&=D(2X)+DY-2\mathrm{Cov}(2X,Y)\\&=4DX+DY-4\mathrm{Cov}(X,Y)\\&=4DX+DY-4\rho_{XY}\sqrt{DX}\sqrt{DY}\\&=4\times 4+9-4\times\frac{1}{2}\times\sqrt{4}\times\sqrt{9}\\&=13.\end{aligned}$$

方法总结：(1) 已知(X,Y)的分布，$Z=g(X,Y)$，求 EZ.

① 若 $Z=X$ 或 Y 或 $g(X,Y)$

方法一：利用二维随机变量函数的期望公式(联合分布法)，优点在于不必知道 Z 的分布；

方法二：定义法，须事先算出 Z 的分布.

② 若 $Z=g(X)\neq X$ 或 $Z=g(Y)\neq Y$

方法一：利用二维随机变量函数的期望公式(联合分布法)；

方法二：利用一维随机变量函数的期望公式(边缘分布法)；

方法三：定义法.

(2) 分布未知或特殊时，可以利用性质求和、差、积的期望.

6. 计算协方差和相关系数

例 22　袋中装有红、黄、黑三种颜色的小球，共 100 个，其中红球 80 个，黄球和黑球各 10 个. 现从中随机抽取一个小球，令

$$X_1=\begin{cases}1, & \text{若抽到红色小球},\\0, & \text{其他};\end{cases}\qquad X_2=\begin{cases}1, & \text{若抽到黄色小球},\\0, & \text{其他},\end{cases}$$

试求：(1) 随机变量 X_1 与 X_2 的联合分布；(2) 随机变量 X_1 与 X_2 的协方差 $\mathrm{Cov}(X_1,X_2)$ 和相关系数 $\rho_{X_1X_2}$.

分析　利用二维随机变量的联合分布可求联合数字特征.

解　(1) 设事件 A_1 = "抽到红色小球"，A_2 = "抽到黄色小球"，A_3 = "抽到黑色小球". 由题意知，A_1，A_2，A_3 互不相容，且 $P(A_1)=0.8$，$P(A_2)=0.1$，于是有

$$P\{X_1=0, X_2=0\}=P(A_3)=0.1,\ P\{X_1=0, X_2=1\}=P(A_2)=0.1,$$

$$P\{X_1=0, X_2=0\}=P(A_1)=0.8,\ P\{X_1=1, X_2=1\}=P(\varnothing)=0,$$

即随机变量 X_1 与 X_2 的联合分布为

X_1 \ X_2	0	1
0	0.1	0.1
1	0.8	0

(2) $EX_1=0.8$，$EX_2=0.1$，$E(X_1X_2)=0$，$DX_1=E(X_1)^2=0.16$，

$E(X_1)^2=0.8$，$E(X_2)^2=0.1$，$DX_2=E(X_2)^2-(EX_2)^2=0.09$，

于是

$$\mathrm{Cov}(X_1, X_2)=E(X_1X_2)-EX_1EX_2=-0.08,$$

$$\rho_{X_1X_2}=\frac{\mathrm{Cov}(X_1, X_2)}{\sqrt{DX_1}\cdot\sqrt{DX_2}}=-\frac{2}{3}.$$

例 23　设随机变量 (X, Y) 的概率密度为

$$f(x, y)=\begin{cases}\dfrac{3}{10}(x^2+y^2), & 0\leqslant x\leqslant 1, 0\leqslant y\leqslant 2,\\ 0, & \text{其他},\end{cases}$$

求相关系数 ρ_{XY}.

分析　利用定义求数字特征.

解　由题意知

$$E(XY)=\int_{-\infty}^{+\infty}\int_{-\infty}^{+\infty}xyf(x, y)\mathrm{d}x\mathrm{d}y=\frac{3}{10}\int_0^1\int_0^2 xy(x^2+y^2)\mathrm{d}x\mathrm{d}y$$

$$=\frac{3}{10}\int_0^1\mathrm{d}x\int_0^2 xy(x^2+y^2)\mathrm{d}y=\frac{3}{10}\int_0^1(2x^3+4x)\mathrm{d}x=\frac{3}{4}.$$

由

$$EX=\int_{-\infty}^{+\infty}\int_{-\infty}^{+\infty}xf(x, y)\mathrm{d}x\mathrm{d}y=\frac{3}{10}\int_0^1\int_0^2 x(x^2+y^2)\mathrm{d}x\mathrm{d}y$$

$$=\frac{3}{10}\int_0^1\mathrm{d}x\int_0^2 x(x^2, y^2)\mathrm{d}y=\frac{3}{10}\int_0^1\left(2x^3+\frac{8}{3}x\right)\mathrm{d}x=\frac{11}{20},$$

$$EX^2=\int_{-\infty}^{+\infty}\int_{-\infty}^{+\infty}x^2f(x, y)\mathrm{d}x\mathrm{d}y=\frac{3}{10}\int_0^1\int_0^2 x^2(x^2+y^2)\mathrm{d}x\mathrm{d}y$$

$$= \frac{3}{10}\int_0^1 dx \int_0^2 x^2(x^2+y^2)dy = \frac{3}{10}\int_0^1 (2x^4+\frac{8}{3}x^2)dx = \frac{29}{75},$$

得

$$DX = EX^2-(EX)^2 = \frac{29}{75}-(\frac{11}{20})^2 = \frac{101}{1200}.$$

由

$$EY = \int_{-\infty}^{+\infty}\int_{-\infty}^{+\infty} yf(x, y)dxdy = \frac{3}{10}\int_0^1\int_0^2 y(x^2+y^2)dxdy$$

$$= \frac{3}{10}\int_0^1 dx \int_0^2 y(x^2+y^2)dy = \frac{3}{10}\int_0^1 (2x^2+4)dx = \frac{5}{7},$$

$$EY^2 = \int_{-\infty}^{+\infty}\int_{-\infty}^{+\infty} y^2 f(x, y)dxdy = \frac{3}{10}\int_0^1\int_0^2 y^2(x^2+y^2)dxdy$$

$$= \frac{3}{10}\int_0^1 dx \int_0^2 y^2(x^2+y^2)dy = \frac{3}{10}\int_0^1 (\frac{32}{5}+\frac{8}{3}x^2)dx = \frac{164}{75},$$

得

$$DY = EY^2-(EY)^2 = \frac{164}{75}-(\frac{7}{5})^2 = \frac{17}{75},$$

于是

$$\mathrm{Cov}(X, Y) = E(XY)-EX\cdot EY = -\frac{1}{50},$$

$$\rho_{XY} = \frac{\mathrm{Cov}(X, Y)}{\sqrt{DX}\sqrt{DY}} = -\frac{1}{50}\sqrt{\frac{1200}{101}\cdot\frac{75}{17}} = \frac{-6}{\sqrt{1717}}.$$

例 24　设 $X \sim N(0, 1)$，$Y \sim N(0, 4)$，并且 X 与 Y 相互独立，令 $\xi = X+Y$，$\eta = X-Y$，求相关系数 $\rho_{\xi\eta}$.

分析　利用性质求期望和方差，再利用定义求相关系数.

解　由题设知，$EX = EY = 0$，$DX = 1$，$DY = 4$. 由于

$$EX^2 = (EX)^2+DX = 1,\ EY^2 = (EY)^2+DY = 4,$$

因此

$$E(\xi\eta) = E[(X+Y)(X-Y)] = EX^2-EY^2 = -3.$$

又因为

$$E\xi = E(X+Y) = EX+EY = 0,$$

$$E\eta = E(X-Y) = EX-EY = 0,$$

故

$$\mathrm{Cov}(\xi, \eta) = E(\xi\eta)-E\xi\cdot E\eta = -3.$$

注意到 X 与 Y 相互独立，所以

$$D\eta = D\xi = D(X+Y) = DX + DY = 5,$$

于是

$$\rho_{\xi\eta} = \frac{\mathrm{Cov}(\xi, \eta)}{\sqrt{D\xi}\sqrt{D\eta}} = -\frac{3}{5}.$$

方法总结：(1) 分布给定时，求协方差与相关系数可使用下面公式：

$$\begin{cases} \mathrm{Cov}(X, Y) = E(XY) - EX \cdot EY, \\ \rho_{XY} = \dfrac{\mathrm{Cov}(X, Y)}{\sqrt{DX}\sqrt{DY}}. \end{cases}$$

(2) 分布未知或特殊时，可利用性质求期望和方差. 再利用上面公式计算协方差和相关系数.

三、教材练习题详解

习题三 (A)

1. 盒子里装有3个黑球，2个红球，2个白球，从中任取4个，记 X 为取到白球的个数，Y 为取到黑球的个数，求随机变量 X 与 Y 的联合概率分布.

解 由题设知

$$P\{X=0, Y=0\} = P\{X=0, Y=1\} = P\{X=1, Y=0\} = P\{X=2, Y=3\} = 0,$$

$$P\{X=0, Y=2\} = \frac{C_3^2 C_2^2}{C_7^4} = \frac{3}{35}, \quad P\{X=0, Y=3\} = \frac{C_3^3 C_2^1}{C_7^4} = \frac{2}{35},$$

$$P\{X=1, Y=1\} = \frac{C_2^1 C_3^1 C_2^2}{C_7^4} = \frac{6}{35}, \quad P\{X=1, Y=2\} = \frac{C_2^1 C_3^2 C_2^1}{C_7^4} = \frac{12}{35},$$

$$P\{X=1, Y=3\} = \frac{C_2^1 C_3^3}{C_7^4} = \frac{2}{35}, \quad P\{X=2, Y=0\} = \frac{C_2^2 C_2^2}{C_7^4} = \frac{1}{35},$$

$$P\{X=2, Y=1\} = \frac{C_2^2 C_3^1 C_2^1}{C_7^4} = \frac{6}{35}, \quad P\{X=2, Y=2\} = \frac{C_2^2 C_3^2}{C_7^4} = \frac{3}{35}.$$

列表如下：

X \ Y	0	1	2	3
0	0	0	$\frac{3}{35}$	$\frac{2}{35}$
1	0	$\frac{6}{35}$	$\frac{12}{35}$	$\frac{2}{35}$
2	$\frac{1}{35}$	$\frac{6}{35}$	$\frac{3}{35}$	0

2. 将3个球随机地放入四个盒子，记 X 为第一个盒子中球的个数，Y 为有球的盒子数，求 X 与 Y 的联合概率分布.

解　由题设知

$P\{X=1, Y=1\}=P\{X=2, Y=1\}=P\{X=2, Y=3\}=P\{X=3, Y=2\}=P\{X=3, Y=3\}=0$,

$$P\{X=0, Y=1\}=\frac{C_3^1C_3^3}{4^3}=\frac{3}{64}, \quad P\{X=0, Y=2\}=\frac{C_3^2(2C_3^1C_2^2)}{4^3}=\frac{9}{32},$$

$$P\{X=0, Y=3\}=\frac{A_3^3}{4^3}=\frac{3}{32}, \quad P\{X=1, Y=2\}=\frac{C_3^1C_3^1C_2^2}{4^3}=\frac{9}{64},$$

$$P\{X=1, Y=3\}=\frac{C_3^1(2C_3^2)}{4^3}=\frac{9}{32}, \quad P\{X=2, Y=2\}=\frac{C_3^2C_3^1}{4^3}=\frac{9}{64},$$

$$P\{X=3, Y=1\}=\frac{1}{4^3}=\frac{1}{64}.$$

列表如下：

X \ Y	1	2	3
0	$\frac{3}{64}$	$\frac{9}{32}$	$\frac{3}{32}$
1	0	$\frac{9}{64}$	$\frac{9}{32}$
2	0	$\frac{9}{64}$	0
3	$\frac{1}{64}$	0	0

3. 设随机变量(X, Y)只取$(0, 0)$，$(-1, 1)$，$(-1, 2)$以及$(2, 0)$四组值，相应概率依次为$\frac{1}{12}$，$\frac{1}{6}$，$\frac{1}{3}$和$\frac{5}{12}$，求关于Y的边缘概率分布以及$X+Y$的概率分布.

解　由题意知，X与Y的联合概率分布为

X \ Y	0	1	2
-1	0	$\frac{1}{6}$	$\frac{1}{3}$
0	$\frac{1}{12}$	0	0
2	$\frac{5}{12}$	0	0

于是关于Y的边缘概率分布为

$$P\{Y=0\}=P\{X=0, Y=0\}+P\{X=2, Y=0\}=\frac{1}{12}+\frac{5}{12}=\frac{1}{2},$$

$$P\{Y=1\}=P\{X=-1,\ Y=1\}=\frac{1}{6},$$

$$P\{Y=2\}=P\{X=-1,\ Y=2\}=\frac{1}{3}.$$

$X+Y$ 的概率分布为

$$P\{X+Y=0\}=P\{X=0,\ Y=0\}+P\{X=-1,\ Y=1\}=\frac{1}{12}+\frac{1}{6}=\frac{1}{4},$$

$$P\{X+Y=1\}=P\{X=-1,\ Y=2\}=\frac{1}{3},$$

$$P\{X+Y=2\}=P\{X=2,\ Y=0\}=\frac{5}{12}.$$

4. 袋中有 10 张卡片，其中有 m 张卡片上写有数字 m，$m=1,2,3,4$，从中不重复地抽取两次，每次一张，记 X_i 为第 i 次取到的卡片上的数字，$i=1,2$，求随机变量(X_1,X_2)的概率分布以及关于 X_1、X_2 的边缘概率分布.

解　由题意知，X_1 与 X_2 的联合概率分布为

$$P\{X_1=X_2=1\}=0,\quad P\{X_1=X_2=k\}=\frac{A_k^2}{A_{10}^2},\quad k\geqslant 2,$$

$$P\{X_1=i,\ X_2=j\}=\frac{A_i^1A_j^1}{A_{10}^2},\quad i\neq j.$$

故关于 X_1、X_2 的边缘分布为

$$P\{X_1=1\}=\sum_{j=2}^{4}P\{X_1=1,\ X_2=j\}=\frac{1}{45}+\frac{1}{30}+\frac{2}{45}=\frac{1}{10},$$

类似地

$$P\{X_2=1\}=\frac{1}{10},\ P\{X_1=2\}=P\{X_2=2\}=\frac{1}{5},$$

$$P\{X_1=3\}=P\{X_2=3\}=\frac{3}{10},\ P\{X_1=4\}=P\{X_2=4\}=\frac{2}{5}.$$

列表如下：

X_1 \ X_2	1	2	3	4	$p_{i\cdot}$
1	0	$\frac{1}{45}$	$\frac{1}{30}$	$\frac{2}{45}$	$\frac{1}{10}$
2	$\frac{1}{45}$	$\frac{1}{45}$	$\frac{1}{15}$	$\frac{4}{45}$	$\frac{1}{5}$
3	$\frac{1}{30}$	$\frac{1}{15}$	$\frac{1}{15}$	$\frac{2}{15}$	$\frac{3}{10}$
4	$\frac{2}{45}$	$\frac{4}{45}$	$\frac{2}{15}$	$\frac{2}{15}$	$\frac{2}{5}$
$p_{\cdot j}$	$\frac{1}{10}$	$\frac{1}{5}$	$\frac{3}{10}$	$\frac{2}{5}$	1

5. 随机地掷两颗骰子，记 X 为第一颗骰子出现的点数，Y 为两颗骰子出现的点数的最大值，求随机变量(X,Y)的概率分布以及关于 Y 的边缘概率分布.

解　由题意知，X 与 Y 的联合概率分布为

$$P\{X=i,\ Y=j\}=\begin{cases}\dfrac{1}{36}, & i<j,\\ \dfrac{i}{36}, & i=j,\\ 0, & i>j,\end{cases}\quad i,\ j=1,\ 2,\ 3,\ 4,\ 5,\ 6.$$

故关于 Y 的边缘概率分布为

$$P\{Y=j\}=\sum_{i=1}^{6}P\{X=i,\ Y=j\}=\frac{j+j-1}{36}=\frac{2j-1}{36},\ j=1,\ 2,\ 3,\ 4,\ 5,\ 6.$$

列表如下：

X \ Y	1	2	3	4	5	6
1	$\frac{1}{36}$	$\frac{1}{36}$	$\frac{1}{36}$	$\frac{1}{36}$	$\frac{1}{36}$	$\frac{1}{36}$
2	0	$\frac{1}{18}$	$\frac{1}{36}$	$\frac{1}{36}$	$\frac{1}{36}$	$\frac{1}{36}$
3	0	0	$\frac{1}{12}$	$\frac{1}{36}$	$\frac{1}{36}$	$\frac{1}{36}$
4	0	0	0	$\frac{1}{9}$	$\frac{1}{36}$	$\frac{1}{36}$
5	0	0	0	0	$\frac{5}{36}$	$\frac{1}{36}$
6	0	0	0	0	0	$\frac{1}{6}$
$p_{\cdot j}$	$\frac{1}{36}$	$\frac{1}{12}$	$\frac{5}{36}$	$\frac{7}{36}$	$\frac{1}{4}$	$\frac{11}{36}$

6. 设二维随机变量$(X,\ Y)$的概率密度为

$$f(x,\ y)=\begin{cases}k(6-x-y), & 0<x<2,\ 2<y<4,\\ 0, & \text{其他},\end{cases}$$

求：(1) 常数 k；(2) $P\{X+Y\leqslant 4\}$.

解　(1) 令 $D=\{(x,\ y)\,|\,0<x<2,\ 2<y<4\}$，则由概率密度性质知

$$1=\iint_D f(x,\ y)\mathrm{d}x\mathrm{d}y=\int_0^2\mathrm{d}x\int_2^4 k(6-x-y)\mathrm{d}y$$
$$=k\int_0^2(6-2x)\mathrm{d}x=8k,$$

解得 $k=\dfrac{1}{8}$.

(2) 令 $D_1=\{(x,\ y)\,|\,x+y\leqslant 4\}$，则

$$P\{X+Y\leqslant 4\}=\iint_{D_1}f(x,\ y)\mathrm{d}x\mathrm{d}y=\frac{1}{8}\int_0^2\mathrm{d}x\int_2^{4-x}(6-x-y)\mathrm{d}y$$
$$=\frac{1}{8}\int_0^2\left(6-4x+\frac{x^2}{2}\right)\mathrm{d}x=\frac{2}{3}.$$

7. 设二维随机变量(X, Y)的概率密度为

$$f(x, y)=\begin{cases} cx^2y, & x^2<y<1, \\ 0, & \text{其他}, \end{cases}$$

求：(1) 常数 c；(2)$P\{X>Y\}$.

解 (1) 令 $D=\{(x, y)\mid x^2<y<1\}$，则由概率密度的性质知

$$\begin{aligned} 1&=\iint_D f(x, y)\mathrm{d}x\mathrm{d}y \\ &=c\int_{-1}^{1}\mathrm{d}x\int_{x^2}^{1}x^2y\mathrm{d}y \\ &=\frac{c}{2}\int_{-1}^{1}(x^2-x^6)\mathrm{d}x=\frac{4c}{21}, \end{aligned}$$

解得 $c=\dfrac{21}{4}$.

(2) 令 $D_1=\{(x, y)\in D\mid x>y\}$，则

$$\begin{aligned} P\{X>Y\}&=\iint_{D_1}f(x, y)\mathrm{d}x\mathrm{d}y=\frac{21}{4}\int_0^1\mathrm{d}x\int_{x^2}^{x}x^2y\mathrm{d}y \\ &=\frac{21}{8}\int_0^1(x^4-x^6)\mathrm{d}x=\frac{3}{20}. \end{aligned}$$

8. 设二维随机变量(X, Y)服从区域$D=\{(x, y)\mid 0<x<1, 0<y<2\}$上的均匀分布，求$(X, Y)$的概率密度与分布函数.

解 设$(X, Y)\sim f(x, y)$，则由均匀分布的定义知

$$f(x, y)=\begin{cases} \dfrac{1}{2}, & (x, y)\in D, \\ 0, & \text{其他}. \end{cases}$$

当 $0<x\leqslant 1$，$0<y\leqslant 2$ 时，有

$$F(x, y)=\int_{-\infty}^{x}\int_{-\infty}^{y}f(s, t)\mathrm{d}s\mathrm{d}t=\int_0^x\mathrm{d}s\int_0^y\frac{1}{2}\mathrm{d}t=\frac{xy}{2},$$

当 $0<x\leqslant 1$，$y>2$ 时，有

$$F(x, y)=\int_{-\infty}^{x}\int_{-\infty}^{y}f(s, t)\mathrm{d}s\mathrm{d}t=\int_0^x\mathrm{d}s\int_0^2\frac{1}{2}\mathrm{d}t=x,$$

当 $x>1$，$0<y\leqslant 2$ 时，有

$$F(x, y)=\int_{-\infty}^{x}\int_{-\infty}^{y}f(s, t)\mathrm{d}s\mathrm{d}t=\int_0^1\mathrm{d}s\int_0^y\frac{1}{2}\mathrm{d}t=\frac{y}{2},$$

当 $x>1$，$y>2$ 时，有

$$F(x, y)=\int_{-\infty}^{x}\int_{-\infty}^{y}f(s, t)\mathrm{d}s\mathrm{d}t=\int_0^1\mathrm{d}s\int_0^2\frac{1}{2}\mathrm{d}t=1,$$

当 $x\leqslant 0$ 或 $y\leqslant 0$ 时，有 $F(x, y)=0$.

于是

$$F(x, y)=\begin{cases}0, & x \leqslant 0 \text{ 或 } y \leqslant 0, \\ \frac{1}{2} x y, & 0<x \leqslant 1, 0<y \leqslant 2, \\ x, & 0<x \leqslant 1, y>2, \\ \frac{1}{2} y, & x>1, 0<y \leqslant 2, \\ 1, & x>1, y>2 .\end{cases}$$

9. 设二维随机变量(X, Y)服从区域$D=\{(x, y) \mid x^2+y^2 \leqslant 2y\}$上的均匀分布，求关于$X$、$Y$的边缘概率密度.

解　设$(X, Y) \sim f(x, y)$，则由均匀分布的定义知

$$f(x, y)=\begin{cases}\frac{1}{\pi}, & (x, y) \in D, \\ 0, & \text{其他}.\end{cases}$$

再令$X \sim f_X(x)$，$Y \sim f_Y(y)$.

当$-1 \leqslant x \leqslant 1$时，

$$f_X(x)=\int_{-\infty}^{+\infty} f(x, y) \mathrm{d} y=\int_{1-\sqrt{1-x^2}}^{1+\sqrt{1-x^2}} \frac{1}{\pi} \mathrm{d} y=\frac{2}{\pi} \sqrt{1-x^2},$$

因此

$$f_X(x)=\begin{cases}\frac{2}{\pi} \sqrt{1-x^2}, & -1 \leqslant x \leqslant 1, \\ 0, & \text{其他}.\end{cases}$$

类似地，

$$f_Y(y)=\int_{-\infty}^{+\infty} f(x, y) \mathrm{d} x=\begin{cases}\frac{2}{\pi} \sqrt{2y-y^2}, & 0 \leqslant y \leqslant 2, \\ 0, & \text{其他}.\end{cases}$$

10. 设二维随机变量(X, Y)的概率密度为

$$f(x, y)=\begin{cases}A x, & 0<x<1, 0<y<x, \\ 0, & \text{其他},\end{cases}$$

求：(1) 常数A；(2) 关于X、Y的边缘概率密度.

解　(1) 令$D=\{(x, y) \mid 0<x<1, 0<y<x\}$，则由概率密度的性质知

$$\begin{aligned} 1 & =\iint_D f(x, y) \mathrm{d} x \mathrm{d} y=A \int_0^1 x \mathrm{d} x \int_0^x \mathrm{d} y \\ & =A \int_0^1 x^2 \mathrm{d} x=\frac{A}{3},\end{aligned}$$

解得$A=3$.

(2) 设 $X \sim f_X(x)$，$Y \sim f_Y(y)$.

当 $0 < x < 1$ 时，

$$f_X(x) = \int_{-\infty}^{+\infty} f(x, y)\mathrm{d}y = \int_0^x 3x\,\mathrm{d}y = 3x^2,$$

于是

$$f_X(x) = \begin{cases} 3x^2, & 0 < x < 1, \\ 0, & \text{其他}. \end{cases}$$

类似地，

$$f_Y(y) = \int_{-\infty}^{+\infty} f(x, y)\mathrm{d}x = \begin{cases} \dfrac{3}{2}(1 - y^2), & 0 < y < 1, \\ 0, & \text{其他}. \end{cases}$$

*11. 设二维随机变量(X, Y)的概率分布为

X \ Y	−1	0	2
0	0.1	0.05	0.1
1	0.1	0.05	0.1
2	0.2	0.1	0.2

求在 $Y = 0$ 的条件下 X 的条件概率分布.

解　由题设知 $P\{Y = 0\} = 0.2$，故在 $Y = 0$ 的条件下 X 的条件概率分布为

$$P\{X = 0 | Y = 0\} = \frac{P\{X = 0, Y = 0\}}{P\{Y = 0\}} = \frac{0.05}{0.2} = \frac{1}{4},$$

$$P\{X = 1 | Y = 0\} = \frac{P\{X = 1, Y = 0\}}{P\{Y = 0\}} = \frac{0.05}{0.2} = \frac{1}{4},$$

$$P\{X = 2 | Y = 0\} = \frac{P\{X = 2, Y = 0\}}{P\{Y = 0\}} = \frac{0.1}{0.2} = \frac{1}{2}.$$

列表如下：

X	0	1	2
$P\{X = x_i \| Y = 0\}$	$\frac{1}{4}$	$\frac{1}{4}$	$\frac{1}{2}$

*12. 设二维随机变量(X, Y)的概率密度为

$$f(x, y) = \begin{cases} 4xy, & 0 \leqslant x \leqslant 1, 0 \leqslant y \leqslant 1, \\ 0, & \text{其他}, \end{cases}$$

求关于 X、Y 的条件概率密度.

解　设 $X \sim f_X(x)$，$Y \sim f_Y(y)$，则

$$f_X(x)=\int_{-\infty}^{+\infty} f(x, y)\mathrm{d}y=\begin{cases}\int_0^1 4xy\mathrm{d}y=2x, & 0 \leqslant x \leqslant 1, \\ 0, & \text{其他}.\end{cases}$$

类似地，

$$f_Y(y)=\int_{-\infty}^{+\infty} f(x, y)\mathrm{d}x=\begin{cases}2y, & 0 \leqslant y \leqslant 1, \\ 0, & \text{其他}.\end{cases}$$

由条件分布定义知，

$$f_{X|Y}(x \mid y)=\frac{f(x, y)}{f_Y(y)}=\begin{cases}2x, & 0<x, y \leqslant 1, \\ 0, & \text{其他}.\end{cases}$$

类似地，

$$f_{Y|X}(y \mid x)=\begin{cases}2y, & 0<x, y \leqslant 1, \\ 0, & \text{其他}.\end{cases}$$

13. 设随机变量 X_1 与 X_2 相互独立，其概率分布分别为

X_1	0	1
P	0.6	0.4

X_2	1	2	3
P	0.5	0.3	0.2

令 $X=X_1+X_2$，求随机变量 (X_1, X_2) 的概率分布以及 X 的概率分布.

解　由题意知 (X_1, X_2) 的概率分布为

$$P\{X_1=0, X_2=1\}=P\{X_1=0\} \cdot P\{X_2=1\}=0.6 \cdot 0.5=0.3$$

类似地，

$$P\{X_1=0, X_2=2\}=0.18, P\{X_1=0, X_2=3\}=0.12,$$
$$P\{X_1=1, X_2=1\}=0.2, P\{X_1=1, X_2=2\}=0.12,$$
$$P\{X_1=1, X_2=3\}=0.08.$$

列表如下：

X_1 \ X_2	1	2	3
0	0.3	0.18	0.12
1	0.2	0.12	0.08

于是 X 的概率分布为

$$P\{X=1\}=P\{X_1=0, X_2=1\}=0.3,$$
$$P\{X=2\}=P\{X_1=0, X_2=2\}+P\{X_1=1, X_2=1\}=0.18+0.2=0.38,$$
$$P\{X=3\}=P\{X_1=0, X_2=3\}+P\{X_1=1, X_2=2\}=0.12+0.12=0.24,$$
$$P\{X=4\}=P\{X_1=1, X_2=3\}=0.08.$$

列表如下：

X	1	2	3	4
P	0.3	0.38	0.24	0.08

14. 设随机变量 X 与 Y 相互独立，其联合概率分布为

X \ Y	0	1
0	a	0.32
1	b	0.08

求常数 a 与 b.

解 由题设知，关于 X，Y 的边缘概率分布分别为

X	0	1
P	$a+0.32$	$b+0.08$

Y	0	1
P	$a+b$	0.4

利用概率分布的性质和独立性定义知

$$\begin{cases} a+b+0.4=1, \\ P\{X=1, Y=1\}=P\{X=1\}P\{Y=1\}, \end{cases}$$

即

$$\begin{cases} a+b=0.6, \\ (b+0.08)\times 0.4=0.08, \end{cases}$$

解得

$$\begin{cases} a=0.48, \\ b=0.12. \end{cases}$$

15. 设二维随机变量(X, Y)的概率密度为

$$f(x, y)=\begin{cases} 6xy, & 0<x<1, 0<y<2(1-x), \\ 0, & \text{其他}, \end{cases}$$

判断 X 与 Y 是否独立，并计算 $P\{X+Y<1\}$.

解 设 $X \sim f_X(x)$，$Y \sim f_Y(y)$，则

$$f_X(x)=\int_{-\infty}^{+\infty} f(x, y)\mathrm{d}y=\begin{cases} \int_0^{2(1-x)} 6xy\mathrm{d}y=12x(1-x)^2, & 0<x<1, \\ 0, & \text{其他}. \end{cases}$$

$$f_Y(y)=\int_{-\infty}^{+\infty}f(x,\ y)\mathrm{d}x=\begin{cases}\int_0^{1-\frac{y}{2}}6xy\mathrm{d}x=3y\left(1-\frac{y}{2}\right)^2, & 0<y<2,\\ 0, & \text{其他}.\end{cases}$$

由于 $f(x,\ y)\neq f_X(x)\cdot f_Y(y)$，故 X 与 Y 不独立.

再令 $D=\{(x,\ y)\mid 0<x<1,\ 0<y<1-x\}$，则

$$P\{X+Y<1\}=\iint\limits_D f(x,\ y)\mathrm{d}x\mathrm{d}y=\int_0^1 dx\int_0^{1-x}6xy\mathrm{d}y$$
$$=\int_0^1 3x(1-x)^2\mathrm{d}x=\frac{1}{4}.$$

16. 设二维随机变量(X,Y)的概率密度为

$$f(x,\ y)=\begin{cases}x^2+\frac{xy}{3}, & 0<x<1,\ 0<y<2,\\ 0, & \text{其他},\end{cases}$$

求：(1) 关于 X、Y 的边缘概率密度；(2) 判断 X 与 Y 是否独立.

解　(1) 设 $X\sim f_X(x)$，$Y\sim f_Y(y)$，则

$$f_X(x)=\int_{-\infty}^{+\infty}f(x,\ y)\mathrm{d}y=\begin{cases}\int_0^2\left(x^2+\frac{xy}{3}\right)\mathrm{d}y=2x^2+\frac{2}{3}x, & 0<x<1,\\ 0, & \text{其他}.\end{cases}$$

$$f_Y(y)=\int_{-\infty}^{+\infty}f(x,\ y)\mathrm{d}x=\begin{cases}\int_0^1\left(x^2+\frac{xy}{3}\right)\mathrm{d}x=\frac{1}{3}+\frac{y}{6}, & 0<y<2,\\ 0, & \text{其他}.\end{cases}$$

(2) 由于 $f(x,\ y)\neq f_X(x)\cdot f_Y(y)$，故 X 与 Y 不独立.

17. 设随机变量 X 与 Y 相互独立，并且 X 服从区间$[0,\ 2]$上的均匀分布，Y 服从参数为 2 的指数分布，试求 $P\{Y\leqslant X\}$.

解　设 $X\sim f_X(x)$，$Y\sim f_Y(y)$. 则

$$f_X(x)=\begin{cases}\frac{1}{2}, & 0\leqslant x\leqslant 2,\\ 0, & \text{其他},\end{cases}\qquad f_Y(y)=\begin{cases}2\mathrm{e}^{-2y}, & y>0,\\ 0, & y\leqslant 0.\end{cases}$$

由于 X 与 Y 相互独立，故(X,Y)的概率密度为

$$f(x,\ y)=f_X(x)\cdot f_Y(y)=\begin{cases}\mathrm{e}^{-2y}, & 0\leqslant x\leqslant 2,\ y>0,\\ 0, & \text{其他}.\end{cases}$$

令 $D=\{(x,\ y)\mid 0\leqslant x\leqslant 2,\ 0<y\leqslant x\}$，则

$$P\{Y\leqslant X\}=\iint\limits_D f(x,\ y)\mathrm{d}x\mathrm{d}y=\int_0^2\mathrm{d}x\int_0^x \mathrm{e}^{-2y}\mathrm{d}y$$
$$=\frac{1}{2}\int_0^2(1-\mathrm{e}^{-2x})\mathrm{d}x$$

$$=\frac{1}{4}(3+e^{-4}).$$

18. 设二维随机变量(X, Y)的概率密度为

$$f(x, y)=\begin{cases}1, & 0<x<1,\ 0<y<2(1-x),\\ 0, & \text{其他},\end{cases}$$

求$Z=X+Y$的概率密度.

解 设Z的概率密度和分布函数分别为$f_Z(z)$和$F_Z(z)$，则

$$F_Z(z)=P\{Z\leqslant z\}=P\{X+Y\leqslant z\}$$

$$=\begin{cases}0, & z\leqslant 0,\\ \int_0^z \mathrm{d}x\int_0^{z-x}\mathrm{d}y=\frac{z^2}{2}, & 0<z\leqslant 1,\\ \int_0^{2-z}\mathrm{d}x\int_0^{z-x}\mathrm{d}y+\int_{2-z}^1\mathrm{d}x\int_0^{2(1-x)}\mathrm{d}y=1-\frac{(2-z)^2}{2}, & 1<z<2,\\ 1, & z\geqslant 2.\end{cases}$$

于是

$$f_Z(z)=F'_Z(z)=\begin{cases}z, & 0<z\leqslant 1,\\ 2-z, & 1<z<2,\\ 0, & \text{其他}.\end{cases}$$

19. 设随机变量X与Y相互独立，都服从区间$[0, 1]$上的均匀分布，求$Z=|X-Y|$的概率密度.

解 设$X\sim f_X(x)$，$Y\sim f_Y(y)$，则由题意知

$$f_X(x)=\begin{cases}1, & 0\leqslant x\leqslant 1,\\ 0, & \text{其他},\end{cases}\qquad f_Y(y)=\begin{cases}1, & 0\leqslant y\leqslant 1,\\ 0, & \text{其他}.\end{cases}$$

由于X与Y相互独立，故(X, Y)的概率密度为

$$f(x, y)=\begin{cases}1, & 0\leqslant x,\ y\leqslant 1,\\ 0, & \text{其他}.\end{cases}$$

再令$D=\{(x, y)\,|\,|x-y|\leqslant z\}$，并且设$Z\sim f_Z(z)$，其分布函数为$F_Z(z)$，则

$$F_Z(z)=P\{Z\leqslant z\}=P\{|X-Y|\leqslant z\}=P\{-z\leqslant X-Y\leqslant z\}$$

$$=\begin{cases}0, & z<0,\\ \iint\limits_D \mathrm{d}x\,\mathrm{d}y=1-(1-z)^2, & 0\leqslant z<1,\\ 1, & z\geqslant 1.\end{cases}$$

于是

$$f_Z(z)=F'_Z(z)=\begin{cases}2(1-z), & 0\leqslant z<1,\\ 0, & \text{其他}.\end{cases}$$

20. 设随机变量 X 的概率密度为

$$f(x)=\begin{cases}\frac{1}{2}\cos\frac{x}{2}, & 0\leqslant x\leqslant\pi,\\ 0, & \text{其他},\end{cases}$$

对 X 独立地重复观察 4 次，用 Y 表示观察值大于$\frac{\pi}{3}$的次数，求 $E(X+Y)$.

解　由题设知

$$P\left\{X>\frac{\pi}{3}\right\}=\int_{\frac{\pi}{3}}^{\pi}\frac{1}{2}\cos\frac{x}{2}\mathrm{d}x=\sin\frac{x}{2}\Bigg|_{\frac{\pi}{3}}^{\pi}=\frac{1}{2}.$$

并且 $Y\sim B\left(4,\frac{1}{2}\right)$，故 $EY=2$. 又因为

$$\begin{aligned}EX&=\frac{1}{2}\int_0^{\pi}x\cos\frac{x}{2}\mathrm{d}x\\&=\int_0^{\pi}x\,\mathrm{d}\sin\frac{x}{2}=x\sin\frac{x}{2}\Bigg|_0^{\pi}-\int_0^{\pi}\sin\frac{x}{2}\mathrm{d}x\\&=\pi-2\end{aligned}$$

利用期望的性质得

$$E(X+Y)=EX+EY=\pi-2+2=\pi.$$

21. 设随机变量 X 的概率密度为

$$f(x)=\begin{cases}\frac{1}{2}, & -1<x<0,\\ \frac{1}{4}, & 0\leqslant x<2,\\ 0, & \text{其他},\end{cases}$$

令 $Y=X^2$，求 $\mathrm{Cov}(X,Y)$.

解　由题意知

$$EX=\int_{-\infty}^{+\infty}xf(x)\mathrm{d}x=\int_{-1}^{0}\frac{x}{2}\mathrm{d}x+\int_0^2\frac{x}{4}\mathrm{d}x=\frac{1}{4},$$

$$EY=EX^2=\int_{-\infty}^{+\infty}x^2f(x)\mathrm{d}x=\int_{-1}^{0}\frac{x^2}{2}\mathrm{d}x+\int_0^2\frac{x^2}{4}\mathrm{d}x=\frac{5}{6},$$

$$EX^3=\int_{-\infty}^{+\infty}x^3f(x)\mathrm{d}x=\int_{-1}^{0}\frac{x^3}{2}\mathrm{d}x+\int_0^2\frac{x^3}{4}\mathrm{d}x=\frac{7}{8}.$$

由协方差的计算公式知

$$\mathrm{Cov}(X,Y)=E(XY)-EX\cdot EY=EX^3-EX\cdot EX^2=\frac{7}{8}-\frac{1}{4}\cdot\frac{5}{6}=\frac{2}{3}.$$

22. 设随机变量 ξ 与 η 相互独立，并且具有相同的概率分布

$$P\{\xi=i\}=P\{\eta=i\}=\frac{1}{3},\ i=1,\ 2,\ 3,$$

令 $X=\max(\xi,\ \eta)$，$Y=\min(\xi,\ \eta)$，求 $\mathrm{Cov}(X,\ Y)$ 以及 ρ_{XY}.

解　由题设知，$P\{\xi=i,\ \eta=j\}=P\{\xi=i\}\cdot P\{\eta=j\}=\frac{1}{9}$，$i,\ j=1,\ 2,\ 3.$

故 X 与 Y 的联合概率分布为

X \ Y	1	2	3
1	$\frac{1}{9}$	0	0
2	$\frac{2}{9}$	$\frac{1}{9}$	0
3	$\frac{2}{9}$	$\frac{2}{9}$	$\frac{1}{9}$

因此

$$EX=\sum_{i=1}^{3}\sum_{j=1}^{3}ip_{ij}=1\cdot\frac{1}{9}+1\cdot 0+1\cdot 0+2\cdot\frac{2}{9}+2\cdot\frac{1}{9}+2\cdot 0+3\cdot\frac{2}{9}+3\cdot\frac{2}{9}+3\cdot\frac{1}{9}=\frac{22}{9},$$

$$EY=\sum_{i=1}^{3}\sum_{j=1}^{3}jp_{ij}=1\cdot\frac{1}{9}+1\cdot\frac{2}{9}+1\cdot\frac{2}{9}+2\cdot 0+2\cdot\frac{1}{9}+2\cdot\frac{2}{9}+3\cdot 0+3\cdot 0+3\cdot\frac{1}{9}=\frac{14}{9},$$

$$E(XY)=\sum_{i=1}^{3}\sum_{j=1}^{3}ijp_{ij}=1\cdot 1\cdot\frac{1}{9}+1\cdot 2\cdot 0+1\cdot 3\cdot 0+2\cdot 1\cdot\frac{2}{9}+2\cdot 2\cdot\frac{1}{9}+2\cdot 3\cdot 0+3\cdot 1\cdot\frac{2}{9}+$$
$$3\cdot 2\cdot\frac{2}{9}+3\cdot 3\cdot\frac{1}{9}=4,$$

$$EX^2=\sum_{i=1}^{3}\sum_{j=1}^{3}i^2p_{ij}=1^2\cdot\frac{1}{9}+1^2\cdot 0+1^2\cdot 0+2^2\cdot\frac{2}{9}+2^2\cdot\frac{1}{9}+2^2\cdot 0+3^2\cdot\frac{2}{9}+3^2\cdot\frac{2}{9}+3^2\cdot\frac{1}{9}$$
$$=\frac{58}{9},$$

$$EY^2=\sum_{i=1}^{3}\sum_{j=1}^{3}j^2p_{ij}=1^2\cdot\frac{1}{9}+1^2\cdot\frac{2}{9}+1^2\cdot\frac{2}{9}+2^2\cdot 0+2^2\cdot\frac{1}{9}+2^2\cdot\frac{2}{9}+3^2\cdot 0+3^2\cdot 0+3^2\cdot\frac{1}{9}$$
$$=\frac{26}{9},$$

于是

$$DX=EX^2-(EX)^2=\frac{58}{9}-\left(\frac{22}{9}\right)^2=\frac{38}{81},$$

$$DY=EY^2-(EY)^2=\frac{26}{9}-\left(\frac{14}{9}\right)^2=\frac{38}{81},$$

$$\mathrm{Cov}(X, Y)=E(XY)-EX\cdot EY=4-\frac{22}{9}\cdot\frac{14}{9}=\frac{16}{81},$$

$$\rho_{XY}=\frac{\mathrm{Cov}(X, Y)}{\sqrt{DX}\sqrt{DY}}=\frac{\frac{16}{81}}{\frac{38}{81}}=\frac{8}{19}.$$

23. 设二维随机变量(X, Y)服从区域$D=\{(x, y)\mid 0<x<1, |y|<x\}$上的均匀分布，试求：(1)$EX$，$EY$；(2) 随机变量$Z=2X+1$的方差$DZ$；(3)$\mathrm{Cov}(X, Y)$.

解　(1) 设$(X, Y)\sim f(x, y)$，由题意知

$$f(x, y)=\begin{cases}1, & (x, y)\in D,\\ 0, & \text{其他},\end{cases}$$

于是

$$EX=\iint\limits_D xf(x, y)\mathrm{d}x\mathrm{d}y=\int_0^1\mathrm{d}x\int_{-x}^{x}x\mathrm{d}y=\frac{2}{3},$$

$$EY=\iint\limits_D yf(x, y)\mathrm{d}x\mathrm{d}y=\int_0^1\mathrm{d}x\int_{-x}^{x}y\mathrm{d}y=0.$$

(2) 因为 $EX^2=\iint\limits_D x^2f(x, y)\mathrm{d}x\mathrm{d}y=\int_0^1\mathrm{d}x\int_{-x}^{x}x^2\mathrm{d}y=\frac{1}{2}$，

所以

$$DX=EX^2-(EX)^2=\frac{1}{2}-\left(\frac{2}{3}\right)^2=\frac{1}{18},$$

$$DZ=D(2X+1)=4DX=\frac{2}{9}.$$

(3) 由于 $E(XY)=\iint\limits_D xyf(x, y)\mathrm{d}x\mathrm{d}y=\int_0^1\mathrm{d}x\int_{-x}^{x}xy\mathrm{d}y=0$.

于是

$$\mathrm{Cov}(X, Y)=E(XY)-EX\cdot EY=0.$$

24. 将3个球随机地放入四个盒子，记X_i为第i个盒子中球的个数，$i=1, 2$，求二维随机变量(X_1, X_2)的协方差矩阵.

解　(X_1, X_2)的概率分布计算如下：

$$P\{X_1=0, X_2=0\}=\frac{2^3}{4^3}=\frac{1}{8},$$

$$P\{X_1=0, X_2=1\}=P\{X_1=1, X_2=0\}=\frac{\mathrm{C}_3^1 2^2}{4^3}=\frac{3}{16},$$

$$P\{X_1=0, X_2=2\}=P\{X_1=2, X_2=0\}=\frac{\mathrm{C}_3^2\mathrm{C}_2^1}{4^3}=\frac{3}{32},$$

$$P\{X_1=1, X_2=1\}=\frac{\mathrm{C}_3^1\mathrm{C}_2^1\mathrm{C}_2^1}{4^3}=\frac{3}{16},$$

$$P\{X_1=1,\ X_2=2\}=P\{X_1=2,\ X_2=1\}=\frac{C_3^2}{4^3}=\frac{3}{64},$$

$$P\{X_1=0,\ X_2=3\}=P\{X_1=3,\ X_2=0\}=\frac{1}{4^3}=\frac{1}{64}.$$

写成表格形式如下：

X_1 \ X_2	0	1	2	3
0	$\frac{1}{8}$	$\frac{3}{16}$	$\frac{3}{32}$	$\frac{1}{64}$
1	$\frac{3}{16}$	$\frac{3}{16}$	$\frac{3}{64}$	0
2	$\frac{3}{32}$	$\frac{3}{64}$	0	0
3	$\frac{1}{64}$	0	0	0

因此

$$EX_1=EX_2=0\cdot\frac{1}{8}+0\cdot\frac{3}{16}+0\cdot\frac{3}{32}+0\cdot\frac{1}{64}+1\cdot\frac{3}{16}+1\cdot\frac{3}{16}+1\cdot\frac{3}{64}+1\cdot 0+2\cdot\frac{3}{32}+2\cdot\frac{3}{64}+2\cdot 0+2\cdot 0+3\cdot\frac{1}{64}+3\cdot 0+3\cdot 0+3\cdot 0=\frac{3}{4},$$

$$EX_1^2=EX_2^2=0^2\cdot\frac{1}{8}+0^2\cdot\frac{3}{16}+0^2\cdot\frac{3}{32}+0^2\cdot\frac{1}{64}+1^2\cdot\frac{3}{16}+1^2\cdot\frac{3}{16}+1^2\cdot\frac{3}{64}+1^2\cdot 0+2^2\cdot\frac{3}{32}+2^2\cdot\frac{3}{64}+2^2\cdot 0+2^2\cdot 0+3^2\cdot\frac{1}{64}+3^2\cdot 0+3^2\cdot 0+3^2\cdot 0=\frac{9}{8},$$

$$E(X_1X_2)=0\cdot 0\cdot\frac{1}{8}+0\cdot 1\cdot\frac{3}{16}+0\cdot 2\cdot\frac{3}{32}+0\cdot 3\cdot\frac{1}{64}+1\cdot 0\cdot\frac{3}{16}+1\cdot 1\cdot\frac{3}{16}+1\cdot 2\cdot\frac{3}{64}+1\cdot 3\cdot 0+2\cdot 0\cdot\frac{3}{32}+2\cdot 1\cdot\frac{3}{64}+2\cdot 2\cdot 0+2\cdot 3\cdot 0+3\cdot 0\cdot\frac{1}{64}+3\cdot 1\cdot 0+3\cdot 2\cdot 0+3\cdot 3\cdot 0=\frac{3}{8},$$

于是

$$DX_1=DX_2=EX_2^2-(EX_2)^2=\frac{9}{16},$$

$$\mathrm{Cov}(X_1,\ X_2)=E(X_1X_2)-EX_1\cdot EX_2=-\frac{3}{16}.$$

故 X_1 与 X_2 的协方差矩阵

$$V=\begin{pmatrix}\frac{9}{16} & -\frac{3}{16}\\ -\frac{3}{16} & \frac{9}{16}\end{pmatrix}.$$

25. 设二维随机变量(X, Y)的概率密度为

$$f(x, y)=\begin{cases}1.5xy^2, & 0\leqslant x\leqslant 2,\ 0\leqslant y\leqslant 1,\\ 0, & \text{其他},\end{cases}$$

求(X, Y)的均值以及协方差矩阵.

解　由于

$$EX=\int_0^2\int_0^1 1.5x^2y^2\,dx\,dy=\int_0^2\frac{x^2}{2}dx=\frac{4}{3},$$

$$EX^2=\int_0^2\int_0^1 1.5x^3y^2\,dx\,dy=\int_0^2\frac{x^3}{2}dx=2,$$

因此

$$DX=EX^2-(EX)^2=\frac{2}{9}.$$

类似地，

$$EY=\int_0^2\int_0^1 1.5xy^3\,dx\,dy=\int_0^2\frac{3x}{8}dx=\frac{3}{4},$$

$$EY^2=\int_0^2\int_0^1 1.5xy^4\,dx\,dy=\int_0^2\frac{3x}{10}dx=\frac{3}{5},$$

因此

$$DY=EY^2-(EY)^2=\frac{3}{80}.$$

又因为

$$E(XY)=\int_0^2\int_0^1 1.5x^2y^3\,dx\,dy=\int_0^2\frac{3x^2}{8}dx=1,$$

故

$$\mathrm{Cov}(X, Y)=E(XY)-EX\cdot EY=0.$$

于是(X, Y)的均值为$\begin{pmatrix}\frac{4}{3}\\ \frac{3}{4}\end{pmatrix}$，协方差矩阵为$V=\begin{pmatrix}\frac{2}{9} & 0\\ 0 & \frac{3}{80}\end{pmatrix}$.

26. 设二维随机变量(X, Y)的协方差矩阵为

$$V=\begin{pmatrix}4 & 6\\ 6 & 9\end{pmatrix},$$

求二维随机变量$(X+Y, X-Y)$的相关矩阵R.

解　由题意知

$$D(X+Y)=DX+DY+2\mathrm{Cov}(X, Y)=25,$$

$$D(X-Y)=DX+DY-2\mathrm{Cov}(X, Y)=1,$$

$$\mathrm{Cov}(X+Y, X-Y)=DX-DY=-5,$$

$$\rho_{X+Y, X-Y}=\frac{\mathrm{Cov}(X+Y, X-Y)}{\sqrt{D(X+Y)}\sqrt{D(X-Y)}}=-1.$$

故$(X+Y, X-Y)$的相关矩阵

$$R=\begin{pmatrix}1 & -1\\ -1 & 1\end{pmatrix}.$$

习题三(B)

1. 设二维随机变量(X, Y)的概率密度为

$$f(x, y)=\begin{cases}c(R-\sqrt{x^2+y^2}), & x^2+y^2<R^2,\\ 0, & x^2+y^2\geqslant R^2,\end{cases}\quad(R>0)$$

求：(1) 参数c；(2) (X, Y)落在区域$D=\{(x, y)\mid x^2+y^2\leqslant r^2, r<R\}$内的概率.

解 (1) 令$D_1=\{(x, y)\mid x^2+y^2<R^2\}$，则由概率密度的性质知

$$1=\iint_{D_1}f(x, y)\mathrm{d}x\mathrm{d}y,$$

作极坐标变换$x=\rho\cos\theta$，$y=\rho\sin\theta$，则

$$\iint_{D_1}f(x, y)\mathrm{d}x\mathrm{d}y=\int_0^{2\pi}\mathrm{d}\theta\int_0^R c(R-\rho)\rho\mathrm{d}\rho=\frac{c\pi}{3}R^3,$$

故$c=\dfrac{3}{\pi R^3}$.

$$(2)P\{(X, Y)\in D\}=\iint_D f(x, y)\mathrm{d}x\mathrm{d}y=\iint_D\frac{3}{\pi R^3}(R-\sqrt{x^2+y^2})\mathrm{d}x\mathrm{d}y,$$

作极坐标变换$x=\rho\cos\theta$，$y=\rho\sin\theta$，则

$$\begin{aligned}上式&=\int_0^{2\pi}\mathrm{d}\theta\int_0^r\frac{3}{\pi R^3}(R-\rho)\rho\mathrm{d}\rho\\ &=\frac{r^2}{R^3}(3R-2r).\end{aligned}$$

2. 一个靶面由五个同心圆组成，半径分别为5，10，15，20，25(单位：厘米)，假定射击时弹着点的位置为(X, Y)，并且(X, Y)服从概率密度为

$$f(x, y)=\frac{1}{200\pi}\mathrm{e}^{-\frac{x2+y2}{200}}$$

的二维正态分布，现规定弹着点落入最小的圆域得5分，落入其他圆域的得分依次为4分、3分、2分以及1分，记W为1次射击的得分数，求W的概率分布.

解 W全部可能取值为0，1，2，3，4，5，相应概率为

$$P\{W=0\}=\iint_{x2+y2>625}f(x, y)\mathrm{d}x\mathrm{d}y,$$

作极坐标变换 $x=r\cos\theta$，$y=r\sin\theta$，则

$$上式=\int_0^{2\pi}\mathrm{d}\theta\int_{25}^{+\infty}\frac{r}{200\pi}\mathrm{e}^{-\frac{r^2}{200}}\mathrm{d}r\approx 0.0439.$$

类似地，

$$P\{W=1\}\approx 0.0914,\ P\{W=2\}\approx 0.1893,\ P\{W=3\}\approx 0.2819,$$
$$P\{W=4\}\approx 0.2760,\ P\{W=5\}\approx 0.1175.$$

3. 设随机变量 X 与 Y 相互独立，并且 X 服从区间(0，1)上的均匀分布，而 Y 的概率密度为

$$f_Y(y)=\begin{cases}\frac{1}{2}\mathrm{e}^{-\frac{y}{2}}, & y>0,\\ 0, & 其他,\end{cases}$$

求：(1)X 与 Y 的联合概率密度；(2) 以 k 为变元的二次方程 $k^2+2Xk+Y=0$ 有实根的概率.

解 (1) 设 $X\sim f_X(x)$，$(X,Y)\sim f(x,y)$，则由题设知

$$f_X(x)=\begin{cases}1, & 0<x<1,\\ 0, & 其他,\end{cases}$$

利用独立性可得

$$f(x,y)=f_X(x)\cdot f_Y(y)=\begin{cases}\frac{1}{2}\mathrm{e}^{-\frac{y}{2}}, & 0<x<1,\ y>0,\\ 0, & 其他.\end{cases}$$

(2) 设 A 表示“关于 k 的一元二次方程 $k^2+2Xk+Y=0$ 有实根”，则

$$A=\{\Delta=4X^2-4Y\geqslant 0\}=\{X^2\geqslant Y\}.$$

令 $D=\{(x,y)\mid x^2\geqslant y,\ 0<x<1,\ y>0\}$，则

$$\begin{aligned}P(A)&=\iint_D\frac{1}{2}\mathrm{e}^{-\frac{y}{2}}\mathrm{d}x\mathrm{d}y\\&=\int_0^1\mathrm{d}x\int_0^{x^2}\frac{1}{2}\mathrm{e}^{-\frac{y}{2}}\mathrm{d}y\\&=\int_0^1(1-\mathrm{e}^{-\frac{x^2}{2}})\mathrm{d}x\\&=1-\sqrt{2\pi}\left(\Phi(1)-\frac{1}{2}\right).\end{aligned}$$

4. 设随机变量 X 与 Y 相互独立，分别服从参数为 λ_1，λ_2 的泊松分布，证明：$Z=X+Y$ 服从参数为 $\lambda_1+\lambda_2$ 的泊松分布.

证明
$$\begin{aligned}P\{Z=n\}&=P\{X+Y=n\}\\&=\sum_{k=0}^{n}P\{X=k,\ Y=n-k\}\\&=\sum_{k=0}^{n}P\{X=k\}P\{Y=n-k\}\end{aligned}$$

$$=\sum_{k=0}^{n}\left(\frac{\lambda_1^k}{k!}e^{-\lambda_1}\cdot\frac{\lambda_2^{n-k}}{(n-k)!}e^{-\lambda_2}\right)$$

$$=\frac{e^{-(\lambda_1+\lambda_2)}}{n!}\sum_{k=0}^{n}\left(\frac{n!}{k!\ (n-k)!}\lambda_1^k\lambda_2^{n-k}\right)$$

$$=\frac{(\lambda_1+\lambda_2)^n}{n!}e^{-(\lambda_1+\lambda_2)},\quad n=0,1,2,\cdots,$$

即 Z 服从参数为 $\lambda_1+\lambda_2$ 的泊松分布.

5. 数学系某班共有 n 名新生，班长从系里领来他们的学生证，并随机地发给每名同学，求恰好拿到自己的学生证的人数 X 的期望与方差.

解 令

$$X_i=\begin{cases}1, & \text{第 } i \text{ 名学生拿到自己的学生证},\\ 0, & \text{第 } i \text{ 名学生没拿到自己的学生证},\end{cases}\quad i=1,2,\cdots,n,$$

则 $X=\sum\limits_{i=1}^{n}X_i$. 由题设知 X_i 服从参数为 $\frac{1}{n}$ 的 0－1 分布，因此

$$EX_i=\frac{1}{n},\quad DX_i=\frac{1}{n}\left(1-\frac{1}{n}\right),\quad i=1,2,\cdots,n.$$

利用期望的性质得

$$EX=E\left(\sum_{i=1}^{n}X_i\right)=\sum_{i=1}^{n}EX_i=\frac{1}{n}\cdot n=1.$$

又由于

$$X_iX_j=\begin{cases}1, & \text{第 } i \text{ 名和第 } j \text{ 名学生都拿到自己的学生证},\\ 0, & \text{其他},\end{cases}\quad 1\leqslant i\leqslant j\leqslant n,$$

易知 X_iX_j 服从参数为 $\frac{1}{n(n-1)}$ 的 0－1 分布，因此

$$E(X_iX_j)=\frac{1}{n(n-1)},\quad 1\leqslant i\leqslant j\leqslant n.$$

于是

$$\mathrm{Cov}(X_i,X_j)=E(X_iX_j)-EX_i\cdot EX_j=\frac{1}{n(n-1)}-\frac{1}{n^2}=\frac{1}{n^2(n-1)}.$$

$$DX=D\left(\sum_{i=1}^{n}X_i\right)=\sum_{i=1}^{n}DX_i+2\sum_{1\leqslant i<j\leqslant n}\sum\mathrm{Cov}(X_i,X_j)$$

$$=n\cdot\frac{1}{n}\left(1-\frac{1}{n}\right)+2C_n^2\cdot\frac{1}{n^2(n-1)}=\frac{n-1}{n}+\frac{1}{n}=1.$$

6. 设二维随机变量 (X,Y) 的概率密度为

$$f(x,y)=Ae^{-[(x+5)^2+8(x+5)(y-3)+25(y-3)^2]},$$

试确定 A 的值，并求 X 与 Y 的相关矩阵 R.

解　由题意知

$$\begin{aligned}1&=\iint_{R^2} f(x,\ y)\mathrm{d}x\mathrm{d}y\\&=A\int_{-\infty}^{+\infty}\mathrm{d}y\int_{-\infty}^{+\infty}\mathrm{e}^{-[(x+5)+4(y-3)]^2-9(y-3)^2}\mathrm{d}x\\&=A\sqrt{\pi}\int_{-\infty}^{+\infty}\mathrm{e}^{-9(y-3)^2}\mathrm{d}y=\frac{A\pi}{3},\end{aligned}$$

故 $A=\frac{3}{\pi}$.

设 $X\sim f_X(x)$，$Y\sim f_Y(y)$，则经过简单演算可得

$$f_X(x)=\int_{-\infty}^{+\infty}f(x,\ y)\mathrm{d}y=\frac{3}{5\sqrt{\pi}}\mathrm{e}^{-\frac{9}{25}(x+5)^2},$$

$$f_Y(y)=\int_{-\infty}^{+\infty}f(x,\ y)\mathrm{d}x=\frac{3}{\sqrt{\pi}}\mathrm{e}^{-9(y-3)^2},$$

显然 $EX=-5$，$EY=3$，$DX=\frac{25}{18}$，$DY=\frac{1}{18}$. 又因为

$$\mathrm{Cov}(X,\ Y)=\int_{-\infty}^{+\infty}\int_{-\infty}^{+\infty}(x+5)(y-3)f(x,\ y)\mathrm{d}x\mathrm{d}y$$

令 $s=x+5$，$t=y-3$，则

$$\text{上式}=\int_{-\infty}^{+\infty}\int_{-\infty}^{+\infty}st\,\mathrm{e}^{-(s^2+8st+25t^2)}\mathrm{d}s\mathrm{d}t=-\frac{2}{9}.$$

而

$$\rho_{XY}=\frac{\mathrm{Cov}(X,\ Y)}{\sqrt{DX}\sqrt{DY}}=-\frac{4}{5}.$$

于是 X 与 Y 的相关矩阵为

$$R=\begin{pmatrix}1 & -\frac{4}{5}\\ -\frac{4}{5} & 1\end{pmatrix}.$$

四、自测题及答案

（一）自测题

一、填空题（本大题共 5 小题，每小题 3 分，共 15 分）

1. 设 X 与 Y 分别表示甲、乙两人各掷 1 次骰子出现的点数，则 $P\{X>Y\}=$______.

2. 设 X 与 Y 的联合概率密度为

$$f(x, y)=\begin{cases} k e^{-(x+y)}, & x, y>0, \\ 0, & \text{其他}, \end{cases}$$

则参数 $k=$______.

3. 设 X 服从参数为 0.7 的 0—1 分布，并且 $Y=X^2$，令 $F(x, y)$ 表示 (X, Y) 的分布函数，则 $F(0, 1)=$______.

4. 设 (X, Y) 的概率分布为

X \ Y	1	2
0	0.1	0.4
1	0.3	0.2

则 $P\{X=1 \mid X+Y=2\}=$______.

5. 设 $X \sim B(10, 0.1)$，$Y \sim N(1, 2)$，并且 $\rho_{XY}=0$，则 $D(2X-Y)=$______.

二、选择题（本大题共 5 小题，每小题 3 分，共 15 分）

1. 设 X 与 Y 分别表示在区间 $(0, 1)$ 内随机取出的两个数，则 $P\{|X-Y|<0.5\}=$（　）.

(A) 0.5　　(B) 1　　(C) 0　　(D) 0.75

2. 设 (X, Y) 的概率分布为

X \ Y	0	1
0	a	b
1	0.09	0.81

并且 X 与 Y 同分布，则 $(a, b)=$（　）.

(A) (0.01, 0.09)　　(B) (0.09, 0.09)　　(C) (0.01, 0.01)　　(D) (0.09, 0.01)

3. 上题中 X 与 Y 的关系为（　）.

(A) 独立　　(B) 不独立　　(C) 线性相关　　(D) $X=Y$

4. 设 X_1，X_2，X_3 独立同分布，并且 $X_1 \sim P(3)$，令 $\overline{X}=\frac{1}{3}\sum_{i=1}^{3} X_i$，则 $E\overline{X}^2=$（　）.

(A) 10　　(B) 3　　(C) 0　　(D) 9

5. 掷 10 次硬币，记 X 与 Y 分别表示正面和反面出现的次数，则 $\rho_{XY}=$（　）.

(A) 0　　(B) 1　　(C) -1　　(D) 0.5

三、计算题（本大题共 5 小题，每小题 10 分，共 50 分）

1. 将一枚硬币抛掷 3 次，记 X 为正面朝上的次数，Y 为正、反面朝上的次数之差的绝对值，求 (X, Y) 的概率分布.

2. 设随机变量 X 与 Y 的联合概率密度为

$$f(x, y)=\begin{cases}kx(x-y), & 0\leqslant x\leqslant 2,\ |y|\leqslant x,\\ 0, & \text{其他},\end{cases}$$

求：(1) 常数 k；(2) 关于 X 的边缘概率密度 $f_X(x)$.

3. 设随机变量 X 与 Y 的联合概率密度为

$$f(x, y)=\begin{cases}x\mathrm{e}^{-y}, & 0<x<y,\\ 0, & \text{其他}.\end{cases}$$

令 $F(x, y)$ 为 X 与 Y 的联合分布函数，求 $F(1, 2)$.

4. 设随机变量 X 服从参数为 0.3 的 0－1 分布，Y 服从区间 $(0, 1)$ 上的均匀分布，并且 X 与 Y 相互独立，求 $Z=X+Y$ 的概率密度 $f_Z(z)$.

5. 设随机变量 X 与 Y 的联合概率分布为

X \ Y	-1	0	1
0	0.07	0.18	0.15
1	0.08	0.32	0.20

求 $\mathrm{Cov}(X, Y)$.

四、应用题(10 分)

商店经销某种商品，周进货量 X 与顾客对该商品的需求量 Y 相互独立，且均服从区间 $[10, 20]$ 上的均匀分布．商店每售出一个单位商品可获得利润 1000 元，没销售出去的商品可以原价退货；若需求量超过了进货量，则从其他商店调剂供应，调剂过来的每单位商品可获得利润 500 元．试计算商店经销该商品每周所得利润的期望值.

五、证明题(10 分)

设 A，B 是两个随机事件，定义

$$X=\begin{cases}1, & A\text{ 发生},\\ 0, & \overline{A}\text{ 发生},\end{cases}\qquad Y=\begin{cases}1, & B\text{ 发生},\\ 0, & \overline{B}\text{ 发生}.\end{cases}$$

证明：X 与 Y 相互独立 $\Leftrightarrow \rho_{XY}=0$.

(二) 答案

一、1. $\dfrac{5}{12}$.

2. 1.

3. 0.3.

4. $\dfrac{3}{7}$.

5. 5.6.

二、1. D

2. A

3. A

4. A

5. C

三、1.

X \ Y	1	3
0	0	$\frac{1}{8}$
1	$\frac{3}{8}$	0
2	$\frac{3}{8}$	0
3	0	$\frac{1}{8}$

2. (1) $\frac{1}{8}$；(2) $f_X(x)=\begin{cases}\frac{x^3}{4}, & 0\leqslant x\leqslant 2,\\ 0, & \text{其他}.\end{cases}$

3. $1-2e^{-1}-\frac{1}{2}e^{-2}$.

4. $f_Z(z)=\begin{cases}0.7, & 0<z<1,\\ 0.3, & 1<z<2,\\ 0, & \text{其他}.\end{cases}$

提示：利用分布函数法求密度，过程中要用到全概率公式.

5. 0.

四、14166.67(元).

五、证明略. 提示：$\rho_{XY}=0\Leftrightarrow E(XY)=EXEY\Leftrightarrow P(AB)=P(A)P(B)$.

第四章　大数定律与中心极限定理

一、教学基本要求与内容提要

(一) 教学基本要求

1. 理解依概率收敛和依分布收敛的概念；

2. 了解切比雪夫不等式及其应用；

3. 了解切比雪夫大数定律、辛钦大数定律和伯努利大数定律；

4. 了解列维—林德伯格中心极限定理和棣莫弗—拉普拉斯中心极限定理，并掌握它们在实际问题中的应用.

(二) 内容提要

1. 随机变量的两种收敛性

(1) 依概率收敛的概念

设 X_1，X_2，…，X_n，… 是随机变量序列，X 是一个随机变量，若对于任意的 $\varepsilon > 0$，都有

$$\lim_{n\to\infty} P\{|X_n - X| < \varepsilon\} = 1,$$

则称 X_1，X_2，…，X_n，… **依概率收敛于** X，记作 $X_n \xrightarrow{P} X$.

(2) 依分布收敛的概念

设 X_1，X_2，…，X_n，… 是随机变量序列，X 是一个随机变量，$F_n(x)$ 与 $F(x)$ 分别为 X_n 与 X 的分布函数，若在 $F(x)$ 的连续点 x 处都有

$$\lim_{n\to\infty} F_n(x) = F(x),$$

则称 X_1，X_2，…，X_n，… **依分布收敛于** X，记作 $X_n \xrightarrow{L} X$.

2. 切比雪夫不等式

对任一随机变量 X，若 DX 存在，则对任一正数 ε，都有

$$P\{|X-EX|\geqslant\varepsilon\}\leqslant\frac{DX}{\varepsilon^2}.$$

切比雪夫不等式的等价形式

$$P\{|X-EX|<\varepsilon\}\geqslant 1-\frac{DX}{\varepsilon^2}.$$

3. 大数定律

(1) 概念

设 X_1，X_2，…，X_n，… 是随机变量序列，并且 $EX_i(i=1,2,\cdots,n)$ 均存在，若对于任意的 $\varepsilon>0$，都有

$$\lim_{n\to\infty}P\left\{\left|\frac{1}{n}\sum_{i=1}^{n}X_i-\frac{1}{n}\sum_{i=1}^{n}EX_i\right|<\varepsilon\right\}=1,$$

则称 X_1，X_2，…，X_n，… **服从大数定律**.

(2) 切比雪夫大数定律

设 X_1，X_2，…，X_n，… 是相互独立的随机变量序列，若 EX_i，$DX_i(i=1,2,\cdots,n)$ 均存在，并且 $DX_i=\sigma_i^2<C$，其中 $C>0$ 为常数，则 X_1，X_2，…，X_n，… 服从大数定律.

(3) 辛钦大数定律

设 X_1，X_2，…，X_n，… 是独立同分布的随机变量序列，并且存在期望 $EX_i=\mu$，$i=1,2,\cdots,n$，则 X_1，X_2，…，X_n，… 服从大数定律，即对于任意的 $\varepsilon>0$，都有

$$\lim_{n\to\infty}P\left\{\left|\frac{1}{n}\sum_{i=1}^{n}X_i-\mu\right|<\varepsilon\right\}=1.$$

(4) 伯努利大数定律

设 X 表示 n 重伯努利试验中事件 A 发生的次数，并且 $P(A)=p$，则对于任意的 $\varepsilon>0$，都有

$$\lim_{n\to\infty}P\left\{\left|\frac{X}{n}-p\right|<\varepsilon\right\}=1.$$

4. 中心极限定理

(1) 列维 — 林德伯格中心极限定理

设 X_1，X_2，…，X_n，… 是独立同分布的随机变量序列，并且存在期望和方差 $EX_i=\mu$，$DX_i=\sigma^2>0$，$i=1,2,\cdots,n$，则有

$$\lim_{n\to\infty}P\left\{\frac{\sum_{i=1}^{n}X_i-n\mu}{\sqrt{n}\sigma}\leqslant x\right\}=\int_{-\infty}^{x}\frac{1}{\sqrt{2\pi}}e^{-\frac{t^2}{2}}dt=\Phi(x),\ x\in R.$$

以上定理也称为**独立同分布中心极限定理.**

(2) 棣莫弗—拉普拉斯中心极限定理

设 $X_n \sim B(n, p)$，$n=1, 2, \cdots$，则有

$$\lim_{n\to\infty} P\left\{\frac{X_n - np}{\sqrt{npq}} \leqslant x\right\} = \frac{1}{\sqrt{2\pi}}\int_{-\infty}^{x} e^{-\frac{t^2}{2}} dt = \Phi(x), \quad x \in R,$$

其中 $q=1-p$.

二、典型方法与范例

1. 切比雪夫不等式

例 1　设随机变量 X 的数学期望为 2，方差为 1，则根据切比雪夫不等式估计 $P\{|X-2| \geqslant 6\} \leqslant$ ____.

分析　切比雪夫不等式主要用来粗略估计方差存在的随机变量在以数学期望为中心的对称区间内或区间外的概率，因此我们首先要把估计的概率化为 $P\{|X-EX| \geqslant \varepsilon\}$ 或 $P\{|X-EX| < \varepsilon\}$ 的形式，然后再由切比雪夫不等式得出估计值.

解　由切比雪夫不等式 $P\{|X-EX| \geqslant \varepsilon\} \leqslant \frac{DX}{\varepsilon^2}$ 有

$$P\{|X-2| \geqslant 6\} \leqslant \frac{1}{6^2} = \frac{1}{36}.$$

例 2　设随机变量 X 的数学期望为 11，方差为 9，则根据切比雪夫不等式估计 $P\{2 < X < 20\} \geqslant$ ____.

解　由切比雪夫不等式 $P\{|X-EX| < \varepsilon\} \geqslant 1 - \frac{DX}{\varepsilon^2}$ 有

$$P\{2 < X < 20\} = P\{|X-11| < 9\}$$
$$\geqslant 1 - \frac{9}{9^2} = \frac{8}{9}.$$

例 3　设随机变量 X 和 Y 分别服从正态分布 $N(1, 1)$ 与 $N(0, 1)$，$E(XY) = -0.1$，则根据切比雪夫不等式估计 $P\{-4 < X + 2Y < 6\} \geqslant$ ____.

分析　此题要估计的是 $X+2Y$ 的概率，因此首先由已知条件计算随机变量 $X+2Y$ 的数学期望和方差，然后再由切比雪夫不等式得出估计值.

解　由题设条件知

$$EX = DX = DY = 1, \ EY = 0, \ E(XY) = -0.1,$$

因此

$$E(X+2Y) = EX + 2EY = 1,$$
$$\mathrm{Cov}(X, Y) = E(XY) - EX \cdot EY = -0.1,$$

$$D(X+2Y)=DX+4DY+4\mathrm{Cov}(X, Y)$$
$$=1+4+4\times(-0.1)=4.6,$$

由切比雪夫不等式有

$$P\{-4<X+2Y<6\}=P\{|X+2Y-1|<5\}$$
$$\geqslant 1-\frac{D(X+2Y)}{5^2}=0.816.$$

例 4 设随机变量 $X\sim f(x)=\begin{cases}\dfrac{x^n}{n!}\mathrm{e}^{-x}, & x>0\\ 0, & x\leqslant 0\end{cases}$，其中 n 为正整数，试用切比雪夫不等式证明：$P\{0<X<2(n+1)\}\geqslant\dfrac{n}{n+1}$.

证明 由于

$$\int_0^{+\infty}x^n\mathrm{e}^{-x}\mathrm{d}x=-\int_0^{+\infty}x^n\mathrm{d}\mathrm{e}^{-x}=-x^n\mathrm{e}^{-x}\Big|_0^{+\infty}+n\int_0^{+\infty}x^{n-1}\mathrm{e}^{-x}\mathrm{d}x=n\int_0^{+\infty}x^{n-1}\mathrm{e}^{-x}\mathrm{d}x$$
$$=\cdots=n\cdot(n-1)\cdots 2\cdot 1\int_0^{+\infty}\mathrm{e}^{-x}\mathrm{d}x=n!,$$

故随机变量 X 的数学期望和方差为

$$EX=\int_0^{+\infty}\frac{x^{n+1}}{n!}\mathrm{e}^{-x}\mathrm{d}x=\frac{(n+1)!}{n!}=n+1,$$
$$EX^2=\int_0^{+\infty}\frac{x^{n+2}}{n!}\mathrm{e}^{-x}\mathrm{d}x=\frac{(n+2)!}{n!}=(n+1)(n+2),$$
$$DX=EX^2-(EX)^2=(n+1)(n+2)-(n+1)^2=n+1,$$

于是

$$P\{0<X<2(n+1)\}=P\{|X-(n+1)|<n+1\}$$
$$\geqslant 1-\frac{n+1}{(n+1)^2}=\frac{n}{n+1}.$$

方法总结：利用切比雪夫不等式估计概率，关键是要求出相应随机变量的数学期望和方差，然后再将所要估计的概率转化为 $P\{|X-EX|\geqslant\varepsilon\}$ 或 $P\{|X-EX|<\varepsilon\}$ 的形式.

2. **大数定律**

例 5 设随机变量 $X_1, X_2, \cdots, X_n, \cdots$ 独立同服从参数为 2 的指数分布，则当 $n\to\infty$ 时，$Y_n=\dfrac{1}{n}\sum\limits_{i=1}^{n}X_i^2$ 依概率收敛于 ____.

分析 由辛钦大数定律知，相互独立同分布且数学期望存在的随机变量序列的平均值依概率收敛于其数学期望，因此 $Y_n=\dfrac{1}{n}\sum\limits_{i=1}^{n}X_i^2$ 的数学期望即为所求.

解 因为随机变量 $X_1, X_2, \cdots, X_n$ 相互独立同分布，所以 $X_1^2, X_2^2, \cdots, X_n^2$ 相互独立同分布. 而

$$EX_i=\frac{1}{2},\ DX_i=\frac{1}{4},$$

$$EX_i^2=DX_i+(EX_i)^2=\frac{1}{2},\ i=1,\ 2,\ \cdots,\ n,$$

$$EY_n=E\left(\frac{1}{n}\sum_{i=1}^{n}X_i^2\right)=\frac{1}{n}\sum_{i=1}^{n}EX_i^2=\frac{1}{2},$$

于是由辛钦大数定律知当 $n\to\infty$ 时，$Y_n=\frac{1}{n}\sum_{i=1}^{n}X_i^2$ 依概率收敛于其数学期望$\frac{1}{2}$.

例 6　设随机变量 X_1，X_2，…，X_n，… 相互独立，它们满足大数定律，则 X_i 的分布可以是(　　).

(A)$P\{X_i=m\}=\frac{c}{m^3}$，$m=1,\ 2,\ \cdots$　　(B)X_i 服从参数为$\frac{1}{i}$ 的指数分布

(C)X_i 服从参数为i 的泊松分布　　(D)X_i 的密度函数为 $f(x)=\frac{1}{\pi(1+x^2)}$

分析　由大数定律的条件，只要判断此序列是否独立同分布且数学期望存在，或独立但分布不同，而数学期望和方差都存在，且方差一致有界即可.

解　选择(A). 因为(A) 中 X_i 独立同分布，且 $EX_i=\sum_{i=1}^{+\infty}m\times\frac{c}{m^3}=\sum_{i=1}^{+\infty}\frac{c}{m^2}$，级数$\sum_{i=1}^{+\infty}\frac{c}{m^2}$ 收敛，因此 EX_i 存在.

(B)(C) 中 X_i 不同分布，且(B) 中 $DX_i=i^2$，(C) 中 $DX_i=i$，均是 i 的无界函数.

(D) 中 X_i 独立同分布，但由于

$$\int_{-\infty}^{+\infty}|x|\frac{1}{\pi(1+x^2)}\mathrm{d}x=2\int_0^{+\infty}\frac{x}{\pi(1+x^2)}\mathrm{d}x$$

$$=\frac{1}{\pi}\ln(1+x^2)\Big|_0^{+\infty}=+\infty,$$

所以 EX_i 不存在.

例 7　设随机变量 X_1，X_2，…，X_n，… 相互独立同分布，且 $EX_n=0$，求

$$\lim_{n\to+\infty}P\{\sum_{i=1}^{n}X_i<n\}.$$

分析　求随机事件概率的极限，可先求概率再求极限，也可用大数定律. 此题中的随机变量序列相互独立同分布，且具有相同的数学期望 0，满足辛钦大数定律的条件，故可用辛钦大数定律.

解　$P\{\sum_{i=1}^{n}X_i<n\}=P\{\frac{1}{n}\sum_{i=1}^{n}X_i<1\}$.

因随机变量 X_1，X_2，…，X_n，… 相互独立同分布，且 $EX_n=0$，于是由辛钦大数定律有

$$\lim_{n\to+\infty} P\{\left|\frac{1}{n}\sum_{i=1}^{n}X_i - 0\right| < 1\} = \lim_{n\to+\infty} P\{\left|\frac{1}{n}\sum_{i=1}^{n}X_i\right| < 1\} = 1.$$

又

$$\{\left|\frac{1}{n}\sum_{i=1}^{n}X_i - 0\right| < 1\} \subset \{\frac{1}{n}\sum_{i=1}^{n}X_i < 1\},$$

因此

$$1 = \lim_{n\to+\infty} P\{\left|\frac{1}{n}\sum_{i=1}^{n}X_i\right| < 1\} \leqslant \lim_{n\to+\infty} P\{\frac{1}{n}\sum_{i=1}^{n}X_i < 1\} \leqslant 1,$$

所以

$$\lim_{n\to+\infty} P\{\sum_{i=1}^{n}X_i < n\} = P\{\frac{1}{n}\sum_{i=1}^{n}X_i < 1\} = 1.$$

方法总结：大数定律描述了随机变量 X_1，X_2，…，X_n 的平均值 $\frac{1}{n}\sum_{i=1}^{n}X_i$ 在一定条件下依概率收敛于它的数学期望 $E\left(\frac{1}{n}\sum_{i=1}^{n}X_i\right)$，利用大数定律时注意要满足它的条件.

3. 中心极限定理

例 8 设随机变量 X_1，X_2，…，X_n，… 相互独立同服从参数为 λ 的指数分布，则（ ）.

(A) $\lim\limits_{n\to+\infty} P\left\{\dfrac{\lambda\sum_{i=1}^{n}X_i - n}{\sqrt{n}} \leqslant x\right\} = \Phi(x)$　　(B) $\lim\limits_{n\to+\infty} P\left\{\dfrac{\sum_{i=1}^{n}X_i - n}{\sqrt{n}\lambda} \leqslant x\right\} = \Phi(x)$

(C) $\lim\limits_{n\to+\infty} P\left\{\dfrac{\sum_{i=1}^{n}X_i - \lambda}{\sqrt{n}\lambda} \leqslant x\right\} = \Phi(x)$　　(D) $\lim\limits_{n\to+\infty} P\left\{\dfrac{\sum_{i=1}^{n}X_i - \lambda}{n\lambda} \leqslant x\right\} = \Phi(x)$

其中 $\Phi(x) = \int_{-\infty}^{x} \frac{1}{\sqrt{2\pi}} e^{-\frac{t^2}{2}} dt$.

分析 这里考查的是极限分布，因此用中心极限定理.

解 因为随机变量 X_1，X_2，…，X_n，… 相互独立同服从参数为 λ 的指数分布，所以

$$EX_i = \frac{1}{\lambda}, \quad DX_i = \frac{1}{\lambda^2}, \quad i = 1, 2, \cdots, n,$$

$$E(\frac{1}{n}\sum_{i=1}^{n}X_i) = \frac{1}{\lambda}, \quad D(\frac{1}{n}\sum_{i=1}^{n}X_i) = \frac{1}{n\lambda^2},$$

于是由列维 — 林德伯格中心极限定理有

$$\lim_{n\to+\infty} P\left\{\frac{\frac{1}{n}\sum_{i=1}^{n}X_i - \frac{1}{\lambda}}{\sqrt{\frac{1}{n\lambda^2}}} \leqslant x\right\} = \lim_{n\to+\infty} P\left\{\frac{\lambda\sum_{i=1}^{n}X_i - n}{\sqrt{n}} \leqslant x\right\} = \Phi(x),$$

因此选择(A).

例 9　假设某类粮仓内老鼠的数目服从参数为 2 的泊松分布，计算 200 个同类粮仓中老鼠数目超过 350 只的概率. ($\Phi(2.5)=0.9938$)

解　设 $X_i(i=1,2,\cdots,200)$ 表示第 i 个粮仓内老鼠的数目，则 $EX_i=DX_i=2$，由题意知 $X_1,X_2,\cdots,X_{200}$ 相互独立，且

$$E(\sum_{i=1}^{200}X_i)=400,\ D(\sum_{i=1}^{200}X_i)=400,$$

由列维 — 林德伯格中心极限定理知

$$\begin{aligned}P\left\{\sum_{i=1}^{200}X_i>350\right\}&=1-P\left\{\sum_{i=1}^{200}X_i\leqslant 350\right\}\\&\approx 1-\Phi\left(\frac{350-400}{20}\right)=1-\Phi(-2.5)\\&=\Phi(2.5)=0.9938.\end{aligned}$$

例 10　假设市场上出售的某种商品，每日价格的变化是一个随机变量. 如果以 Y_n 表示第 n 天商品的价格，则有

$$Y_n=Y_{n-1}+X_n(n\geqslant 1),$$

其中 $X_1,X_2,\cdots,X_n,\cdots$ 为独立同分布的随机变量，$EX_i=0$，$DX_i=1(i\geqslant 1)$，假定商品最初价格为 $Y_0=a$ 元，那么 10 周后(在第 71 天)该商品价格在 $a-10$ 与 $a+10$(单位：元)之间的概率是多少？($\Phi(1.2)=0.8849$)

解　由于 $Y_n=Y_{n-1}+X_n(n\geqslant 1)$，故

$$Y_n=Y_0+\sum_{i=1}^{n}X_i.$$

当 $Y_0=a$ 时，$Y_{71}=a+\sum_{i=1}^{71}X_i$，其中 $X_i(i\geqslant 1)$ 是独立同分布的随机变量，期望和方差都存在，因此由列维 — 林德伯格中心极限定理知

$$\begin{aligned}P\{a-10\leqslant Y_{71}\leqslant a+10\}&=P\{a-10\leqslant a+\sum_{i=1}^{71}X_i\leqslant a+10\}\\&=P\{-10\leqslant\sum_{i=1}^{71}X_i\leqslant 10\}\approx\Phi\left(\frac{10}{\sqrt{71}}\right)-\Phi\left(\frac{-10}{\sqrt{71}}\right)\\&=2\Phi\left(\frac{10}{\sqrt{71}}\right)-1=2\Phi(1.2)-1=0.7698.\end{aligned}$$

例 11　设一生产线生产的产品成箱包装，每箱的重量是随机的，假设每箱平均重 50 千克，标准差为 5 千克. 若用最大载重量为 5 吨的汽车承载，试用中心极限定理说明每辆汽车最多可以装多少箱，才能保证不超载的概率大于 0.977. ($\Phi(2)=0.977$)

解　设 $X_i(i=1,2,\cdots,n)$ 表示装运的第 i 箱的重量(单位：千克)，n 是所求箱数. 由题设条件可知随机变量 $X_1,X_2,\cdots,X_n$ 独立同分布，而 n 箱的总重量

$$T_n = X_1 + X_2 + \cdots + X_n$$

是独立同分布随机变量之和.

由条件知

$$EX_i = 50,\ \sqrt{DX_i} = 5,\ ET_n = 50n,\ \sqrt{DT_n} = 5\sqrt{n},$$

根据列维—林德伯格中心极限定理知

$$P\{T_n \leqslant 5000\} = P\left\{\frac{T_n - 5000}{5\sqrt{n}} \leqslant \frac{5000 - 50n}{5\sqrt{n}}\right\}$$

$$\approx \Phi\left(\frac{1000 - 10n}{\sqrt{n}}\right) > 0.977 = \Phi(2),$$

可得 $\dfrac{1000 - 10n}{\sqrt{n}} > 2$，解得 $n < 98.02$，即最多可以装 98 箱.

例 12 （1）一复杂系统由 100 个相互独立起作用的部件所组成，在整个运行期间每个部件损坏的概率为 0.1. 为了使整个系统起作用，至少必须有 85 个部件正常工作，求整个系统起作用的概率.（$\Phi(1.667) = 0.9525$）

（2）一复杂系统由 n 个相互独立起作用的部件所组成，每个部件的可靠性（部件正常工作的概率）为 0.9，且必须至少有 80% 的部件正常工作才能使整个系统起作用，问 n 至少为多大才能使系统的可靠性不低于 0.95.（$\Phi(1.645) = 0.95$）

解 （1）设 X 表示 100 个相互独立起作用的部件组成的系统中正常工作的部件个数，则 $X \sim B(100, 0.9)$，由棣莫弗—拉普拉斯中心极限定理知

$$P\{X \geqslant 85\} = 1 - P\{X < 85\}$$

$$= 1 - P\left\{\frac{X - 100 \times 0.9}{\sqrt{100 \times 0.9 \times 0.1}} < \frac{85 - 100 \times 0.9}{\sqrt{100 \times 0.9 \times 0.1}}\right\}$$

$$= 1 - P\left\{\frac{X - 90}{3} < -1.667\right\} \approx 1 - \Phi(-1.667)$$

$$= \Phi(1.667) = 0.9525.$$

（2）设 X 表示 n 个相互独立起作用的部件组成的系统中正常工作的部件个数，则 $X \sim B(n, 0.9)$，由棣莫弗—拉普拉斯中心极限定理知

$$P\{X \geqslant 0.8n\} = 1 - P\{X < 0.8n\}$$

$$= 1 - P\left\{\frac{X - 0.9n}{\sqrt{n \times 0.9 \times 0.1}} < \frac{0.8n - 0.9n}{\sqrt{n \times 0.9 \times 0.1}}\right\}$$

$$\approx 1 - \Phi\left(-\frac{\sqrt{n}}{3}\right)$$

$$= \Phi\left(\frac{\sqrt{n}}{3}\right) \geqslant 0.95,$$

故$\frac{\sqrt{n}}{3} \geqslant 1.645$，即 $n \geqslant 24.35$，所以 n 至少为 25 才能使系统的可靠性不低于 0.95.

方法总结： 利用中心极限定理解题的步骤如下.

(1) 正确选取独立同分布的随机变量序列或服从二项分布的随机变量，并求出数学期望 $EX_i = \mu$ 和方差 $DX_i = \sigma^2$ 或二项分布的参数 n 和 p；

(2) 标准化随机变量

$$U = \frac{X - EX}{\sqrt{DX}} = \begin{cases} \dfrac{\sum\limits_{i=1}^{n} X_i - n\mu}{\sqrt{n}\sigma}, & X_1, X_2, \cdots, X_n \text{ 独立同分布}, \\ \dfrac{X - np}{\sqrt{np(1-p)}}, & X \text{ 服从二项分布}; \end{cases}$$

(3) 由中心极限定理得 $P\{U \leqslant x\} \approx \int_{-\infty}^{x} \frac{1}{\sqrt{2\pi}} \mathrm{e}^{-\frac{t^2}{2}} \mathrm{d}t = \Phi(x)$，于是有

$$\begin{aligned} P\left\{a < \sum_{i=1}^{n} X_i < b\right\} &= P\left\{\frac{a - n\mu}{\sqrt{n}\sigma} < \frac{\sum\limits_{i=1}^{n} X_i - n\mu}{\sqrt{n}\sigma} < \frac{b - n\mu}{\sqrt{n}\sigma}\right\} \\ &\approx \Phi\left(\frac{b - n\mu}{\sqrt{n}\sigma}\right) - \Phi\left(\frac{a - n\mu}{\sqrt{n}\sigma}\right) \end{aligned}$$

或

$$\begin{aligned} P\{a < X < b\} &= P\left\{\frac{a - np}{\sqrt{np(1-p)}} < \frac{X - np}{\sqrt{np(1-p)}} < \frac{b - np}{\sqrt{np(1-p)}}\right\} \\ &\approx \Phi\left(\frac{b - np}{\sqrt{np(1-p)}}\right) - \Phi\left(\frac{a - np}{\sqrt{np(1-p)}}\right). \end{aligned}$$

三、教材练习题详解

习题四(A)

1. 设随机变量 X 服从$[-1, b]$上的均匀分布，由切比雪夫不等式得 $P\{|X - 1| < \xi\} \geqslant \frac{2}{3}$，求常数 b，ξ.

解　由题设知 $EX = \frac{b-1}{2}$，$DX = \frac{(b+1)^2}{12}$，并且参数 b 和 ξ 满足方程组

$$\begin{cases} \dfrac{b-1}{2} = 1, \\ 1 - \dfrac{(b+1)^2}{12\xi^2} = \dfrac{2}{3}, \end{cases}$$

解得 $\begin{cases} b=3 \\ \xi=2 \end{cases}$.

2. 设随机变量 X_1，X_2，…，X_{100} 相互独立同分布，并且 $EX_i=\mu$，$DX_i=16$，$i=1$，2，…，100，求 $P\{|\overline{X}-\mu|\leqslant 1\}$，其中 $\overline{X}=\frac{1}{100}\sum_{i=1}^{100}X_i$.

解 令 $X=\sum_{i=1}^{100}X_i$，应用列维—林德伯格中心极限定理可得

$$P\{|\overline{X}-\mu|\leqslant 1\}=P\left\{-2.5\leqslant\frac{X-100\mu}{40}\leqslant 2.5\right\}$$
$$\approx\Phi(2.5)-\Phi(-2.5)=2\Phi(2.5)-1=0.9876.$$

3. 袋装茶叶用机器装袋，每袋的净重是随机变量，其期望值为 100 克，标准差为 10 克，一大盒内装 200 袋，求一盒茶叶净重超过 20.5 千克的概率.

解 设 X_i 表示第 i 袋的净重，$i=1$，2，…，200，并且令 $X=\sum_{i=1}^{200}X_i$，则由题设易知 X_1，X_2，…，X_{200} 相互独立同分布，且 $EX_i=100$，$DX_i=100$，$i=1$，2，…，200. 应用列维—林德伯格中心极限定理得

$$P\{X>20500\}=P\left\{\frac{X-20000}{\sqrt{20000}}>\frac{20500-20000}{\sqrt{20000}}\right\}$$
$$\approx 1-\Phi\left(\frac{5}{\sqrt{2}}\right)=0.0002.$$

4. 据以往经验某种电器元件的寿命服从均值为 100 小时的指数分布，现随机抽取 16 只，设它们的寿命是相互独立的，求这 16 只元件寿命总和大于 1920 小时的概率.

解 设 X_i 表示第 i 只元件寿命，则由题设知 X_1，X_2，…，X_{16} 相互独立同分布，并且 $EX_i=100$，$DX_i=10000$，$i=1$，2，…，16. 再令 $X=\sum_{i=1}^{16}X_i$，应用列维—林德伯格中心极限定理得

$$P\{X>1920\}=1-P\{X\leqslant 1920\}=1-P\left\{\frac{X-1600}{400}\leqslant 0.8\right\}$$
$$\approx 1-\Phi(0.8)=0.2119.$$

5. 计算机在进行加法时，对每个加数取整(取最为接近它的整数)，设所有的取整误差是相互独立的，且它们都服从区间(−0.5，0.5)上的均匀分布，若将 1500 个数相加，问误差总和的绝对值超过 15 的概率是多少?

解 设 X_i 表示第 i 个加数的取整误差，则由题设知 X_1，X_2，…，X_{1500} 相互独立同分布，并且 $EX_i=0$，$DX_i=\frac{1}{12}$，$i=1$，2，…，1500. 再令 $X=\sum_{i=1}^{1500}X_i$，应用列维—林德伯格中心极限定理得

$$P\{|X|>15\}=1-P\{|X|\leqslant 15\}=1-P\left\{-\frac{15}{\sqrt{125}}\leqslant\frac{X-0}{\sqrt{125}}\leqslant\frac{15}{\sqrt{125}}\right\}$$

$$\approx 2-2\Phi(1.34)=0.1802.$$

6. 从一大批废品率为 3% 的产品中随机抽取 1000 个，求废品数在 20 个至 40 个之间的概率.

解　设 X 表示废品数，则由题设知 X 近似服从 $B(1000, 0.03)$. 应用棣莫弗—拉普拉斯中心极限定理得

$$P\{20\leqslant X\leqslant 40\}=P\left\{\frac{-10}{\sqrt{29.1}}\leqslant\frac{X-30}{\sqrt{29.1}}\leqslant\frac{10}{\sqrt{29.1}}\right\}$$

$$\approx 2\Phi\left(\frac{10}{\sqrt{29.1}}\right)-1=0.9357.$$

7. 一大批种子中，良种占 20%，从中任选 5000 粒，计算其良种率与 20% 之差的绝对值小于 1% 的概率.

解　设 X 表示良种数，则由题设知 X 近似服从 $B(5000, 0.2)$. 应用棣莫弗—拉普拉斯中心极限定理得

$$P\left\{\left|\frac{X}{5000}-20\%\right|<1\%\right\}=P\left\{\frac{-50}{\sqrt{800}}<\frac{X-1000}{\sqrt{800}}<\frac{50}{\sqrt{800}}\right\}$$

$$\approx 2\Phi(1.77)-1=0.9233.$$

8. 上题的 5000 粒种子中，若以 99% 的把握断定其良种率与规定的良种率 20% 误差的范围，问此时良种数所在的范围？

解　设 X，a 分别表示良种数以及良种率与 20% 的最大正偏差，则由题意知

$$0.99=P\left\{\left|\frac{X}{5000}-20\%\right|\leqslant a\right\}$$

$$=P\left\{\frac{-5000a}{\sqrt{800}}\leqslant\frac{X-1000}{\sqrt{800}}\leqslant\frac{5000a}{\sqrt{800}}\right\}$$

$$\approx 2\Phi\left(\frac{5000a}{\sqrt{800}}\right)-1,$$

查表得 $\frac{5000a}{\sqrt{800}}=2.58$，即 $a=0.01459$. 于是 $927<X<1073$.

9. 设某厂生产的产品平均寿命为 2000 小时，标准差为 250 小时，进行技术改造后，平均寿命增加到 2250 小时，标准差不变，为了确定这一成果，检测的方法是：任意选取若干件产品进行测试，如产品平均寿命超过 2200 小时，就确认技术改造成功. 要使检验通过的概率超过 0.997，至少应检验多少件产品？

解 设至少应检验 m 件产品，而 X_i 表示第 i 件产品寿命，$i=1,2,\cdots,m$，令 $X=\sum_{i=1}^{m}X_i$，则由题意知 X_1，X_2，…，X_m 相互独立同分布. 应用列维—林德伯格中心极限定理得

$$0.997 < P\left\{\frac{X}{m} > 2200\right\} = 1 - P\left\{\frac{X-2250m}{250\sqrt{m}} \leqslant \frac{2200m-2250m}{250\sqrt{m}}\right\}$$

$$\approx 1-\Phi\left(-\frac{\sqrt{m}}{5}\right)=\Phi\left(\frac{\sqrt{m}}{5}\right).$$

查表得 $\frac{\sqrt{m}}{5} > 2.75$，则 $m > 189.06$，即至少应检验 190 件产品才能使检验通过的概率超过 0.997.

10. 抽样检查产品质量时，如果发现次品多于10个，则拒绝接受这批产品，设某批产品的次品率为 10%，问至少应抽多少个产品检查才能保证拒绝接受该产品的概率达到 90%？

解 设至少应抽 m 个产品，令 X 表示次品数，则由题设知 $X\sim B(m,0.1)$. 应用列维—林德伯格中心极限定理得

$$0.9 = P\{X > 10\} = 1-P\{X \leqslant 10\}$$

$$= 1-P\left\{\frac{X-0.1m}{0.3\sqrt{m}} \leqslant \frac{10-0.1m}{0.3\sqrt{m}}\right\}.$$

$$\approx 1-\Phi\left(\frac{10-0.1m}{0.3\sqrt{m}}\right)=\Phi\left(\frac{0.1m-10}{0.3\sqrt{m}}\right),$$

查表得 $\frac{0.1m-10}{0.3\sqrt{m}}=1.28$，解得 $m=146.47$（$m=68.27$ 舍去），即至少应抽 147 个产品检查才能保证拒绝接受该产品的概率达到 90%.

习题四(B)

1. 设随机变量 X_1，X_2，…，X_n，… 相互独立，并且服从相同的分布，$EX_i=0$，$DX_i=\sigma^2$，又 EX_i^4 存在，$i=1,2,\cdots,n$，利用切比雪夫不等式证明：对于任意 $\varepsilon>0$，有

$$\lim_{n\to\infty}P\left\{\left|\frac{1}{n}\sum_{i=1}^{n}X_i^2-\sigma^2\right|<\varepsilon\right\}=1.$$

证明 由于 $EX_i^2=DX_i+(EX_i)^2=\sigma^2$，记 $\delta^2=DX_i^2$，则 $\delta^2=EX_i^4-\sigma^4$. 又因为 X_1^2，X_2^2，…，X_n^2，… 相互独立，令 $X=\frac{1}{n}\sum_{i=1}^{n}X_i^2$，则 $EX=\sigma^2$，$DX=\frac{\delta^2}{n}$. 对随机变量 X 应用切比雪夫不等式得

$$1-\frac{\frac{\delta^2}{n}}{\varepsilon^2} \leqslant P\{|X-\sigma^2|<\varepsilon\} \leqslant 1,$$

因此

$$\lim_{n\to\infty}P\{|\frac{1}{n}\sum_{i=1}^{n}X_i^2-\sigma^2|<\varepsilon\}=1.$$

2. 保险公司为 50 个集体投保人提供医疗保险，假设他们医疗花费 Y_i(单位：百元，$i=1, 2, \cdots, 50$) 相互独立并且服从相同的概率分布：

Y_i	0	0.5	1.5	3
P	0.2	0.3	0.4	0.1

当花费超过100元时，保险公司应支付超过100元的部分；当花费不超过100元时，由患者自己负担费用. 如果以总支付费 X 的期望值 EX 作为预期的总支付费用，那么保险公司应收取总保险费为$(1+\theta)EX$，其中θ为相对附加保险费. 为使公司获利的概率超过95%，附加费θ至少应为多少？

解　设 X_i 表示保险公司支付第 i 个人的费用，$i=1, 2, \cdots, 50$，则由题设知，X_i 的概率分布为

X_i	0	0.5	2
P	0.5	0.4	0.1

并且 $X_1, X_2, \cdots, X_{50}$ 相互独立同分布，$EX_i=0.4$，$EX_i^2=0.5$，$DX_i=0.34$. 再令 $X=\sum_{i=1}^{50}X_i$，应用列维 — 林德伯格中心极限定理得

$$\begin{aligned}0.95<P\{(1+\theta)EX-X>0\}&=P\{20(1+\theta)-X>0\}\\&=P\{X<20(1+\theta)\}=P\left\{\frac{X-20}{\sqrt{17}}<\frac{20\theta}{\sqrt{17}}\right\}\approx\Phi\left(\frac{20\theta}{\sqrt{17}}\right),\end{aligned}$$

查表得$\frac{20\theta}{\sqrt{17}}>1.65$，$\theta>0.34$.

3. 设某种器件使用寿命(单位：小时)服从参数为λ的指数分布，其平均使用寿命为20小时. 在使用中，当一个器件损坏后立即更换另一个新的器件，如此继续下去. 已知每个器件进价为 a 元. 试求在年计划中应为此器件作多少预算，才可以有 95% 的把握保证一年够用？(假定一年按 2000 个工作小时计算)

解　设年计划进 m 个器件，而 X_i 表示第i 个器件的寿命，$i=1, 2, \cdots, m$，则由题设知 $X_1, X_2, \cdots, X_m$ 相互独立同分布，并且 $EX_i=20$，$DX_i=400$. 再令 $X=\sum_{i=1}^{m}X_i$，应用列维 — 林德伯格中心极限定理得

$$0.95=P\{X\geqslant 2000\}=P\left\{\frac{X-20m}{20\sqrt{m}}\geqslant\frac{2000-20m}{20\sqrt{m}}\right\}$$
$$\approx 1-\Phi\left(\frac{100-m}{\sqrt{m}}\right)=\Phi\left(\frac{m-100}{\sqrt{m}}\right),$$

查表得 $\frac{m-100}{\sqrt{m}}=1.65$，即 $m=118$，故预算至少应为 $118a$ 元.

4. 某保险公司多年的统计资料表明：在索赔户中被盗索赔户占 20%. 以 X 表示在随意抽查的 100 个索赔户中因被盗向保险公司索赔的户数，利用棣莫弗—拉普拉斯中心极限定理，求被盗索赔户不少于 14 户并且不多于 30 户的概率的近似值.

解 令 X 表示被盗索赔户数，则由题意知 $X\sim B(100,0.2)$，应用棣莫弗—拉普拉斯中心极限定理得

$$P\{14\leqslant X\leqslant 30\}=P\left\{\frac{14-20}{4}\leqslant\frac{X-20}{4}\leqslant\frac{30-20}{4}\right\}$$
$$\approx\Phi(2.5)-\Phi(-1.5)=\Phi(2.5)+\Phi(1.5)-1=0.927.$$

四、自测题及答案

（一）自测题

一、填空题（本大题共 3 小题，每小题 5 分，共 15 分）

1. 设随机变量 X 的方差为 2，则根据切比雪夫不等式估计 $P\{|X-EX|\geqslant 2\}\leqslant$____.

2. 随机变量 X 和 Y 的数学期望值皆为 2，方差分别为 1 和 4，相关系数为 0.5，则根据切比雪夫不等式估计 $P\{|X-Y|\geqslant 6\}\leqslant$____.

3. 设随机变量 X 和 Y 独立同分布，数学期望值皆为 4，方差皆为 3，则根据切比雪夫不等式估计 $P\{|X-Y|\geqslant 5\}\leqslant$____.

二、选择题（本大题共 4 小题，每小题 5 分，共 20 分）

1. 设随机变量 $X_1, X_2, \cdots, X_n, \cdots$ 相互独立且服从参数为 λ 的泊松分布，则下面的随机变量序列中不满足切比雪夫大数定律条件的是（　　）.

(A) $X_1, X_2, \cdots, X_n$　　(B) $X_1+1, X_2+2, \cdots, X_n+n$

(C) $X_1, 2X_2, \cdots, nX_n$　　(D) $X_1, \frac{1}{2}X_2, \cdots, \frac{1}{n}X_n$

2. 设随机变量 $X_1, X_2, \cdots, X_n, \cdots$ 独立同分布，则它们不服从辛钦大数定律的充分条件为（　　）.

(A) X_i 服从参数为 1 的泊松分布　　(B) X_i 服从同一离散型分布

(C) X_i 服从标准正态分布　　(D) X_i 在区间(0，1)上服从均匀分布

3. 设随机变量 X_1，X_2，…，X_n 相互独立，$S_n=X_1+X_2+\cdots+X_n$，则根据列维—林德伯格中心极限定理，当 n 充分大时，S_n 近似服从正态分布，只要 X_1，X_2，…，X_n(　).

(A) 有相同的数学期望　　(B) 有相同的方差

(C) 服从同一指数分布　　(D) 服从同一离散型分布

4. 设随机变量 X_1，X_2，…，X_n 独立同分布，且 X_i 的密度函数为 $f(x)$，记 $p=P\left\{\sum_{i=1}^{n}X_i\leqslant x\right\}$，当 n 充分大时，则有(　).

(A) p 可以根据 $f(x)$ 进行计算

(B) p 不可以根据 $f(x)$ 进行计算

(C) p 一定可以用中心极限定理近似计算

(D) p 一定不能用中心极限定理近似计算

三、证明题(5 分)

设连续型随机变量 $X\sim B(n,\ p)$，试用切比雪夫不等式证明

$$P\{|X-np|\geqslant\sqrt{n}\}\leqslant\frac{1}{4}.$$

四、计算题(本大题共 4 小题，第 1～3 题每小题 10 分，第 4 题 30 分，共 60 分)

1. 一保险公司有 10000 人投保，每人每年付 12 元保险费. 已知一年内投保人死亡率为 0.006，如死亡，保险公司付给死者家属 1000 元，求保险公司年利润不少于 60000 元的概率.

2. 在天平上重复称量一重为 a 的物品，假设各次称量结果相互独立，称量误差的期望值为 a，方差为 0.04，若以 $\overline{X}_n$ 表示 n 次称量结果的算术平均值，为使

$$P\{|\overline{X}_n-a|<0.1\}\geqslant 0.95,$$

则至少要称量多少次？($\Phi(1.96)=0.975$)

3. 某螺丝钉厂的废品率为 0.01，问一盒中应装多少只螺丝钉才能使盒中至少会有 100 个合格品的概率不小于 95%？($\Phi(1.645)=0.95$))

4. 假设某单位交换台有 n 部分机，k 条外线，每部分机呼叫外线的概率为 p.

(1) 设 $n=200$，$k=30$，$p=0.12$，试求每部分机呼叫外线时都能及时得到满足的概率. ($\Phi(1.31)=0.9049$)

(2) 设 $n=200$，$p=0.12$，问为使每部分机呼叫外线时都能及时得到满足的概率 $\geqslant$ 95%，至少需要设置多少条外线？($\Phi(1.645)=0.95$)

(3) 设 $k=30$，$p=0.12$，问为使每部分机呼叫外线时都能及时得到满足的概率 $\geqslant$ 95%，最多可以容纳多少部分机？($\Phi(1.645)=0.95$)

(二) 答案

一、1. $\frac{1}{2}$.

2. $\frac{1}{12}$.

3. $\frac{6}{25}$.

二、1. C

2. B

3. C

4. A

三、略.

四、1. 0.5.

2. 16.

3. 103.

4. (1)0.9049；(2)32；(3)188.

第五章　抽样分布

一、教学基本要求与内容提要

(一) 教学基本要求

1. 理解总体、个体、样本和统计量的概念；

2. 理解样本均值、样本方差及样本原点矩、样本中心矩的概念，掌握根据样本数据计算它们的方法；

3. 了解 χ^2 分布、t 分布和 F 分布的概念和性质，并会查表计算分位数；

4. 了解正态总体下的常用抽样分布.

(二) 内容提要

1. 总体、样本与统计量

(1) 总体

研究对象的全体称为**总体**，组成总体的每一个研究对象称为**个体**. 总体中包含个体的个数称为**总体容量**. 容量为有限的总体称为**有限总体**，容量为无限的总体称为**无限总体**.

(2) 样本

从总体中抽出的若干个(有限个) 个体组成的集合称为**样本**，样本所含个体的数目称为**样本容量**.

若每个 $X_i(i=1, 2, \cdots, n)$ 都与总体 X 具有相同的分布，并且 $X_1, X_2, \cdots, X_n$ 相互独立，则称 $X_1, X_2, \cdots, X_n$ 为**简单随机样本**，简称**样本**. 其观测值 $x_1, x_2, \cdots, x_n$ 称为**样本值**.

(3) 样本的联合分布

① 若总体 X 的分布函数为 $F(x)$，则样本 $X_1, X_2, \cdots, X_n$ 的分布函数为

$$F(x_1, x_2, \cdots, x_n)=\prod_{i=1}^{n} F(x_i).$$

② 若总体 X 为离散型随机变量，其概率分布为 $P\{X=x_k\}=p(x_k)$，x_k 取遍 X 的所有可能取值，则样本 X_1，X_2，…，X_n 的概率分布为

$$P\{X_1=x_{i_1}, X_2=x_{i_2}, \cdots, X_n=x_{i_n}\}=\prod_{k=1}^{n} p(x_{i_k}).$$

③ 若总体 X 为连续型随机变量，其概率密度函数为 $f(x)$，则样本 X_1，X_2，…，X_n 的概率密度函数为

$$f(x_1, x_2, \cdots, x_n)=\prod_{i=1}^{n} f(x_i).$$

(4) 统计量

设 X_1，X_2，…，X_n 为来自总体 X 的样本，$g(x_1, x_2, \cdots, x_n)$ 是一个连续函数，如果 g 中不包含任何未知参数，则称 $g(X_1, X_2, \cdots, X_n)$ 为**统计量**，而称 $g(x_1, x_2, \cdots, x_n)$ 为**统计量的值**.

(5) 常用的统计量

① **样本均值(样本平均数)**：$\overline{X}=\dfrac{1}{n}\sum\limits_{i=1}^{n} X_i$.

② **样本方差**：$S^2=\dfrac{1}{n-1}\sum\limits_{i=1}^{n}(X_i-\overline{X})^2=\dfrac{1}{n-1}\left(\sum\limits_{i=1}^{n} X_i^2-n\overline{X}^2\right)$.

③ **样本标准差**：$S=\sqrt{\dfrac{1}{n-1}\sum\limits_{i=1}^{n}(X_i-\overline{X})^2}$.

④ **样本 k 阶原点矩**：$A_k=\dfrac{1}{n}\sum\limits_{i=1}^{n} X_i^k$，　$k=1, 2, \cdots$.

⑤ **样本 k 阶中心矩**：$B_k=\dfrac{1}{n}\sum\limits_{i=1}^{n}(X_i-\overline{X})^k$，$k=2, 3, \cdots$.

2. 统计推断中的三个重要分布

(1)χ^2 分布

① 概念(典型模式)

若 X_1，X_2，…，X_n 相互独立，且都服从标准正态分布 $N(0, 1)$，则 $\chi^2=X_1^2+X_2^2+\cdots+X_n^2$ 的分布称为自由度为 n 的 **χ^2 分布**，记为 $\chi^2 \sim \chi^2(n)$.

② 概率密度

若 $X \sim \chi^2(n)$，则 X 的概率密度为

$$f(x)=\begin{cases}\dfrac{1}{2^{\frac{n}{2}}\Gamma\left(\dfrac{n}{2}\right)} x^{\frac{n}{2}-1} e^{-\frac{x}{2}}, & x>0, \\ 0, & x \leqslant 0,\end{cases}$$

其中 $\Gamma(\cdot)$ 是 Γ 函数.

③ **参数可加性**

若 $X \sim \chi^2(n_1)$，$Y \sim \chi^2(n_2)$，且 X 与 Y 相互独立，则 $X+Y \sim \chi^2(n_1+n_2)$.

推广：若 X_1，X_2，…，X_k 相互独立，都服从 χ^2 分布，自由度分别为 n_1，n_2，…，n_k，则 $X_1+X_2+\cdots+X_k$ 服从自由度为 $n_1+n_2+\cdots+n_k$ 的 χ^2 分布.

④ **上侧分位数**

设 $X \sim \chi^2(n)$，对于给定的 $\alpha(0<\alpha<1)$，称满足 $P\{X>\chi^2_\alpha(n)\}=\alpha$ 中的数 $\chi^2_\alpha(n)$ 为自由度为 n 的 χ^2 **分布的 α 水平上侧分位数**.

(2)t 分布

① **概念(典型模式)**

设随机变量 X 与 Y 独立且 $X \sim N(0,1)$，$Y \sim \chi^2(n)$，则称 $t=\dfrac{X}{\sqrt{\dfrac{Y}{n}}}$ 的分布为自由度为 n 的 t **分布**，记为 $t \sim t(n)$.

② **概率密度**

若 $X \sim t(n)$，则 X 的概率密度为

$$f(x)=\frac{\Gamma\left(\dfrac{n+1}{2}\right)}{\sqrt{n\pi}\,\Gamma\left(\dfrac{n}{2}\right)}\left(1+\frac{x^2}{n}\right)^{-\frac{n+1}{2}},\quad -\infty<x<+\infty.$$

③ **上侧分位数**

设 $X \sim t(n)$，对于给定的 $\alpha(0<\alpha<1)$，称满足 $P\{X>t_\alpha(n)\}=\alpha$ 的数 $t_\alpha(n)$ 为自由度为 n 的 t **分布的 α 水平上侧分位数**.

(3)F 分布

① **概念(典型模式)**

设随机变量 X 与 Y 独立，且 $X \sim \chi^2(n_1)$，$Y \sim \chi^2(n_2)$，则称 $F=\dfrac{X/n_1}{Y/n_2}$ 的分布为自由度为 n_1 与 n_2 的 F **分布**，记为 $F \sim F(n_1,n_2)$，其中 n_1 称为**分子自由度**，n_2 称为**分母自由度**.

② **概率密度**

若 $X \sim F(n_1,n_2)$，则 X 的概率密度为

$$f(x)=\begin{cases}\dfrac{\Gamma\left(\dfrac{n_1+n_2}{2}\right)}{\Gamma\left(\dfrac{n_1}{2}\right)\Gamma\left(\dfrac{n_2}{2}\right)}\left(\dfrac{n_1}{n_2}\right)^{\frac{n_1}{2}}x^{\frac{n_1}{2}-1}\cdot\left(1+\dfrac{n_1}{n_2}x\right)^{-\frac{n_1+n_2}{2}}, & x>0,\\ 0, & x\leqslant 0.\end{cases}$$

③ **性质**

若 $X \sim t(n)$，则 $X^2 \sim F(1, n)$；

若 $F \sim F(n_1, n_2)$，则$\frac{1}{F} \sim F(n_2, n_1)$.

④ **上侧分位数**

设 $X \sim F(n_1, n_2)$，对于给定的 $\alpha(0<\alpha<1)$，称满足 $P\{X > F_\alpha(n_1, n_2)\}=\alpha$ 的数 $F_\alpha(n_1, n_2)$ 为自由度为 n_1 和 n_2 的 F **分布的 α 水平上侧分位数**.

3. **抽样分布**

(1) 概念

统计量的分布称为**抽样分布**.

(2) 单个正态总体的抽样分布

① 设总体 $X \sim N(\mu, \sigma^2)$，$X_1, X_2, \cdots, X_n$ 是来自总体 X 的一个样本，则 $\overline{X} \sim N\left(\mu, \frac{\sigma^2}{n}\right)$. 显然，$\overline{X}$ 的标准化变量 $U=\frac{\overline{X}-\mu}{\sigma/\sqrt{n}} \sim N(0, 1)$.

② 对于任意总体 X，若 $EX=\mu$，$DX=\sigma^2$，$X_1, X_2, \cdots, X_n$ 是来自总体 X 的一个样本，则当 n 充分大时，$\overline{X}$ 近似服从正态分布 $N(\mu, \frac{\sigma^2}{n})$.

③ 设总体 $X \sim N(\mu, \sigma^2)$，$X_1, X_2, \cdots, X_n$ 是来自总体 X 的一个样本，样本均值为 $\overline{X}$，样本方差为 S^2，则

a. $\frac{(n-1)S^2}{\sigma^2}=\frac{1}{\sigma^2}\sum_{i=1}^{n}(X_i-\overline{X})^2 \sim \chi^2(n-1)$；

b. $\overline{X}$ 与 S^2 相互独立.

④ 设总体 $X \sim N(\mu, \sigma^2)$，$X_1, X_2, \cdots, X_n$ 是来自总体 X 的一个样本，$\overline{X}$，S 分别为样本均值与样本标准差，则 $t=\frac{\overline{X}-\mu}{S/\sqrt{n}} \sim t(n-1)$.

(3) 两个正态总体的抽样分布

① 设 $X_1, X_2, \cdots, X_{n_1}$ 和 $Y_1, Y_2, \cdots, Y_{n_2}$ 分别是来自正态总体 $N(\mu_1, \sigma^2)$ 及 $N(\mu_2, \sigma^2)$ 的两个相互独立的样本，则

$$t=\frac{(\overline{X}-\overline{Y})-(\mu_1-\mu_2)}{\sqrt{\frac{(n_1-1)S_1^2+(n_2-1)S_2^2}{n_1+n_2-2}} \cdot \sqrt{\frac{1}{n_1}+\frac{1}{n_2}}} \sim t(n_1+n_2-2),$$

其中 $\overline{X}$，$\overline{Y}$，S_1^2，S_2^2 分别是 $X_1, X_2, \cdots, X_{n_1}$ 和 $Y_1, Y_2, \cdots, Y_{n_2}$ 的样本均值和样本方差.

② 设 X_1，X_2，…，X_{n_1} 和 Y_1，Y_2，…，Y_{n_2} 分别是来自正态总体 $N(\mu_1, \sigma_1^2)$ 及 $N(\mu_2, \sigma_2^2)$ 的两个相互独立的样本，则

$$F=\frac{S_1^2/\sigma_1^2}{S_2^2/\sigma_2^2}\sim F(n_1-1, n_2-1),$$

其中 S_1^2，S_2^2 分别为两个样本各自的方差.

二、典型方法与范例

1. 统计量的分布及概率

例 1　设总体 X 服从正态分布 $N(\mu, \sigma^2)$，X_1，X_2，…，X_{n+1} 是来自总体 X 的容量为 $n+1$ 的简单随机样本，令随机变量

$$Y_i=X_i-\frac{1}{n+1}\sum_{i=1}^{n+1}X_i \quad (i=1, 2, \cdots, n+1),$$

求 Y_i 的概率密度.

分析　将 Y_i 表示为

$$Y_i=\frac{n}{n+1}X_i-\frac{1}{n+1}(X_1+X_2+\cdots+X_{i-1}+X_{i+1}+\cdots+X_{n+1}),$$

则 Y_i 是同服从正态分布的独立随机变量的线性组合，从而可以得出其分布.

解　将 Y_i 表示为

$$Y_i=\frac{n}{n+1}X_i-\frac{1}{n+1}(X_1+X_2+\cdots+X_{i-1}+X_{i+1}+\cdots+X_{n+1}),$$

则 Y_i 是 $n+1$ 个独立随机变量 X_1，X_2，…，X_{n+1} 的线性组合，而 $X_i\sim N(\mu, \sigma^2)$，所以 Y_i 服从正态分布，其数学期望值和方差分别为

$$EY_i=\frac{n}{n+1}EX_i-\frac{1}{n+1}(EX_1+EX_2+\cdots+EX_{i-1}+EX_{i+1}+\cdots+EX_{n+1})$$

$$=\frac{n}{n+1}\mu-\frac{n}{n+1}\mu=0,$$

$$DY_i=\left(\frac{n}{n+1}\right)^2DX_i+\left(\frac{1}{n+1}\right)^2(DX_1+DX_2+\cdots+DX_{i-1}+DX_{i+1}+\cdots+DX_{n+1})$$

$$=\left(\frac{n}{n+1}\right)^2\sigma^2+\frac{n}{(n+1)^2}\sigma^2=\frac{n}{n+1}\sigma^2,$$

即 Y_i 服从 $N\left(0, \frac{n}{n+1}\sigma^2\right)$，其概率密度为

$$f(y)=\frac{1}{\sqrt{2\pi\frac{n}{n+1}}\sigma}e^{-\frac{(n+1)y^2}{2n\sigma^2}} \quad (-\infty<y<+\infty).$$

例 2　设总体 X 的概率密度为

$$f(x)=\begin{cases}|x|, & |x|\leqslant 1,\\ 0, & \text{其他}.\end{cases}$$

$X_1, X_2, \cdots, X_{50}$ 为来自 X 的一个简单随机样本，则 $P\{|\overline{X}|>0.02\}=$ ____，其中 $\overline{X}=\frac{1}{50}\sum_{i=1}^{50}X_i$．$(\Phi(0.2)=0.5793)$

分析　根据简单随机样本的定义，可由中心极限定理得到 $\overline{X}$ 的近似分布.

解　由于 $EX=\int_{-\infty}^{+\infty}xf(x)\mathrm{d}x=\int_{-1}^{1}x|x|\mathrm{d}x=0$，

$$EX^2=\int_{-\infty}^{+\infty}x^2f(x)\mathrm{d}x=\int_{-1}^{1}x^2|x|\mathrm{d}x=2\int_{0}^{1}x^3\mathrm{d}x=\frac{1}{2},$$

于是 $DX=EX^2-(EX)^2=\frac{1}{2}$.

因为 $X_1, X_2, \cdots, X_{50}$ 是简单随机样本，故由中心极限定理知 $\overline{X}$ 近似服从 $N(0, \frac{1}{100})$，则

$$\begin{aligned}P\{|\overline{X}|>0.02\}&=1-P\{|\overline{X}|\leqslant 0.02\}\\&=1-P\left\{\left|\frac{\overline{X}-E\overline{X}}{\sqrt{D\overline{X}}}\right|\leqslant\frac{0.02-E\overline{X}}{\sqrt{D\overline{X}}}\right\}\\&=1-P\left\{\left|\frac{\overline{X}-E\overline{X}}{\sqrt{D\overline{X}}}\right|\leqslant 0.2\right\}\\&\approx 1-[2\Phi(0.2)-1]=0.8414.\end{aligned}$$

2. 统计量的数字特征

例 3　设 $X_1, X_2, \cdots, X_n$ 是来自正态总体 $N(\mu, \sigma^2)$ 的样本，令 $Y=\frac{1}{n}\sum_{i=1}^{n}|X_i-\mu|$，求 EY，DY.

分析　因为 $X_1, X_2, \cdots, X_n$ 独立同分布，从而 $|X_1-\mu|$，$|X_2-\mu|$，$\cdots$，$|X_n-\mu|$ 也独立同分布，由数字特征的性质，只需求 $E(|X_i-\mu|)$，$D(|X_i-\mu|)$.

解　令 $Y_i=X_i-\mu$，则 $Y_i\sim N(0, \sigma^2)$，于是

$$\begin{aligned}E(|X_i-\mu|)=E(|Y_i|)&=\int_{-\infty}^{+\infty}|y|\frac{1}{\sqrt{2\pi}\sigma}\mathrm{e}^{-\frac{y^2}{2\sigma^2}}\mathrm{d}y\\&=2\int_{0}^{+\infty}y\frac{1}{\sqrt{2\pi}\sigma}\mathrm{e}^{-\frac{y^2}{2\sigma^2}}\mathrm{d}y=\frac{2\sigma}{\sqrt{2\pi}}\int_{0}^{+\infty}\mathrm{e}^{-\frac{y^2}{2\sigma^2}}\mathrm{d}\left(\frac{y^2}{2\sigma^2}\right)\\&=\sqrt{\frac{2}{\pi}}\sigma,\end{aligned}$$

$$D(|X_i-\mu|)=D(|Y_i|)=EY_i^2-[E(|Y_i|)]^2$$
$$=DY_i+(EY_i)^2-\frac{2}{\pi}\sigma^2=\left(1-\frac{2}{\pi}\right)\sigma^2,$$

故

$$EY=\frac{1}{n}\sum_{i=1}^{n}E(|X_i-\mu|)=\sqrt{\frac{2}{\pi}}\sigma,$$
$$DY=\frac{1}{n^2}\sum_{i=1}^{n}D(|X_i-\mu|)=\left(1-\frac{2}{\pi}\right)\frac{\sigma^2}{n}.$$

例 4　设 X_1，X_2，…，$X_n(n\geqslant 2)$ 是来自总体 $N(0,1)$ 的简单随机样本，记

$$\overline{X}=\frac{1}{n}\sum_{i=1}^{n}X_i,\qquad S^2=\frac{1}{n-1}\sum_{i=1}^{n}(X_i-\overline{X})^2,\qquad T=\overline{X}^2-\frac{1}{n}S^2,$$

求 DT.

分析　由 $\overline{X}$ 与 S^2 独立可得 $DT=D\overline{X}^2+\frac{1}{n^2}DS^2$，再利用若 $X\sim\chi^2(n)$，则 $DX=2n$ 计算.

解　由 $\overline{X}$ 与 S^2 独立知，$\overline{X}^2$ 与 S^2 也独立，于是

$$DT=D\overline{X}^2+\frac{1}{n^2}DS^2.$$

由于 $\overline{X}\sim N(0,\frac{1}{n})$，所以$\frac{\overline{X}^2}{1/n}\sim\chi^2(1)$，从而 $D\overline{X}^2=\frac{1}{n^2}D\left(\frac{\overline{X}^2}{1/n}\right)=\frac{2}{n^2}$.

由$(n-1)S^2\sim\chi(n-1)$ 知，

$$DS^2=\frac{1}{(n-1)^2}D[(n-1)S^2]=\frac{1}{(n-1)^2}\times 2(n-1)=\frac{2}{n-1},$$

故

$$DT=D\overline{X}^2+\frac{1}{n^2}DS^2=\frac{2}{n^2}+\frac{2}{n^2(n-1)}=\frac{2}{n(n-1)}.$$

方法总结：统计量也是随机变量，从而可求其数字特征，通常要综合利用统计推断中常见分布的典型模式、性质、特征数公式进行求解.

3. 抽样分布

例 5　假设 X_1，X_2，…，X_9 是来自总体 $X\sim N(0,2^2)$ 的简单随机样本，求系数 a，b，c，使得

$$Q=a(X_1+X_2)^2+b(X_3+X_4+X_5)^2+c(X_6+X_7+X_8+X_9)^2$$

服从 χ^2 分布，并求其自由度.

分析　利用 χ^2 分布的定义即得.

解　由于简单随机样本 X_1，X_2，…，X_9 独立同服从正态分布 $X\sim N(0,2^2)$，则 X_1+X_2，$X_3+X_4+X_5$，$X_6+X_7+X_8+X_9$ 相互独立，并且

$X_1+X_2\sim N(0,8)$，$X_3+X_4+X_5\sim N(0,12)$，$X_6+X_7+X_8+X_9\sim N(0,16)$，于是

$$\frac{X_1+X_2}{\sqrt{8}}\sim N(0,1),\quad \frac{X_3+X_4+X_5}{\sqrt{12}}\sim N(0,1),\quad \frac{X_6+X_7+X_8+X_9}{\sqrt{16}}\sim N(0,1),$$

则

$$Q=\frac{(X_1+X_2)^2}{8}+\frac{(X_3+X_4+X_5)^2}{12}+\frac{(X_6+X_7+X_8+X_9)^2}{16}$$

服从 χ^2 分布，其自由度为 3，即

$$a=\frac{1}{8},\ b=\frac{1}{12},\ c=\frac{1}{16}.$$

例 6 设随机变量 X 和 Y 相互独立且都服从正态分布 $N(0,\sigma^2)$，而 X_1，X_2，…，X_n 和 Y_1，Y_2，…，Y_n 分别是来自总体 X 和 Y 的简单随机样本，求统计量 $U=\dfrac{X_1+X_2+\cdots+X_n}{\sqrt{Y_1^2+Y_2^2+\cdots+Y_n^2}}$ 所服从的分布及分布的自由度.

分析 利用 t 分布的定义即得.

解 因为 $X_i\sim N(0,\sigma^2)$，$i=1,2,\cdots,n$，且 X_1，X_2，…，X_n 相互独立，所以

$$X_1+X_2+\cdots+X_n\sim N(0,n\sigma^2),$$

故

$$\frac{X_1+X_2+\cdots+X_n}{\sqrt{n}\sigma}\sim N(0,1).$$

因为 $Y_i\sim N(0,\sigma^2)$，则 $\dfrac{Y_i}{\sigma}\sim N(0,1)$，$i=1,2,\cdots,n$，由于 Y_1，Y_2，…，Y_n 相互独立，故

$$\left(\frac{Y_1}{\sigma}\right)^2+\left(\frac{Y_2}{\sigma}\right)^2+\cdots+\left(\frac{Y_n}{\sigma}\right)^2=\frac{Y_1^2+Y_2^2+\cdots+Y_n^2}{\sigma^2}\sim\chi^2(n).$$

因 $\dfrac{X_1+X_2+\cdots+X_n}{\sqrt{n}\sigma}$ 与 $\dfrac{Y_1^2+Y_2^2+\cdots+Y_n^2}{\sigma^2}$ 相互独立，故

$$U=\frac{X_1+X_2+\cdots+X_n}{\sqrt{Y_1^2+Y_2^2+\cdots+Y_n^2}}=\frac{\dfrac{X_1+X_2+\cdots+X_n}{\sqrt{n}\sigma}}{\sqrt{\dfrac{(Y_1^2+Y_2^2+\cdots+Y_n^2)/\sigma^2}{n}}}$$

服从 t 分布，自由度为 n.

例 7 设 $\overline{X}$ 和 S^2 分别为来自正态总体 $N(0,\sigma^2)$ 的样本均值和样本方差，样本容量为 n，则 $\dfrac{n\overline{X}^2}{S^2}$ 服从 ______ 分布.

分析 利用 F 分布的定义即得.

解 因 $\overline{X} \sim N(0, \frac{1}{n}\sigma^2)$，则 $\frac{\overline{X}}{\sigma/\sqrt{n}} \sim N(0, 1)$，所以 $\left(\frac{\overline{X}}{\sigma/\sqrt{n}}\right)^2 \sim \chi^2(1)$.

又 $\frac{(n-1)S^2}{\sigma^2} \sim \chi^2(n-1)$，且 $\overline{X}$ 与 S^2 相互独立，于是由 F 分布的定义知

$$\frac{n\overline{X}^2}{S^2} = \frac{\dfrac{\left(\dfrac{\overline{X}}{\sigma/\sqrt{n}}\right)^2}{1}}{\dfrac{(n-1)S^2/\sigma^2}{n-1}} \sim F(1, n-1).$$

方法总结： 利用 χ^2 分布、t 分布和 F 分布的定义和性质求解.

4. 正态总体下的抽样分布

例 8 设 $X_1, X_2, \cdots, X_{16}$ 是来自正态分布 $N(2, \sigma^2)$ 的简单随机样本，记 $\overline{X} = \frac{1}{16}\sum_{i=1}^{16} X_i$，则 $Y = \frac{4\overline{X}-8}{\sigma}$ 服从(　　).

(A)$t(15)$　(B)$t(16)$　(C)$\chi^2(15)$　(D)$N(0, 1)$

分析 利用正态总体下统计量 $\overline{X}$ 服从正态分布即得.

解 因 $\overline{X} \sim N(2, \frac{\sigma^2}{16})$，故

$$Y = \frac{4\overline{X}-8}{\sigma} = \frac{\overline{X}-2}{\dfrac{\sigma}{4}} \sim N(0, 1),$$

因此选择(D).

例 9 设总体 X 服从正态分布 $N(62, 100)$，为使样本均值大于 60 的概率不小于 0.95，问样本容量 n 至少应取多大？($\Phi(1.64) = 0.95$)

分析 利用正态总体下统计量 $\overline{X}$ 服从正态分布即得.

解 由 $X \sim N(62, 100)$，故 $\overline{X} \sim N\left(62, \frac{100}{n}\right)$，则

$$P\{\overline{X} > 60\} = 1 - \Phi\left(\frac{60-62}{\sqrt{\dfrac{100}{n}}}\right) = \Phi\left(\frac{\sqrt{n}}{5}\right) \geqslant 0.95,$$

于是 $\frac{\sqrt{n}}{5} \geqslant 1.64$，$n \geqslant 67.24$，即 n 至少取 68.

例 10 设 $X_1, X_2, \cdots, X_n$ 是来自总体 $X \sim N(0, 1)$ 的样本，$\overline{X}$ 和 S 分别为样本均值和标准差，则服从 $\chi^2(n-1)$ 分布的随机变量是(　　).

(A)$\sum_{i=1}^{n} X_i^2$　(B)S^2　(C)$n\overline{X}^2$　(D)$(n-1)S^2$

分析 利用正态总体下统计量 $\frac{(n-1)S^2}{\sigma^2} \sim \chi^2(n-1)$ 即得.

解　由于 $X_i \sim N(0,1)$，$i=1,2,\cdots,n$，且 $X_1,X_2,\cdots,X_n$ 相互独立，所以 $\sum_{i=1}^{n} X_i^2 \sim \chi^2(n)$，故(A) 不正确；由于 $\sigma^2=1$，所以 $\frac{(n-1)S^2}{\sigma^2}=(n-1)S^2 \sim \chi^2(n-1)$，故(D) 正确，而(B) 不正确；因为 $\overline{X} \sim N(0,\frac{1}{n})$，$\overline{X}/\sqrt{\frac{1}{n}}=\sqrt{n}\,\overline{X} \sim N(0,1)$，所以 $n\overline{X}^2 \sim \chi^2(1)$，故(C) 也不正确.

例 11　设 $X_1,X_2,\cdots,X_{n_1}$ 和 $Y_1,Y_2,\cdots,Y_{n_2}$ 分别是来自正态总体 $N(\mu_1,\sigma^2)$ 和 $N(\mu_2,\sigma^2)$ 的简单随机样本，且相互独立，记

$$\overline{X}=\frac{1}{n_1}\sum_{i=1}^{n_1} X_i,\ \overline{Y}=\frac{1}{n_2}\sum_{i=1}^{n_2} Y_i,$$

$$S_1^2=\frac{1}{n_1-1}\sum_{i=1}^{n_1}(X_i-\overline{X})^2,\ S_2^2=\frac{1}{n_2-1}\sum_{i=1}^{n_2}(Y_i-\overline{Y})^2,$$

$$S_w^2=\frac{(n_1-1)S_1^2+(n_2-1)S_2^2}{n_1+n_2-2},$$

求统计量 $S^2=\frac{(n_1+n_2-2)S_w^2}{\sigma^2}$ 所服从的分布.

分析　利用正态总体下统计量 $\frac{(n-1)S^2}{\sigma^2} \sim \chi^2(n-1)$ 及 χ^2 分布的可加性即得.

解　由 $\frac{(n_1-1)S_1^2}{\sigma^2} \sim \chi^2(n_1-1)$，$\frac{(n_2-1)S_2^2}{\sigma^2} \sim \chi^2(n_2-1)$，且 S_1^2 与 S_2^2 相互独立知，$\frac{(n_1-1)S_1^2}{\sigma^2}$ 与 $\frac{(n_2-1)S_2^2}{\sigma^2}$ 相互独立，故

$$S^2=\frac{(n_1+n_2-2)S_w^2}{\sigma^2}=\frac{(n_1-1)S_1^2}{\sigma^2}+\frac{(n_2-1)S_2^2}{\sigma^2} \sim \chi^2(n_1+n_2-2).$$

例 12　设 $X_1,X_2,\cdots,X_n$ 是来自正态总体 $N(\mu,\sigma^2)$ 的简单随机样本，$\overline{X}$ 是样本均值，记

$$S_1^2=\frac{1}{n-1}\sum_{i=1}^{n}(X_i-\overline{X})^2,\ S_2^2=\frac{1}{n}\sum_{i=1}^{n}(X_i-\overline{X})^2,$$

$$S_3^2=\frac{1}{n-1}\sum_{i=1}^{n}(X_i-\mu)^2,\ S_4^2=\frac{1}{n}\sum_{i=1}^{n}(X_i-\mu)^2,$$

则服从自由度为 $n-1$ 的 t 分布的随机变量是(　　).

(A) $\frac{\overline{X}-\mu}{S_1/\sqrt{n-1}}$　　(B) $\frac{\overline{X}-\mu}{S_2/\sqrt{n-1}}$

(C) $\frac{\overline{X}-\mu}{S_3/\sqrt{n}}$　　(D) $\frac{\overline{X}-\mu}{S_4/\sqrt{n}}$

分析　利用正态总体下统计量$\frac{\overline{X}-\mu}{S/\sqrt{n}}\sim t(n-1)$即得.

解　因为

$$\frac{\overline{X}-\mu}{S/\sqrt{n}}=\frac{\overline{X}-\mu}{\sqrt{\frac{1}{n(n-1)}\sum_{i=1}^{n}(X_i-\overline{X})^2}}=\frac{\overline{X}-\mu}{S_2/\sqrt{n-1}}\sim t(n-1),$$

故选择(B).

例 13　设 X_1，X_2，…，X_n 是来自正态总体 $N(\mu,\sigma^2)$ 的简单随机样本，记 $\overline{X}=\frac{1}{n}\sum_{i=1}^{n}X_i$，$S_n^2=\frac{1}{n}\sum_{i=1}^{n}(X_i-\overline{X})^2$，则$\frac{\sqrt{n-1}(\overline{X}-\mu)}{S_n}$服从什么分布？

分析　利用正态总体下统计量$\frac{\overline{X}-\mu}{S/\sqrt{n}}\sim t(n-1)$即得.

解　因为$\frac{\sqrt{n-1}(\overline{X}-\mu)}{S_n}=\frac{\overline{X}-\mu}{S/\sqrt{n}}$，故$\frac{\sqrt{n-1}(\overline{X}-\mu)}{S_n}\sim t(n-1)$.

例 14　设 X_1，X_2，…，X_8 和 Y_1，Y_2，…，Y_{10} 分别是来自总体 $N(-1,4)$ 和 $N(2,5)$ 的样本，且相互独立，S_1^2 和 S_2^2 分别是两个样本的样本方差，则服从 $F(7,9)$ 的统计量是(　　).

(A) $\frac{2S_1^2}{5S_2^2}$　　(B) $\frac{5S_1^2}{4S_2^2}$　　(C) $\frac{4S_1^2}{5S_2^2}$　　(D) $\frac{5S_1^2}{2S_2^2}$

分析　利用正态总体下统计量$\frac{S_1^2/\sigma_1^2}{S_2^2/\sigma_2^2}\sim F(n_1-1,n_2-1)$即得.

解　由$\frac{S_1^2/\sigma_1^2}{S_2^2/\sigma_2^2}\sim F(n_1-1,n_2-1)=F(7,9)$，代入$\sigma_1^2$和$\sigma_2^2$，即得$\frac{5S_1^2}{4S_2^2}\sim F(7,9)$，故选择(B).

方法总结：利用正态总体下常用统计量的分布及 χ^2 分布、t 分布和 F 分布的性质求解.

三、教材练习题详解

习题五(A)

1. 设 X_1，X_2，…，X_n 是来自 0－1 分布总体 X 的样本，X 的分布为

$$P\{X=1\}=p,\ P\{X=0\}=q(q=1-p,\ 0<p<1),$$

求样本的分布律.

解　由 $P\{X=x_i\}=p^{x_i}q^{1-x_i}$，$x_i$ 取 0 或 1，$i=1,2,\cdots,n$，可知

$$P\{X_1=x_1,X_2=x_2,\cdots,X_n=x_n\}$$

$$=\prod_{i=1}^{n}P\{X_i=x_i\}=\prod_{i=1}^{n}p^{x_i}q^{1-x_i}=p^{\sum_{i=1}^{n}x_i}q^{n-\sum_{i=1}^{n}x_i}.$$

2. 设 X_1，X_2，…，X_6 是来自$(0, \theta)$内均匀分布的样本，$\theta > 0$ 未知.

(1) 写出样本的密度函数.

(2) 指出下列样本函数中哪些是统计量，哪些不是，为什么？

$$T_1 = \frac{X_1 + X_2 + \cdots + X_6}{6},\ T_2 = X_6 - \theta,\ T_3 = X_6 - EX_1,$$

$$T_4 = \max(X_1, \cdots, X_6).$$

(3) 设样本的一组观察值是：0.5，1，0.7，0.6，1.1，写出样本均值，样本方差和标准差.

解 (1) 由 $X_i \sim U(0, \theta)$ 知，X_i 的密度函数为

$$f(x_i) = \begin{cases} \frac{1}{\theta}, & 0 < x_i < \theta, \\ 0, & \text{其他}, \end{cases}$$

故样本 X_1，X_2，…，X_6 的密度函数为

$$f(x_1, x_2, \cdots, x_6) = \prod_{i=1}^{6} f(x_i) = \begin{cases} \frac{1}{\theta^6}, & 0 < x_1, x_2, \cdots, x_6 < \theta, \\ 0, & \text{其他}. \end{cases}$$

(2) 由于 T_2 与 T_3 中含有未知参数 θ，所以 T_2 和 T_3 不是统计量，T_1 与 T_4 是统计量.

(3) 由题意知

$$\overline{x} = \frac{1}{6}(0.5 + 1 + 0.7 + 0.6 + 1 + 1) = 0.8,$$

$$s^2 = \frac{1}{6-1}\sum_{i=1}^{6}(x_i - \overline{x})^2 = \frac{1}{5}\left(\sum_{i=1}^{6} x_i^2 - 6\overline{x}^2\right)$$

$$= \frac{1}{5}(0.5^2 + 1^2 + 0.7^2 + 0.6^2 + 1^2 + 1^2 - 6 \times 0.8^2) = 0.052,$$

$$s = \sqrt{0.052} \approx 0.228.$$

3. 用附表 4 求下列各式中的 λ 值：

(1) $P\{\chi^2(9) > \lambda\} = 0.95$；

(2) $P\{\chi^2(9) < \lambda\} = 0.01$；

(3) $P\{\chi^2(15) > \lambda\} = 0.025$；

(4) $P\{\chi^2(15) < \lambda\} = 0.025$.

解 (1) 查表得 $\lambda = \chi^2_{0.95}(9) = 3.325$；

(2) 由 $P\{\chi^2(9) \geqslant \lambda\} = 1 - 0.01 = 0.99$，查表可得 $\lambda = \chi^2_{0.99}(9) = 2.088$；

(3) 查表得 $\lambda = \chi^2_{0.025}(15) = 27.488$；

(4) 由 $P\{\chi^2(15) \geqslant \lambda\} = 1 - 0.025 = 0.975$，查表可得 $\lambda = \chi^2_{0.975}(15) = 6.262$.

4. 设 X_1，X_2，…，X_n 是来自正态总体 $N(0,\sigma^2)$ 的样本，试证：

(1) $\frac{1}{\sigma^2}\sum_{i=1}^{n}X_i^2 \sim \chi^2(n)$；

(2) $\frac{1}{n\sigma^2}(\sum_{i=1}^{n}X_i)^2 \sim \chi^2(1)$.

证明　(1) 因 $\frac{X_i}{\sigma}(i=1,2,\cdots,n)$ 独立同服从正态分布 $N(0,1)$，由 χ^2 分布的定义，有

$$\sum_{i=1}^{n}\left(\frac{X_i}{\sigma}\right)^2=\frac{1}{\sigma^2}\sum_{i=1}^{n}X_i^2 \sim \chi^2(n).$$

(2) 因 $\sum_{i=1}^{n}X_i \sim N(0,n\sigma^2)$，则 $\frac{\sum_{i=1}^{n}X_i}{\sqrt{n\sigma^2}} \sim N(0,1)$，由 χ^2 分布的定义知

$$\left(\frac{\sum_{i=1}^{n}X_i}{\sqrt{n\sigma^2}}\right)^2 \sim \chi^2(1),$$

即 $\frac{1}{n\sigma^2}(\sum_{i=1}^{n}X_i)^2 \sim \chi^2(1)$.

5. 设 X_1，X_2，X_3，X_4 是取自正态总体 $X \sim N(0,2^2)$ 的简单随机样本，且 $Y=a(X_1-2X_2)^2+b(3X_3-4X_4)^2$，则 a，b 分别为何值时，统计量 Y 服从 χ^2 分布？其自由度是多少？

解　由题意知

$$X_1-2X_2 \sim N(0,20),\ 3X_3-4X_4 \sim N(0,100),$$

且相互独立，从而

$$\frac{X_1-2X_2}{\sqrt{20}} \sim N(0,1),\ \frac{3X_3-4X_4}{\sqrt{100}} \sim N(0,1),$$

且相互独立，由 χ^2 分布的定义知

$$\frac{(X_1-2X_2)^2}{20}+\frac{(3X_3-4X_4)^2}{100} \sim \chi^2(2),$$

与 $Y=a(X_1-2X_2)^2+b(3X_3-4X_4)^2$ 比较可得，$a=\frac{1}{20}$，$b=\frac{1}{100}$ 时，$Y \sim \chi^2(2)$，自由度 $n=2$.

6. 用附表 5 求下列各式中的 λ 值：

(1) $P\{t(10)>\lambda\}=0.05$；

(2) $P\{t(10)<\lambda\}=0.01$；

(3) $P\{|t(10)|>\lambda\}=0.05$；

(4)$P\{|t(10)|<\lambda\}=0.90$；

(5)$P\{t(150)>\lambda\}=0.025$.

解 (1) 查表得 $\lambda=t_{0.05}(10)=1.812$；

(2)$P\{t(10)\geqslant\lambda\}=P\{t(10)\leqslant-\lambda\}=1-0.01=0.99$，故 $P\{t(10)>-\lambda\}=0.01$，查表可得 $-\lambda=t_{0.01}(10)=2.764$，$\lambda=-2.764$；

(3) 由 $P\{t(10)>\lambda\}=P\{t(10)<-\lambda\}=0.025$，查表得 $\lambda=t_{0.025}(10)=2.228$；

(4) 由 $P\{|t(10)|\geqslant\lambda\}=0.1$，则 $P\{t(10)\geqslant\lambda\}=P\{t(10)\leqslant-\lambda\}=0.05$，查表得 $\lambda=t_{0.05}(10)=1.812$；

(5) 查表得 $\lambda=t_{0.025}(150)\approx u_{0.025}=1.96$.

7. 用附表 6 求下列各式中的 λ 值：

(1)$P\{F(8,9)>\lambda\}=0.05$；

(2)$P\{F(8,9)<\lambda\}=0.05$；

(3)$P\{F(10,15)>\lambda\}=0.95$；

(4)$P\{F(10,15)<\lambda\}=0.90$.

解 (1) 查表得 $\lambda=F_{0.05}(8,9)=3.23$；

(2)$P\{\frac{1}{F(8,9)}>\frac{1}{\lambda}\}=P\{F(9,8)>\frac{1}{\lambda}\}=0.05$，查表得 $\frac{1}{\lambda}=F_{0.05}(9,8)=3.39$，$\lambda=\frac{100}{339}$；

(3)$P\{\frac{1}{F(10,15)}<\frac{1}{\lambda}\}=0.95$，$P\{F(15,10)\geqslant\frac{1}{\lambda}\}=0.05$ 查表得 $\frac{1}{\lambda}=F_{0.05}(15,10)=2.85$，$\lambda=\frac{20}{57}$；

(4)$P\{F(10,15)\geqslant\lambda\}=0.1$，查表得 $\lambda=F_{0.1}(10,15)=2.06$.

8. 设总体 $X\sim N(0,4)$，而 X_1，X_2，…，X_{15} 为取自该总体的样本，则随机变量 $Y=\frac{X_1^2+X_2^2+\cdots+X_{10}^2}{2(X_{11}^2+X_{12}^2+\cdots+X_{15}^2)}$ 服从什么分布？参数是多少？

解 因为 $\frac{X_i}{2}\sim N(0,1)$，$i=1,2,\cdots,15$，而 X_1，X_2，…，X_{15} 独立，故

$$\frac{X_1^2+X_2^2+\cdots+X_{10}^2}{4}\sim\chi^2(10),\quad \frac{X_{11}^2+X_{12}^2+\cdots+X_{15}^2}{4}\sim\chi^2(5),$$

所以

$$\frac{\frac{X_1^2+X_2^2+\cdots+X_{10}^2}{4}/10}{\frac{X_{11}^2+X_{12}^2+\cdots+X_{15}^2}{4}/5}=\frac{X_1^2+X_2^2+\cdots+X_{10}^2}{2(X_{11}^2+X_{12}^2+\cdots+X_{15}^2)}=Y\sim F(10,5).$$

9. 设总体 $X \sim N(12, 4)$，$X_1, X_2, \cdots, X_5$ 是来自 X 的容量为5的样本，求样本均值与总体均值之差的绝对值大于1的概率.

解　由题意 $\overline{X} \sim N(12, \frac{4}{5})$，故

$$P\{|\overline{X}-12|>1\}=P\left\{\left|\frac{\overline{X}-12}{\sqrt{\frac{4}{5}}}\right|>\frac{1}{\sqrt{\frac{4}{5}}}\right\}=1-P\left\{\left|\frac{\overline{X}-12}{\sqrt{\frac{4}{5}}}\right|\leqslant\sqrt{\frac{5}{4}}\right\}$$

$$=2-2\Phi\left(\sqrt{\frac{5}{4}}\right)=0.2628.$$

10. 设 $X_1, X_2, \cdots, X_n$ 是来自 $N(\mu, 16)$ 的样本，问 n 多大时才能使得 $P\{|\overline{X}-\mu|<1\}\geqslant 0.95$ 成立?

解　样本均值 $\overline{X} \sim N(\mu, \frac{16}{n})$，因而

$$P\{|\overline{X}-\mu|<1\}=P\left\{\left|\frac{\overline{X}-\mu}{\sqrt{16/n}}\right|<\frac{1}{\sqrt{16/n}}\right\}=2\Phi\left(\frac{\sqrt{n}}{4}\right)-1\geqslant 0.95,$$

所以 $\Phi(\frac{\sqrt{n}}{4})\geqslant 0.975$，$\frac{\sqrt{n}}{4}\geqslant 1.96$，$n\geqslant 61.47$，即 n 至少为62时，上述不等式成立.

11. 设在总体 $N(\mu, \sigma^2)$ 中抽取一容量为16的样本，这里 μ，σ^2 均为未知，求 $P\{\frac{S^2}{\sigma^2}\leqslant 2.041\}$，其中 S^2 为样本方差.

解　由 $\frac{(n-1)S^2}{\sigma^2}\sim\chi^2(n-1)$，得

$$P\left\{\frac{S^2}{\sigma^2}\leqslant 2.041\right\}=P\left\{\frac{15S^2}{\sigma^2}\leqslant 2.041\times 15\right\}=1-P\left\{\frac{15S^2}{\sigma^2}>30.615\right\}=1-0.01=0.99.$$

12. 从总体 $X\sim N(\mu, \sigma^2)$ 中抽取容量为16的样本. 在下列情形下分别求 $\overline{X}$ 与 μ 之差的绝对值小于2的概率：

(1) 已知 $\sigma^2=25$；(2) σ^2 未知，但 $s^2=20.8$.

解　(1) 由 $\sigma=5$，$U=\frac{\overline{X}-\mu}{\sigma/\sqrt{n}}\sim N(0, 1)$，得

$$P\{|\overline{X}-\mu|<2\}=P\left\{\left|\frac{\overline{X}-\mu}{\sigma/\sqrt{n}}\right|<\frac{8}{5}\right\}=2\Phi(1.6)-1=0.8904.$$

(2) 由 $T=\frac{\overline{X}-\mu}{S/\sqrt{n}}\sim t(n-1)$，得

$$P\{|\overline{X}-\mu|<2\}=P\left\{\left|\frac{\overline{X}-\mu}{S/\sqrt{n}}\right|<\frac{8}{\sqrt{20.8}}\right\}$$

$$=P\{|T|<1.75\}=1-P\{|T|\geqslant 1.75\}$$
$$=1-2\times P\{T\geqslant 1.75\}$$
$$=1-2\times 0.05=0.9.$$

13. 设总体 X 和 Y 相互独立且都服从正态分布 $N(30,3^2)$，X_1，X_2，…，X_{20} 和 Y_1，Y_2，…，Y_{25} 分别为来自总体 X 和 Y 的样本，$\overline{X}$，$\overline{Y}$ 分别是这两个样本的均值，求 $P\{|\overline{X}-\overline{Y}|>0.4$.

解 由 $\overline{X}\sim N(30,\frac{3^2}{20})$，$\overline{Y}\sim N(30,\frac{3^2}{25})$ 且相互独立，故 $\overline{X}-\overline{Y}\sim N(0,\frac{3^2}{20}+\frac{3^2}{25})$，所以有

$$P\{|\overline{X}-\overline{Y}|>0.4\}=1-P\{|\overline{X}-\overline{Y}|\leqslant 0.4\}$$
$$=1-P\left\{\left|\frac{\overline{X}-\overline{Y}}{\sqrt{3^2/20+3^2/25}}\right|\leqslant\frac{0.4}{\sqrt{3^2/20+3^3/25}}\right\}$$
$$=2-2\Phi\left(\frac{4}{9}\right)=0.66.$$

习题五(B)

1. 设总体 $X\sim B(1,p)$，X_1，X_2，…，X_n 是来自 X 的样本，求 $E\overline{X}$，$D\overline{X}$，ES^2.

解 由 $X_i\sim B(1,p)$，X_1，X_2，…，X_n 相互独立，有

$$EX_i=p,\ DX_i=p(1-p),\ i=1,2,\cdots,n,$$
$$E\overline{X}=E(\frac{1}{n}\sum_{i=1}^{n}X_i)=\frac{1}{n}\sum_{i=1}^{n}EX_i=p,$$
$$D\overline{X}=D(\frac{1}{n}\sum_{i=1}^{n}X_i)=\frac{1}{n^2}\sum_{i=1}^{n}DX_i=\frac{p(1-p)}{n},$$
$$ES^2=E\left[\frac{1}{n-1}\left(\sum_{i=1}^{n}X_i{}^2-n\overline{X}^2\right)\right]$$
$$=\frac{1}{n-1}\left(\sum_{i=1}^{n}EX_i{}^2-nE\overline{X}^2\right)$$
$$=\frac{1}{n-1}\sum_{i=1}^{n}[DX_i+(EX_i)^2]-\frac{1}{n-1}[D\overline{X}+(E\overline{X})^2]$$
$$=\frac{1}{n-1}\sum_{i=1}^{n}[p(1-p)+p^2]-\frac{n}{n-1}\left[\frac{p(1-p)}{n}+p^2\right]$$
$$=\frac{n}{n-1}\left\{[p(1-p)+p^2]-\left[\frac{p(1-p)}{n}+p^2\right]\right\}$$
$$=p(1-p).$$

2. 设 X_1，X_2，…，X_5 是独立且服从相同分布的随机变量，且每一个 $X_i(i=1,2,\cdots,5)$ 都服从 $N(0,1)$.

(1) 试给出常数 c，使得 $c(X_1^2+X_2^2)$ 服从 χ^2 分布，并指出它的自由度；

(2) 试给出常数 d，使得 $d\dfrac{X_1+X_2}{\sqrt{X_3^2+X_4^2+X_5^2}}$ 服从 t 分布，并指出它的自由度；

(3) 试给出常数 k，使得 $k\dfrac{X_1^2+X_2^2}{X_3^2+X_4^2+X_5^2}$ 服从 F 分布，并指出它的自由度.

解　(1) 由于 $X_1^2+X_2^2\sim\chi^2(2)$，故 $c=1$，自由度为 2.

(2) 由于 $X_1+X_2\sim N(0,\ 2)$，则 $\dfrac{X_1+X_2}{\sqrt{2}}\sim N(0,\ 1)$. 又 $X_3^2+X_4^2+X_5^2\sim\chi^2(3)$，$\dfrac{X_1+X_2}{\sqrt{2}}$ 与 $X_3^2+X_4^2+X_5^2$ 相互独立，则

$$\frac{(X_1+X_2)/\sqrt{2}}{\sqrt{(X_3^2+X_4^2+X_5^2)/3}}\sim t(3),$$

即

$$\frac{\sqrt{6}(X_1+X_2)}{2\sqrt{X_3^2+X_4^2+X_5^2}}\sim t(3),$$

即 $d=\dfrac{\sqrt{6}}{2}$，自由度为 3.

(3) 由于 $X_1^2+X_2^2\sim\chi^2(2)$，$X_3^2+X_4^2+X_5^2\sim\chi^2(3)$，且 $X_1^2+X_2^2$ 与 $X_3^2+X_4^2+X_5^2$ 相互独立，则

$$\frac{(X_1^2+X_2^2)/2}{(X_3^2+X_4^2+X_5^2)/3}\sim F(2,\ 3),$$

即

$$\frac{3(X_1^2+X_2^2)}{2(X_3^2+X_4^2+X_5^2)}\sim F(2,\ 3),$$

即 $k=\dfrac{3}{2}$，分子自由度 $n_1=2$，分母自由度 $n_2=3$.

3. 设总体 $X\sim N(\mu,\ \sigma^2)$，假如要以 0.9606 的概率保证偏差 $|\overline{X}-\mu|<0.1$，试问：当 $\sigma^2=0.25$ 时，样本容量 n 应取多大?

解　由题意知 $P\{|\overline{X}-\mu|<0.1\}=0.9606$，即

$$P\{|\overline{X}-\mu|<0.1\}=P\left\{\left|\frac{\overline{X}-\mu}{\sqrt{0.25/n}}\right|<\frac{0.1}{\sqrt{0.25/n}}\right\}=2\Phi\left(\frac{0.1\sqrt{n}}{\sqrt{0.25}}\right)-1=0.9606,$$

由此得 $\Phi\left(\dfrac{0.1\sqrt{n}}{\sqrt{0.25}}\right)=0.9803$，$\dfrac{0.1\sqrt{n}}{\sqrt{0.25}}=2.06$，$n\approx106$.

4. 设总体 $X\sim N(\mu,\ 16)$，X_1，X_2，…，X_{10} 为取自该总体的样本，S^2 是样本方差，已知 $P\{S^2>a\}=0.1$，求常数 a.

解 因为$\frac{(n-1)S^2}{\sigma^2} \sim \chi^2(n-1)$，$n=10$，$\sigma=4$，所以

$$P\{S^2>a\}=P\left\{\frac{9S^2}{16}>\frac{9a}{16}\right\}=0.1,$$

查自由度为 9 的 χ^2 分布表得，$\frac{9a}{16}=\chi^2_{0.1}(9)=14.684$，所以 $a \approx 26.105$.

5. 设 X_1，X_2，…，X_9 是取自正态总体 $X \sim N(\mu, \sigma^2)$ 的样本，且

$$Y_1=\frac{1}{6}(X_1+X_2+\cdots+X_6),\quad Y_2=\frac{1}{3}(X_7+X_8+X_9),\quad S^2=\frac{1}{2}\sum_{i=7}^{9}(X_i-Y_2)^2,$$

求证：$Z=\frac{\sqrt{2}(Y_1-Y_2)}{S} \sim t(2)$.

证明 由于

$$Y_1=\frac{1}{6}(X_1+X_2+\cdots+X_6) \sim N\left(\mu, \frac{\sigma^2}{6}\right),$$

$$Y_2=\frac{1}{3}(X_7+X_8+X_9) \sim N\left(\mu, \frac{\sigma^2}{3}\right),$$

且 Y_1 和 Y_2 独立，故 $Y_1-Y_2 \sim N\left(0, \frac{\sigma^2}{2}\right)$，又

$$\frac{2S^2}{\sigma^2}=\frac{\sum_{i=7}^{9}(X_i-Y_2)^2}{\sigma^2} \sim \chi^2(2),$$

Y_1-Y_2 与$\frac{2S^2}{\sigma^2}$独立，从而

$$\frac{(Y_1-Y_2)\Big/\frac{\sigma}{\sqrt{2}}}{\sqrt{\frac{2S^2}{\sigma^2}\Big/2}}=\frac{\sqrt{2}(Y_1-Y_2)}{S}=Z \sim t(2).$$

6. 设总体 X 服从正态分布 $N(\mu, \sigma^2)$，从中抽取一个样本 X_1，X_2，…，X_n，X_{n+1}，记 $\overline{X}_n=\frac{1}{n}\sum_{i=1}^{n}X_i$，$S_n^2=\frac{1}{n-1}\sum_{i=1}^{n}(X_i-\overline{X}_n)^2$. 试证：$\sqrt{\frac{n}{n+1}} \cdot \frac{X_{n+1}-\overline{X}_n}{S_n} \sim t(n-1)$.

证明 将统计量改写成下列形式

$$\sqrt{\frac{n}{n+1}} \cdot \frac{X_{n+1}-\overline{X}_n}{S_n}=\frac{(X_{n+1}-\overline{X}_n)\Big/\left(\sigma\sqrt{1+\frac{1}{n}}\right)}{\sqrt{\frac{(n-1)S_n^2}{\sigma^2}\Big/(n-1)}}.$$

由于 X_{n+1} 与 $X_i (i=1, 2, \cdots, n)$ 相互独立，

$$\overline{X}_n=\frac{1}{n}\sum_{i=1}^{n}X_i \sim N\left(\mu, \frac{\sigma^2}{n}\right),\quad X_{n+1} \sim N(\mu, \sigma^2),$$

所以

$$X_{n+1}-\overline{X}_n \sim N\left(0,\ \left(1+\frac{1}{n}\right)\sigma^2\right),$$

从而

$$(X_{n+1}-\overline{X}_n)\Big/\left(\sigma\sqrt{1+\frac{1}{n}}\right) \sim N(0,\ 1).$$

注意到$\overline{X}_n$与S_n^2相互独立，X_{n+1}也与S_n^2相互独立，且

$$\frac{(n-1)S_n^2}{\sigma^2} \sim \chi^2(n-1),$$

故

$$\sqrt{\frac{n}{n+1}}\cdot\frac{X_{n+1}-\overline{X}_n}{S_n}=\frac{(X_{n+1}-\overline{X}_n)\Big/\left(\sigma\sqrt{1+\frac{1}{n}}\right)}{\sqrt{\frac{(n-1)S_n^2}{\sigma^2}\Big/(n-1)}} \sim t(n-1).$$

7. 设$\overline{X}$和$\overline{Y}$是来自正态总体$N(\mu,\ \sigma^2)$的容量为n的两个样本的均值. 试确定n，使得两个样本均值之差超过σ的概率小于0.05.

解 由题意$\overline{X} \sim N\left(\mu,\ \frac{\sigma^2}{n}\right)$，$\overline{Y} \sim N\left(\mu,\ \frac{\sigma^2}{n}\right)$，且$\overline{X}$和$\overline{Y}$相互独立，故有

$$\overline{X}-\overline{Y} \sim N\left(0,\ \frac{2\sigma^2}{n}\right),$$

从而

$$\frac{\overline{X}-\overline{Y}}{\sqrt{2\sigma^2/n}} \sim N(0,\ 1),$$

$$P\{|\overline{X}-\overline{Y}|>\sigma\}=P\left\{\left|\frac{\overline{X}-\overline{Y}}{\sqrt{2\sigma^2/n}}\right|>\sqrt{\frac{n}{2}}\right\}=2-2\Phi\left(\sqrt{\frac{n}{2}}\right)<0.05,$$

故$\Phi\left(\sqrt{\frac{n}{2}}\right)>0.975$，查正态分布表得$\sqrt{\frac{n}{2}}>1.96$，所以$n>7.68$，即取$n=8$.

8. 设$X_1,\ X_2,\ \cdots,\ X_n$和$Y_1,\ Y_2,\ \cdots,\ Y_n$分别为取自正态总体$X \sim N(\mu_1,\ \sigma^2)$和$Y \sim N(\mu_2,\ \sigma^2)$且相互独立的样本，则统计量$\frac{(n-1)(S_1^2+S_2^2)}{\sigma^2}$服从什么分布？

解 由$\frac{(n-1)S_1^2}{\sigma^2} \sim \chi^2(n-1)$，$\frac{(n-1)S_2^2}{\sigma^2} \sim \chi^2(n-1)$，由$\chi^2$分布的可加性，得

$$\frac{(n-1)(S_1^2+S_2^2)}{\sigma^2} \sim \chi^2(2n-2).$$

四、自测题及答案

（一）自测题

一、填空题(本大题共 4 小题，每小题 5 分，共 20 分)

1. 设 X_1，X_2，…，X_9 是来自总体 $X \sim N(0, \sigma^2)$ 的样本，则 $Y=\frac{1}{6}(X_1+\cdots+X_5)-\frac{1}{4}(X_6+\cdots+X_9)$ 的分布为______.

2. 设总体 $X \sim N(0, \sigma^2)$，X_1，X_2，…，X_6 是来自总体 X 的样本，令 $Y=(X_1+X_2+X_3)^2+(X_4+X_5+X_6)^2$，则当 $C=$______时，CY 服从 χ^2 分布，自由度为______.

3. 设 X_1，X_2，X_3，X_4 是来自总体 $X \sim N(\mu, \sigma^2)$ 的样本，则 $Y=\frac{X_3-X_4}{\sqrt{\sum_{i=1}^{2}(X_i-\mu)^2}}$ 的分布为______，自由度为______.

4. 设 X_1，X_2，X_3，X_4 是来自总体 $X \sim N(0, \sigma^2)$ 的样本，统计量 $Y=\frac{(X_1+X_2)^2}{(X_3-X_4)^2}$ 的分布为______，自由度为______.

二、选择题(本大题共 4 小题，每小题 5 分，共 20 分)

1. 设 X_1，X_2，…，X_{16} 是来自总体 $X \sim N(1, \sigma^2)$ 的样本，$\overline{X}$ 为样本均值，已知 $Y=a\overline{X}+b \sim N(0, 1)$，则有(　　).

(A) $a=\frac{4}{\sigma}$，$b=\frac{4}{\sigma}$　　(B) $a=\sigma$，$b=-\sigma$

(C) $a=-\frac{4}{\sigma}$，$b=\frac{4}{\sigma}$　　(D) $a=\sigma$，$b=\sigma$

2. 设随机变量 X 和 Y 都服从标准正态分布，则(　　).

(A) $X+Y$ 服从正态分布　　(B) X^2+Y^2 服从 χ^2 分布

(C) X^2 和 Y^2 都服从 χ^2 分布　　(D) X^2/Y^2 服从 F 分布

3. 设 X 服从正态分布，$EX=-1$，$EX^2=4$，$\overline{X}=\frac{1}{n}\sum_{i=1}^{n}X_i$，其中 X_1，X_2，…，X_n 是来自总体 X 的样本，则 $\overline{X}$ 服从的分布为(　　).

(A) $N(-1, \frac{3}{n})$　　(B) $N(-1, \frac{4}{n})$

(C) $N(-\frac{1}{n}, 4)$　　(D) $N(-\frac{1}{n}, \frac{3}{n})$

4. 设总体 X 服从 $N(0, \sigma^2)$，$X_1, X_2, \cdots, X_n$ 是来自总体 X 的简单随机样本，记 $\overline{X}=\frac{1}{n}\sum_{i=1}^{n}X_i$，$S^2=\frac{1}{n-1}\sum_{i=1}^{n}(X_i-\overline{X})^2$，则服从自由度为 $n-1$ 的 t 分布的随机变量是(　　).

(A) $\frac{\sqrt{n}\,\overline{X}}{S}$　　(B) $\frac{n\,\overline{X}}{S}$；

(C) $\frac{\sqrt{n}\,\overline{X}}{S^2}$　　(D) $\frac{n\,\overline{X}}{S^2}$

三、计算题(本大题共 6 小题，每小题 10 分，共 60 分)

1. 设 $X_1, X_2, \cdots, X_6$ 是来自正态总体 $X\sim N(10, 3^2)$ 的一个样本.

(1) 写出样本均值 $\overline{X}$ 的概率密度函数；

(2) 计算概率 $P\{\overline{X}>11\}$. $(\Phi(0.816)=0.793)$

2. 设总体 X 服从正态分布 $N(\mu, \sigma^2)$，从该总体中抽取简单随机样本 $X_1, X_2, \cdots, X_{2n}(n\geqslant 2)$，其样本均值 $\overline{X}=\frac{1}{2n}\sum_{i=1}^{2n}X_i$，求统计量 $Y=\sum_{i=1}^{n}(X_i+X_{n+i}-2\overline{X})^2$ 的数学期望.

3. 设 X 与 Y 相互独立，$X\sim N(4, 15)$，$Y\sim\chi^2(5)$，求 $P\{X-4>3.5\sqrt{Y}\}$. $(t_{0.05}(5)=2.02)$

4. 设 $X_1, X_2, \cdots, X_{2n}$ 是来自正态总体 $N(0, \sigma^2)$ 的样本，求统计量

$$Y=\frac{X_1^2+X_3^2+\cdots+X_{2n-1}^2}{X_2^2+X_4^2+\cdots+X_{2n}^2}$$

的分布.

5. 从正态总体 $N(3.4, 6^2)$ 中抽取容量为 n 的样本，如果要求其样本均值位于区间(1.4, 5.4)内的概率不小于 0.95，问样本容量 n 至少应取多大？$(\Phi(1.96)=0.975)$

6. 设 $X_1, X_2, \cdots, X_n$ 是来自正态总体 $N(\mu, \sigma^2)$ 的一个样本，S^2 为样本方差，求满足不等式

$$P\left\{\frac{S^2}{\sigma^2}\leqslant 1.5\right\}\geqslant 0.95$$

的最小 n 值.

(二) 答案

一、1. $N(0, \frac{9}{20}\sigma^2)$.

2. $\frac{1}{3\sigma^2}$，2.

3. t 分布，2.

4. F 分布，1，1.

二、1. C

2. C

3. A

4. A

三、1. (1)$f(x)=\frac{1}{\sqrt{3\pi}}e^{-\frac{(x-10)^2}{3}}$；(2)0.207.

2. $2(n-1)\sigma^2$，$8(n-1)\sigma^4$；提示：记 $Y_i=X_i+X_{n+i}$，$i=1,2,\cdots,n$，则 $Y_i\sim N(2\mu,2\sigma^2)$，且 Y_1，Y_2，…，Y_n 相互独立，有

$$\overline{Y}=\frac{1}{n}\sum_{i=1}^{n}Y_i=\frac{1}{n}\sum_{i=1}^{n}(X_i+X_{n+i})=2\frac{1}{2n}\sum_{i=1}^{2n}X_i=2\overline{X},$$

所以

$$\frac{\sum_{i=1}^{n}(Y_i-\overline{Y})^2}{2\sigma^2}\sim\chi^2(n-1),$$

由 $\chi^2(n)$ 的数学期望和方差分别为 n 和 $2n$ 可得.

3. 0.05.

4. $F(n,n)$.

5. 35.

6. 27.

第六章　参数估计

一、教学基本要求与内容提要

(一) 教学基本要求

1. 理解参数的点估计、估计量与估计值的概念；

2. 掌握矩估计法和最大似然估计法，能熟练运用矩估计法和最大似然估计法对总体中未知参数进行估计；

3. 了解判别估计量优劣的无偏性、有效性和相合性(一致性)的概念，会验证估计量的无偏性；

4. 理解区间估计的概念，掌握单个正态总体均值和方差的区间估计，掌握两个正态总体均值差和方差比的区间估计.

(二) 内容提要

1. 点估计

(1) 概念

设 X_1，X_2，…，X_n 是来自总体 X 的一个样本，x_1，x_2，…，x_n 是相应的样本值，θ 是总体分布中包含的未知参数.

点估计就是用样本构造一个统计量 $\hat{\theta}=\hat{\theta}(X_1, X_2, \cdots, X_n)$，然后用其观测值 $\hat{\theta}(x_1, x_2, \cdots, x_n)$ 来估计未知参数 θ 的值. 上述 $\hat{\theta}(X_1, X_2, \cdots, X_n)$ 称为 θ 的**点估计量**，$\hat{\theta}(x_1, x_2, \cdots, x_n)$ 称为 θ 的**点估计值**.

(2) 矩估计法

用样本矩代替相应的总体矩，样本矩的函数代替总体矩的同一函数，求得未知参数的点估计量的方法称为**矩估计法**.

利用矩估计法，估计总体 X 的分布中的 k 个未知参数 θ_1，θ_2，…，θ_k 的具体步骤：

① 求出总体 X 的前 k 阶矩(不妨设原点矩)

$$\nu_i = g_i(\theta_1, \theta_2, \cdots, \theta_k), \ i=1, 2, \cdots, k.$$

② 解上面方程(组)得 $\theta_i = h_i(\nu_1, \nu_2, \cdots, \nu_k)$，$i=1, 2, \cdots, k$.

③ 用同阶的样本原点矩 A_i 代替 ν_i 得 θ_i 的矩估计量

$$\hat{\theta}_i = h_i(A_1, A_2, \cdots, A_k), \ i=1, 2, \cdots, k.$$

④ 将样本值代入样本矩中可得矩估计值.

(3) 最大似然估计法

若总体 X 为离散型的，其概率分布为 $P\{X=x\}=p(x, \theta_1, \cdots, \theta_k)$，其中 θ_1，θ_2，…，θ_k 是未知参数，称 $L(\theta_1, \theta_2, \cdots, \theta_k)=\prod\limits_{i=1}^{n} p(x_i, \theta_1, \cdots, \theta_k)$ 为**似然函数**. 若总体 X 为连续型的，其概率密度为 $f(x, \theta_1, \cdots, \theta_k)$，称 $L(\theta_1, \theta_2, \cdots, \theta_k)=\prod\limits_{i=1}^{n} f(x_i, \theta_1, \cdots, \theta_k)$ 为**似然函数**.

最大似然估计法就是用使似然函数 $L(\theta_1, \theta_2, \cdots, \theta_k)$ 达到最大值的 $\theta_i(i=1, \cdots, k)$ 的值 $\hat{\theta}_i(x_1, \cdots, x_n)$ 作为总体的未知参数 θ_i 的估计值的方法.

根据微积分知识，最大似然估计值满足**似然方程组** $\dfrac{\partial L}{\partial \theta_i}=0$，$i=1, 2, \cdots, k$，或者**对数似然方程组** $\dfrac{\partial \ln L}{\partial \theta_i}=0$，$i=1, 2, \cdots, k$.

(4) 估计量的判别标准

① 无偏性

设 $\hat{\theta}$ 为未知参数 θ 的估计量，若 $E\hat{\theta}=\theta$，则称 $\hat{\theta}$ 为 θ 的无偏估计量.

② 有效性

设 $\hat{\theta}_1$ 和 $\hat{\theta}_2$ 都是未知参数 θ 的无偏估计量，若 $D\hat{\theta}_1 < D\hat{\theta}_2$，则称 $\hat{\theta}_1$ 是比 $\hat{\theta}_2$ 有效的估计量.

③ 相合性(一致性)

设 $\hat{\theta}(X_1, X_2, \cdots, X_n)$ 是总体未知参数 θ 的估计量，如果当样本容量 $n \to \infty$ 时，$\hat{\theta}$ 依概率收敛于 θ，即对任意 $\varepsilon>0$，都有 $\lim\limits_{n\to\infty} P\{|\hat{\theta}-\theta|<\varepsilon\}=1$，则称 $\hat{\theta}$ 为 θ 的相合估计量，又称一致估计量.

2. 区间估计

(1) 概念

设 X_1，X_2，…，X_n 是来自总体 X 的一个样本，θ 是总体分布的未知参数，如果存在两个统计量$\underline{\theta}$和$\overline{\theta}$，使得随机区间$(\underline{\theta}, \overline{\theta})$包含未知参数$\theta$的概率为给定值$1-\alpha(0<\alpha<1)$，即

$$P\{\underline{\theta}<\theta<\overline{\theta}\}=1-\alpha,$$

则称$(\underline{\theta}, \overline{\theta})$为$\theta$的**置信度**为$1-\alpha$的**置信区间**，$\underline{\theta}$和$\overline{\theta}$分别称为**置信下限**和**置信上限**，称$1-\alpha$为**置信度**或**置信水平**.

(2) 单个正态总体参数的区间估计

设正态总体$X \sim N(\mu, \sigma^2)$，$X_1, X_2, \cdots, X_n$是来自X的一个样本，$\overline{X}$，S^2分别表示样本均值与方差.

① 均值μ的置信区间

Ⅰ. 方差σ^2已知时，μ的置信度为$1-\alpha$的置信区间为

$$\left(\overline{X}-\frac{\sigma}{\sqrt{n}}u_{\frac{\alpha}{2}}, \overline{X}+\frac{\sigma}{\sqrt{n}}u_{\frac{\alpha}{2}}\right).$$

Ⅱ. 方差σ^2未知时，μ的置信度为$1-\alpha$的置信区间为

$$\left(\overline{X}-\frac{S}{\sqrt{n}}t_{\frac{\alpha}{2}}(n-1), \overline{X}+\frac{S}{\sqrt{n}}t_{\frac{\alpha}{2}}(n-1)\right).$$

② 方差σ^2的置信区间

均值μ未知时，σ^2的置信度为$1-\alpha$的置信区间为

$$\left(\frac{(n-1)S^2}{\chi^2_{\frac{\alpha}{2}}(n-1)}, \frac{(n-1)S^2}{\chi^2_{1-\frac{\alpha}{2}}(n-1)}\right).$$

(3) 两个正态总体的区间估计

设总体$X \sim N(\mu_1, \sigma_1^2)$，$Y \sim N(\mu_2, \sigma_2^2)$，$X_1, X_2, \cdots, X_{n_1}$与$Y_1, Y_2, \cdots, Y_{n_2}$分别是来自总体$X$和$Y$的样本，且两个样本相互独立. $\overline{X}$和$\overline{Y}$分别为两个样本的样本均值，S_1^2和S_2^2分别为两个样本的样本方差.

① 均值差$\mu_1-\mu_2$的置信区间

Ⅰ. 方差σ_1^2和σ_2^2已知时，$\mu_1-\mu_2$的置信度为$1-\alpha$的置信区间为

$$\left(\overline{X}-\overline{Y}-u_{\frac{\alpha}{2}}\cdot\sqrt{\frac{\sigma_1^2}{n_1}+\frac{\sigma_2^2}{n_2}}, \overline{X}-\overline{Y}+u_{\frac{\alpha}{2}}\cdot\sqrt{\frac{\sigma_1^2}{n_1}+\frac{\sigma_2^2}{n_2}}\right);$$

Ⅱ. 方差$\sigma_1^2=\sigma_2^2=\sigma^2$，但$\sigma^2$未知时，$\mu_1-\mu_2$的置信度为$1-\alpha$的置信区间为

$$\left((\overline{X}-\overline{Y})\mp\sqrt{\frac{(n_1-1)S_1^2+(n_2-1)S_2^2}{n_1+n_2-2}}\cdot\sqrt{\frac{1}{n_1}+\frac{1}{n_2}}\cdot t_{\frac{\alpha}{2}}(n_1+n_2-2)\right).$$

② 方差比$\frac{\sigma_1^2}{\sigma_2^2}$的置信区间

μ_1，μ_2未知时，$\frac{\sigma_1^2}{\sigma_2^2}$的置信度为$1-\alpha$的置信区间为

$$\left(\frac{1}{F_{\frac{\alpha}{2}}(n_1-1, n_2-1)}\cdot\frac{S_1^2}{S_2^2}, \frac{1}{F_{1-\frac{\alpha}{2}}(n_1-1, n_2-1)}\cdot\frac{S_1^2}{S_2^2}\right).$$

二、典型方法与范例

1. 参数矩估计量和最大似然估计量的计算

例 1 设总体 $X \sim U(a, b)$，$X_1, X_2, \cdots, X_n$ 是来自总体 X 的样本，试求参数 a 和 b 的矩估计量.

分析 本题主要考查已知总体概率密度形式求未知参数的矩估计. 矩估计法的关键是要将待估计的参数表示为总体矩的函数，再用相应的样本矩代替总体矩. 因此首先要计算总体矩.

解 由题意知

$$EX = \frac{a+b}{2},$$

$$DX = \frac{(b-a)^2}{12},$$

解得 $a = EX - \sqrt{3DX}$，$b = EX + \sqrt{3DX}$. 由于 EX 和 DX 的矩估计量分别为 $\overline{X}$ 和 S_n^2，所以 a 和 b 的矩估计量分别为

$$\hat{a} = \overline{X} - \sqrt{3}S_n,$$

$$\hat{b} = \overline{X} + \sqrt{3}S_n.$$

例 2 已知总体 X 服从参数为 λ 的泊松分布，$X_1, X_2, \cdots, X_n$ 是来自总体 X 的一个样本，求 $P\{X=0\}$ 的最大似然估计量.

分析 先求参数 λ 的最大似然估计量 $\hat{\lambda}_L$，因 $P\{X=0\}$ 是参数 λ 的单调函数 $u(\lambda)$，故 $u(\hat{\lambda}_L)$ 是 $u(\lambda)$ 的最大似然估计量.

解 设 $x_1, x_2, \cdots, x_n$ 是一组样本值，则似然函数为

$$L(\lambda) = \prod_{i=1}^{n} P\{X_i = x_i\} = \prod_{i=1}^{n} \frac{\lambda^{x_i} e^{-\lambda}}{x_i!} = \frac{\lambda^{\sum\limits_{i=1}^{n} x_i} e^{-n\lambda}}{\prod\limits_{i=1}^{n} x_i!},$$

两边取对数得

$$\ln L(\lambda) = \left(\sum_{i=1}^{n} x_i\right)\ln\lambda - n\lambda - \sum_{i=1}^{n} \ln x_i!,$$

似然方程为

$$\frac{d\ln L}{d\lambda} = \frac{1}{\lambda}\sum_{i=1}^{n} x_i - n = 0,$$

解得 λ 的最大似然估计值为 $\hat{\lambda} = \overline{x}$，则 λ 的最大似然估计量为

$$\hat{\lambda}_L = \overline{X}.$$

而 $P\{X=0\}=e^{-\lambda}$，故 $P\{X=0\}$ 的最大似然估计量为

$$P\{X=0\}=e^{-\overline{X}}.$$

例 3　设 X_1，X_2，…，X_n 是来自总体 X 的一个简单随机样本，X 的密度函数为

$$f(x)=\begin{cases}\dfrac{2x}{\theta^2}, & 0<x<\theta, \\ 0, & \text{其他},\end{cases}$$

其中 $\theta>0$ 未知，求 θ 的矩估计量与最大似然估计量.

分析　本题主要考查已知总体概率密度形式求未知参数的矩估计量和最大似然估计量. 矩估计法的关键是要将待估计的参数表示为总体矩的函数，再用相应的样本矩代替总体矩. 最大似然估计法的关键是构造似然函数.

解　由题意知

$$EX=\int_0^\theta x\,\frac{2x}{\theta^2}\mathrm{d}x=\frac{2\theta}{3},$$

解得 $\theta=\dfrac{3EX}{2}$，由于 EX 的矩估计量为 $\overline{X}$，所以 θ 的矩估计量为 $\hat{\theta}=\dfrac{3}{2}\overline{X}$.

似然函数为

$$L(\theta)=\prod_{i=1}^n f(x_i)=\begin{cases}\dfrac{2^n}{\theta^{2n}}\prod\limits_{i=1}^n x_i, & 0<x_1, x_2, \cdots, x_n\leqslant\theta, \\ 0, & \text{其他},\end{cases}$$

可以看出，$L(\theta)$ 的最大值出现在 $0<x_1$，x_2，…，$x_n\leqslant\theta$ 中. 此时，$L(\theta)$ 是 θ 的递减函数，故当 θ 取到最小值时，$L(\theta)$ 取最大值. 而 θ 能取到的最小值为 $\max\{x_i\}$. 故 θ 的最大似然估计量为 $\hat{\theta}_L=\max\{X_i\}$.

例 4　设总体 X 的概率分布为

X	0	1	2	3
P	θ^2	$2\theta(1-\theta)$	θ^2	$1-2\theta$

其中 $\theta\left(0<\theta<\dfrac{1}{2}\right)$ 是未知参数，利用总体 X 的如下样本值：3，1，3，0，3，1，2，3，求 θ 的矩估计值和最大似然估计值.

分析　(1) 先计算数学期望，再求矩估计；(2) 样本的概率分布不是用统一的表达式表示的，且若写成统一形式比较复杂，直接用似然函数的定义写出函数，再求解就比较简单.

解　(1) $EX=0\times\theta+1\times2\theta(1-\theta)+2\times\theta^2+3\times(1-2\theta)=3-4\theta$，
由于 EX 的矩估计量为 $\overline{X}$，故 θ 的矩估计量为

$$\hat{\theta}=\frac{3-\overline{X}}{4},$$

又由已知计算可得 $\overline{x}=2$，代入上式可得 θ 的矩估计值为 $\hat{\theta}=\frac{1}{4}$.

（2）对样本 3，1，3，0，3，1，2，3，似然函数为

$$L(\theta)=P\{X_1=3\}\times P\{X_2=1\}\times\cdots\times P\{X_8=3\}=(1-2\theta)^4 4\theta^6(1-\theta)^2,$$

取对数

$$\ln L(\theta)=4\ln(1-2\theta)+2\ln 2+6\ln\theta+2\ln(1-\theta),$$

似然方程为

$$\frac{\mathrm{d}\ln L}{\mathrm{d}\theta}=\frac{-8}{1-2\theta}+\frac{6}{\theta}+\frac{-2}{1-\theta}=\frac{24\theta^2-28\theta+6}{\theta(1-2\theta)(1-\theta)}=0,$$

求解得 $\theta_{1,2}=\frac{7\pm\sqrt{13}}{12}$，由于 $\theta=\frac{7+\sqrt{13}}{12}>\frac{1}{2}$，不符题意，舍去. 故 θ 的最大似然估计值为 $\hat{\theta}=\frac{7-\sqrt{13}}{12}$.

例 5　设总体 X 的概率密度为

$$f(x,\theta)=\begin{cases}\theta, & 0<x<1,\\ 1-\theta, & 1\leqslant x\leqslant 2,\\ 0, & \text{其他}.\end{cases}$$

其中 θ 是未知参数($0<\theta<1$)，X_1，X_2，…，X_n 为来自总体 X 的简单随机样本，记 N 为样本值 x_1，x_2，…，x_n 中小于 1 的个数，求 θ 的最大似然估计量.

分析　本题考查已知总体概率密度形式求未知参数的最大似然估计. 最大似然估计的关键是构造似然函数，由于密度函数解析式与样本值大小有关，构造时具体密度函数连乘的数目与落在对应区域内样本点个数有关.

解　依题意知，样本值 x_1，x_2，…，x_n 中有 N 个小于 1，其余 $n-N$ 个大于或等于 1，其似然函数为

$$L(\theta)=\theta^N(1-\theta)^{n-N},$$

取对数

$$\ln L(\theta)=N\ln\theta+(n-N)\ln(1-\theta),$$

似然方程为

$$\frac{\mathrm{d}\ln L(\theta)}{\mathrm{d}\theta}=\frac{N}{\theta}-\frac{n-N}{1-\theta}=0,$$

解得 $\theta=\frac{N}{n}$，即 θ 的最大似然估计量为 $\hat{\theta}_L=\frac{N}{n}$.

方法总结： 参数的点估计主要有矩估计法和最大似然估计法两种基本方法. 用矩估计法和用最大似然估计法得到的估计未必是相同的. 同时要注意估计量和估计值是不同的.

（1）矩估计法首先计算总体矩，将待估参数用总体矩表示，然后用相应的样本矩代替总

体矩，得到待估参数的估计量.

(2) 最大似然估计法有两个关键点，一是构建似然函数，二是求似然函数的最大值点. 有以下几点需要注意：

① 当似然方程(组) 无解或者似然函数不可微时，可根据似然方程本身的特点确定其最大值点，当驻点不存在时，最大值点一般应在参数取值区域的边界线上取到.

② 当来自离散型总体的样本的概率分布不是用统一的表达式表示的，且若写成统一形式比较复杂时，直接考虑样本点取值点的分布频数，用似然函数的定义写出函数，再求解就比较简单；同样地，当连续型总体的密度函数为若干段构成的分段函数，样本点落在不同分段区间对应不同解析式，因此构建似然函数必须考虑样本点在各分段区间的分布数量.

③ 最大似然估计有个重要性质：若 $\hat{\theta}$ 是参数 θ 的最大似然估计量，并且函数 $u=u(\theta)$ 具有单值反函数 $\theta=\theta(u)$，则 $\hat{u}=u(\hat{\theta})$ 是 $u(\theta)$ 的最大似然估计量.

2. 估计量优劣性的判别

例 6　设总体 X 的数学期望为 μ，X_1，X_2，…，X_n 是来自 X 的样本，a_1，a_2，…，a_n 是任意常数，验证 $\left(\sum\limits_{i=1}^{n} a_i X_i\right)/\sum\limits_{i=1}^{n} a_i$ 是 μ 的无偏估计量，其中 $\sum\limits_{i=1}^{n} a_i \neq 0$.

分析　本题主要考查估计量的无偏性. 设 $\hat{\theta}$ 是未知参数 θ 的估计量，若 $E\hat{\theta}=\theta$，则称 $\hat{\theta}$ 为 θ 的无偏估计量.

证明　$EX_i=EX=\mu$，

$$E\left(\frac{\sum\limits_{i=1}^{n} a_i X_i}{\sum\limits_{i=1}^{n} a_i}\right)=\frac{\sum\limits_{i=1}^{n} a_i EX_i}{\sum\limits_{i=1}^{n} a_i}=\frac{\mu\sum\limits_{i=1}^{n} a_i}{\sum\limits_{i=1}^{n} a_i}=\mu.$$

综上所述，可知 $\left(\sum\limits_{i=1}^{n} a_i X_i\right)/\sum\limits_{i=1}^{n} a_i$ 是 μ 的无偏估计量.

例 7　设 $\hat{\theta}$ 是参数 θ 的无偏估计，且有 $D\hat{\theta}>0$，试证 $\hat{\theta}^2=(\hat{\theta})^2$ 不是 θ^2 的无偏估计.

分析　本题主要考查估计量的无偏性.

证明　因为 $D\hat{\theta}=E(\hat{\theta})^2-(E\hat{\theta})^2$，所以

$$E(\hat{\theta})^2=D\hat{\theta}+(E\hat{\theta})^2=D\hat{\theta}+\theta^2>\theta^2.$$

故 $(\hat{\theta})^2$ 不是 θ^2 的无偏估计.

例 8　设 θ_1 和 θ_2 是参数 θ 的两个独立的无偏估计，并且 θ_1 的方差是 θ_2 方差的 2 倍，试求出常数 k_1，k_2，使 $k_1\theta_1+k_2\theta_2$ 是 θ 的无偏估计，并且在所有这样的无偏估计中方差最小.

分析　本题是由估计量的无偏性和方差来反向确定参数的值，其关键词在于“无偏估

计”和“方差”.

解 因为 θ_1，θ_2 为 θ 的无偏估计，即 $E\theta_1=\theta$，$E\theta_2=\theta$，且 θ_1 和 θ_2 独立，故

$$E(k_1\theta_1+k_2\theta_2)=k_1E\theta_1+k_2E\theta_2=(k_1+k_2)\theta.$$

要使 $k_1\theta_1+k_2\theta_2$ 是 θ 的无偏估计，必有

$$k_1+k_2=1,$$

又由 $k_1\theta_1$ 和 $k_2\theta_2$ 相互独立，故其方差为

$$D(k_1\theta_1+k_2\theta_2)=k_1^2D\theta_1+k_2^2D\theta_2=(2k_1^2+k_2^2)D\theta_2.$$

将 $k_1+k_2=1$ 代入上式，得

$$\begin{aligned}D(k_1\theta_1+k_2\theta_2)&=(2k_1^2+k_2^2)D\theta_2=(3k_1^2-2k_1+1)D\theta_2\\&=\left[3\left(k_1-\frac{1}{3}\right)^2+\frac{2}{3}\right]D\theta_2,\end{aligned}$$

由题意知，要使 $D(k_1\theta_1+k_2\theta_2)$ 最小，利用二次函数的性质有 $k_1=\frac{1}{3}$，因此 $k_2=\frac{2}{3}$.

例 9 设 X_1，X_2，…，X_n 是来自参数为 n，p 的二项分布总体，试求 p^2 的无偏估计量.

分析 本题是求某个参数的无偏估计量，关键词在于“无偏”. 首先将参数表示成总体矩的函数，并且此函数的数学期望是该参数，然后将函数中的总体矩用相应的样本矩替代即可.

解 因总体 $X\sim B(n,p)$，故 $EX=np$，

$$\begin{aligned}EX^2&=DX+(EX)^2=np(1-p)+n^2p^2\\&=np+n(n-1)p^2=EX+n(n-1)p^2,\end{aligned}$$

$$\frac{EX^2-EX}{n(n-1)}=E\left[\frac{X^2-X}{n(n-1)}\right]=p^2.$$

于是，用样本矩 A_2，A_1 分别代替相应的总体矩 EX^2 与 EX，便得 p^2 的无偏估计量

$$\hat{p}^2=\frac{A_2-A_1}{n(n-1)}=\frac{1}{n^2(n-1)}\sum_{i=1}^{n}(X_i^2-X_i).$$

方法总结：估计量的评判标准包括无偏性、有效性和相合性(一致性). 题目一般以考查无偏性的居多，还有对有效性的比较.

(1) 验证估计量无偏性的常用方法：

① 如不涉及总体具体分布，利用期望的性质求之；

② 涉及总体分布，先求估计量的密度函数(或分布律)；

③ 利用常见分布的数学期望证明.

(2) 求某参数的无偏估计量，首先要计算总体矩，再将该参数表示成总体矩的某个函数的数学期望，最后将函数中的总体矩用样本矩替代.

3. 正态总体参数的区间估计

例 10 某商店每天每百元投资的利润率服从正态分布，均值为 μ，方差为 σ^2，长期以

来 σ^2 稳定为 0.4，现随机抽取 5 天的利润率分别为 −0.2，0.1，0.8，−0.6，0.9，试求 μ 的置信度为 95% 的双侧置信区间.

分析　本题考查的是正态总体当方差 σ^2 已知时，均值 μ 的区间估计.

解　σ^2 已知，故 μ 的置信度为 $1-\alpha$ 的置信区间为

$$\left(\overline{X}-\frac{\sigma}{\sqrt{n}}u_{\frac{\alpha}{2}},\ \overline{X}+\frac{\sigma}{\sqrt{n}}u_{\frac{\alpha}{2}}\right).$$

其中 $u_{\frac{\alpha}{2}}$ 为标准正态分布的 $\frac{\alpha}{2}$ 水平的上侧分位数. 由样本观测值，计算得 $\overline{x}=0.2$，又已知 $n=5$，$\sigma^2=0.4$，$\alpha=0.05$，查正态分布表得 $u_{\frac{\alpha}{2}}=u_{0.025}=1.96$，所以，$\mu$ 的置信度为 $1-\alpha=0.95$ 的置信区间为 $\left(0.2-\frac{\sqrt{0.4}}{\sqrt{5}}\times 1.96,\ 0.2+\frac{\sqrt{0.4}}{\sqrt{5}}\times 1.96\right)$，即为 $(-0.354,\ 0.754)$.

例 11　已知某种木材横纹抗压力的实验值服从正态分布，对 10 个试件做横纹抗压力试验得数据如下（单位：千克 / 厘米^2）：482，493，457，471，510，446，435，418，394，469.

(1) 对该木材平均横纹抗压力进行估计($\alpha=0.05$)；

(2) 对该木材横纹抗压力的方差进行区间估计($\alpha=0.05$).

分析　本题考查的是正态总体当 σ^2 未知时，对均值 μ 的区间估计以及 μ 未知时，对方差 σ^2 的区间估计.

解　(1) 此题的总体服从正态分布，σ^2 未知，故 μ 的置信度为 $1-\alpha$ 的置信区间为

$$\left(\overline{X}-\frac{S}{\sqrt{n}}t_{\frac{\alpha}{2}}(n-1),\ \overline{X}+\frac{S}{\sqrt{n}}t_{\frac{\alpha}{2}}(n-1)\right),$$

其中 $t_{\frac{\alpha}{2}}(n-1)$ 是自由度为 $n-1$ 的 t 分布的 $\frac{\alpha}{2}$ 水平的上侧分位数. 由样本值计算得 $\overline{x}=457.5$，$s=35.218$. 又已知 $n=10$，$\alpha=0.05$，查 t 分布表得 $t_{\frac{\alpha}{2}}(9)=t_{0.025}(9)=2.262$，所以，当 σ^2 未知时，μ 的置信度为 $1-\alpha=0.95$ 的置信区间为

$$(457.5-\frac{35.218}{\sqrt{10}}\times 2.262,\quad 457.5+\frac{35.218}{\sqrt{10}}\times 2.262),$$

即 $(432.308,\ 482.692)$.

(2) 当 μ 未知时，σ^2 的置信度为 $1-\alpha$ 的置信区间为

$$\left(\frac{(n-1)S^2}{\chi^2_{\frac{\alpha}{2}}(n-1)},\ \frac{(n-1)S^2}{\chi^2_{1-\frac{\alpha}{2}}(n-1)}\right),$$

其中 $\chi^2_{1-\frac{\alpha}{2}}(n-1)$ 和 $\chi^2_{\frac{\alpha}{2}}(n-1)$ 分别是自由度为 $n-1$ 的 χ^2 分布的 $1-\frac{\alpha}{2}$ 水平和 $\frac{\alpha}{2}$ 水平的上侧分位数. 由样本值计算可得 $s^2=1240.278$，又由 $1-\alpha=0.95$，得 $\alpha=0.05$，$\frac{\alpha}{2}=0.025$，$1-\frac{\alpha}{2}=$

0. 975. 自由度 $n-1=10-1=9$，查 χ^2 分布上侧分位数表知，$\chi^2_{0.025}(9)=19.023$，$\chi^2_{0.975}(9)=2.700$，则此时 σ^2 的置信度为 95% 的置信区间为 $\left(\frac{9\times 1240.278}{19.023}, \frac{9\times 1240.278}{2.700}\right)$，即 (586.790，4134.26).

例 12 假设 0.50，1.25，0.80，2.00 是来自总体 X 的简单随机样本值，已知 $Y=\ln X$ 服从正态分布 $N(\mu, 1)$.

(1) 求 X 的数学期望 EX（记 $EX=b$）；

(2) 求 μ 的置信度为 0.95 的置信区间；

(3) 利用上述结果求 b 的置信度为 0.95 的置信区间.

分析 已知的是 $Y=\ln X$ 的分布. (1) 考查数学期望的定义，利用连续型随机变量函数的数学期望计算公式计算；(2) 由 X 的样本值计算出 $Y=\ln X$ 的样本值，再代入正态总体方差已知时，均值 μ 的置信区间；(3) 结合(1) 和(2)，利用函数 e^x 的严格单调性即得.

解 (1) 由题意知，$Y=\ln X$ 服从正态分布 $N(\mu, 1)$，故 Y 的概率密度函数为

$$f(y)=\frac{1}{\sqrt{2\pi}}e^{-\frac{(y-\mu)^2}{2}}, \quad y\in(-\infty, +\infty),$$

由 $Y=\ln X$ 可知 $X=e^Y$，故

$$\begin{aligned}EX=E(e^Y)&=\int_{-\infty}^{+\infty}e^y f(y)dy\\&=\int_{-\infty}^{+\infty}\frac{1}{\sqrt{2\pi}}e^{-\frac{(y-\mu)^2}{2}+y}dy\\&=\int_{-\infty}^{+\infty}\frac{1}{\sqrt{2\pi}}e^{-\frac{(y-\mu-1)^2-2\mu-1}{2}}dy\\&=e^{\mu+\frac{1}{2}}\int_{-\infty}^{+\infty}\frac{1}{\sqrt{2\pi}}e^{-\frac{(y-\mu-1)^2}{2}}dy\\&=e^{\mu+\frac{1}{2}}.\end{aligned}$$

故 $b=e^{\mu+\frac{1}{2}}$.

(2) 用 $\overline{Y}$ 表示 Y 的样本均值，由题意知 $n=4$，于是

$$\frac{\overline{Y}-\mu}{\sigma/\sqrt{n}}\sim N(0, 1),$$

即 $\overline{Y}\sim N(\mu, 0.25)$.

由于 μ 的置信度为 0.95 的置信区间为 $\left(\overline{Y}-\frac{\sigma}{\sqrt{n}}u_{\frac{\alpha}{2}}, \overline{Y}+\frac{\sigma}{\sqrt{n}}u_{\frac{\alpha}{2}}\right)$，由题意得

$$\overline{y}=\frac{1}{4}(\ln 0.5+\ln 1.25+\ln 0.8+\ln 2)=0,$$

$$\sigma=1, \alpha=0.05, n=4,$$

查表得 $u_{\frac{\alpha}{2}}=1.96$，因此 μ 的置信度为 0.95 的置信区间为 $(-0.98,\ 0.98)$.

(3) 注意到 e^x 是单调增函数，有

$$\begin{aligned}0.95&=P\{-0.98<\mu<0.98\}\\&=P\{-0.48<\mu+0.5<1.48\}\\&=P\{e^{-0.48}<e^{\mu+0.5}<e^{1.48}\}\\&=P\{e^{-0.48}<b<e^{1.48}\},\end{aligned}$$

故 b 的置信度为 0.95 的置信区间为 $(e^{-0.48},\ e^{1.48})$.

例 13　某商店销售的某种商品来自甲、乙两个厂家，为考虑商品性能的差异，现从甲、乙两厂家产品中分别抽取了 8 件和 9 件产品，测其性能指标 X，得到两组数据，经对其作相应运算，得 $\overline{x}_1=0.190$，$s_1^2=0.006$，$\overline{x}_2=0.238$，$s_2^2=0.008$，假设测定结果服从正态分布：$N(\mu_i,\ \sigma_i^2)$ $(i=1,\ 2)$. 求 $\dfrac{\sigma_1^2}{\sigma_2^2}$ 和 $\mu_1-\mu_2$ 的 90% 的置信区间，并对所得结果加以说明.

分析　本题考查的是双正态总体均值差和方差比的置信区间.

解　(1) 已知 $n_1=8$，$n_2=9$，$s_1^2\approx0.006$，$s_2^2=0.008$. 又由于 $1-\alpha=0.90$，故 $\alpha=0.1$，查 F 分布上侧分位数表得 $F_{0.05}(7,\ 8)=3.5$，$F_{0.95}(7,\ 8)=\dfrac{1}{F_{0.05}(8,\ 7)}=\dfrac{1}{3.73}$. 代入 $\dfrac{\sigma_1^2}{\sigma_2^2}$ 的置信度为 $1-\alpha$ 的置信区间 $\left(\dfrac{1}{F_{\frac{\alpha}{2}}(n_1-1,\ n_2-1)}\dfrac{S_1^2}{S_2^2},\ \dfrac{1}{F_{1-\frac{\alpha}{2}}(n_1-1,\ n_2-1)}\dfrac{S_1^2}{S_2^2}\right)$ 中，得到 $\dfrac{\sigma_1^2}{\sigma_2^2}$ 的置信度为 0.90 的置信区间为 $(0.214,\ 2.798)$.

因为此区间包含 1，故可以认为 $\sigma_1^2=\sigma_2^2$，因而可以利用方差相等的条件构造 $\mu_1-\mu_2$ 的置信区间.

(2) 由于 $\sigma_1^2=\sigma_2^2$，但其值未知，故关于 $\mu_1-\mu_2$ 的置信区间为

$$\left((\overline{X}_1-\overline{X}_2)-\sqrt{\frac{(n_1-1)S_1^2+(n_2-1)S_2^2}{n_1+n_2-2}}\cdot\sqrt{\frac{1}{n_1}+\frac{1}{n_2}}\cdot t_{\frac{\alpha}{2}}(n_1+n_2-2),\right.$$

$$\left.(\overline{X}_1-\overline{X}_2)+\sqrt{\frac{(n_1-1)S_1^2+(n_2-1)S_2^2}{n_1+n_2-2}}\cdot\sqrt{\frac{1}{n_1}+\frac{1}{n_2}}\cdot t_{\frac{\alpha}{2}}(n_1+n_2-2)\right),$$

这里 $n_1=8$，$n_2=9$，$\overline{x}_1=0.190$，$s_1^2=0.006$，$\overline{x}_2=0.238$，$s_2^2=0.008$，$t_{0.05}(15)=1.753$. 所以 $\mu_1-\mu_2$ 的置信区间为 $(-0.120,\ 0.024)$. 从此结果可以看出，$\mu_1-\mu_2$ 的置信区间包含 0，故可以认为 $\mu_1-\mu_2=0$，即两厂家的产品性能无显著差异.

例 14　为使例 6.10 中 μ 的置信度为 95% 的双侧置信区间长度不超过 0.4，则至少应随机抽取多少天的利润率才能达到?

分析　本题考查的是由置信区间长度反向确定样本容量. 首先求正态总体方差 σ^2 已知

时，均值 μ 的区间估计. 写出 μ 的置信区间公式，根据区间长度列方程，解出样本容量.

解　σ^2 已知，故 μ 的置信度为 $1-\alpha$ 的置信区间为

$$\left(\overline{X}-\frac{\sigma}{\sqrt{n}}u_{\frac{\alpha}{2}},\ \overline{X}+\frac{\sigma}{\sqrt{n}}u_{\frac{\alpha}{2}}\right).$$

其中 $u_{\frac{\alpha}{2}}$ 为标准正态分布的 $\frac{\alpha}{2}$ 水平的上侧分位数，其区间长度为 $\frac{2\sigma}{\sqrt{n}}u_{\frac{\alpha}{2}}$，由 $\sigma^2=0.4$，$\alpha=0.05$，查正态分布表得 $u_{\frac{\alpha}{2}}=u_{0.025}=1.96$，故 $\frac{2.479}{\sqrt{n}}\leqslant 0.4$，解得 $n\geqslant 38.4$，即至少应抽取 39 天的利润率才能使置信水平为 0.95 的置信区间长度不超过 0.4.

例 15　设 X_1，X_2，…，X_{2n} 是取自正态总体 $N(\mu_1，18)$ 的一组样本，Y_1，Y_2，…，Y_n 是取自正态总体 $N(\mu_2，16)$ 的一组样本，要使 $\mu_1-\mu_2$ 的双侧 95% 的置信区间的长度不超过 l，问 n 至少要取多大?

分析　本题考查的是双正态总体方差 σ_1^2 和 σ_2^2 已知时，均值差的区间估计. 写出 $\mu_1-\mu_2$ 的置信区间公式，根据区间长度列方程，解出样本容量.

解　σ_1^2 和 σ_2^2 已知，$\mu_1-\mu_2$ 的置信度为 $1-\alpha$ 的置信区间为

$$\left(\overline{X}-\overline{Y}-u_{\frac{\alpha}{2}}\cdot\sqrt{\frac{\sigma_1^2}{n_1}+\frac{\sigma_2^2}{n_2}},\ \overline{X}-\overline{Y}+u_{\frac{\alpha}{2}}\cdot\sqrt{\frac{\sigma_1^2}{n_1}+\frac{\sigma_2^2}{n_2}}\right).$$

已知 $n_1=2n$，$n_2=n$，$\sigma_1^2=18$，$\sigma_2^2=16$，$\alpha=0.05$，查表得 $u_{0.025}=1.96$，故由题意可得

$$2\times 1.96\times\sqrt{\frac{18}{2n}+\frac{16}{n}}\leqslant l,$$

解得 $n\geqslant\frac{384.16}{l^2}$，即 n 至少要取 $\left[\frac{384.16}{l^2}\right]+1$.

方法总结：(1) 对于正态总体参数的区间估计，要根据问题的实际条件，选择合适的统计量，确定其分布，选择区间估计的形式，然后直接计算可得置信区间.

(2) 由置信区间长度反向确定样本容量. 首先给出置信度 $1-\alpha$ 下的置信区间，然后确定样本容量 n，使置信区间的长度不大于给定的数值.

三、教材练习题详解

习题六(A)

1. 随机取 8 只活塞环，测得它们的直径(毫米)为 74.001，74.005，74.003，74.001，74.000，73.998，74.006，74.002，试求总体均值 μ 及方差 σ^2 的矩估计值.

解　设 X 为活塞环直径，则

$$\hat{\mu}=\overline{X},\ \hat{\sigma}^2=S_n^2,$$

由题意知，$\overline{x}=74.002$，$s_n^2=6\times10^{-6}$，故总体均值μ的矩估计值为74.002，方差σ^2的矩估计值为6×10^{-6}.

2. 设$X\sim U[a,b]$，求参数a和b的最大似然估计量.

解　设X_1，X_2，…，X_n是来自总体X的样本，x_1，x_2，…，x_n为一组样本值. 已知总体X的概率密度函数为

$$f(x)=\begin{cases}\dfrac{1}{b-a}, & a\leqslant x\leqslant b,\\ 0, & \text{其他}.\end{cases}$$

则似然函数为

$$L(a,b)=\begin{cases}\dfrac{1}{(b-a)^n}, & a\leqslant x_1,x_2,\cdots,x_n\leqslant b,\\ 0, & \text{其他}.\end{cases}$$

显然，$L(a,b)$的最大值应该出现在$a\leqslant x_1$，x_2，…，$x_n\leqslant b$时，而$\dfrac{1}{(b-a)^n}$的最大值出现在$b-a$最小时，当b取能取到的最小值，a取能取到的最大值时，$L(a,b)$取得最大值. 而b能取到的最小值为$\max\{x_1,x_2,\cdots,x_n\}$，$a$能取到的最大值为$\min\{x_1,x_2,\cdots,x_n\}$，所以$b$的最大似然估计值为$\max\limits_{1\leqslant i\leqslant n}\{x_i\}$，$a$的最大似然估计值为$\min\limits_{1\leqslant i\leqslant n}\{x_i\}$，$b$的最大似然估计量为$\hat{b}_L=\max\limits_{1\leqslant i\leqslant n}\{X_i\}$，$a$的最大似然估计量为$\hat{a}_L=\min\limits_{1\leqslant i\leqslant n}\{X_i\}$.

3. 求正态总体$X\sim N(\mu,\sigma^2)$的未知参数μ及σ^2的最大似然估计.

解　设X_1，X_2，…，X_n是来自总体X的样本，x_1，x_2，…，x_n为一组样本值. 已知总体X的概率密度函数为

$$f(x)=\frac{1}{\sqrt{2\pi}\sigma}\mathrm{e}^{-\frac{(x-\mu)2}{2\sigma2}},$$

则似然函数为

$$L(\mu,\sigma^2)=\frac{1}{(\sqrt{2\pi}\sigma)^n}\mathrm{e}^{-\frac{1}{2\sigma2}\sum\limits_{i=1}^{n}(x_i-\mu)2},$$

取对数得

$$\ln L(\mu,\sigma^2)=-\frac{n}{2}\ln(2\pi\sigma^2)-\frac{1}{2\sigma^2}\sum_{i=1}^{n}(x_i-\mu)^2,$$

似然方程组为

$$\frac{\partial\ln L}{\partial\mu}=\frac{1}{\sigma^2}\sum_{i=1}^{n}(x_i-\mu)=0,$$

$$\frac{\partial\ln L}{\partial\sigma^2}=-\frac{n}{2\sigma^2}+\frac{1}{2\sigma^4}\sum_{i=1}^{n}(x_i-\mu)^2=0,$$

解得

$$\hat{\mu}=\frac{1}{n}\sum_{i=1}^{n}x_i=\overline{x},$$

$$\hat{\sigma}^2=\frac{1}{n}\sum_{i=1}^{n}(x_i-\overline{x})^2=s_n^2,$$

故 μ 和 σ^2 的最大似然估计量为

$$\hat{\mu}_L=\overline{X},$$

$$\hat{\sigma}_L^2=\frac{1}{n}\sum_{i=1}^{n}(X_i-\overline{X})^2=S_n^2.$$

4. 设 X_1，X_2，…，X_n 是来自二项分布 $B(m,\ p)$ 总体的一个样本，x_1，x_2，…，x_n 为其样本观测值，其中 m 是正整数且已知，$p(0<p<1)$ 是未知参数，求未知参数 p 的矩估计和最大似然估计.

解　设总体为 X，由题意知

$$EX=mp,$$

解得 $p=\frac{EX}{m}$，所以 p 的矩估计量为

$$\hat{p}=\frac{\overline{X}}{m},$$

p 的矩估计值为

$$\hat{p}=\frac{\overline{x}}{m}.$$

总体 X 的分布律为

$$P\{X=x\}=C_m^x p^x(1-p)^{m-x},\ x=0,\ 1,\ 2,\ \cdots,\ m,$$

则似然函数为

$$L(p)=\prod_{i=1}^{n}C_m^{x_i}p^{x_i}(1-p)^{m-x_i},$$

对似然函数取对数可得

$$\ln L=\sum_{i=1}^{n}[\ln C_m^{x_i}+x_i\ln p+(m-x_i)\ln(1-p)],$$

似然方程为

$$\frac{\mathrm{d}\ln L}{\mathrm{d}p}=\frac{1}{p}\sum_{i=1}^{n}x_i-\frac{1}{1-p}\sum_{i=1}^{n}(m-x_i)=0,$$

解得 p 的最大似然估计值为

$$\hat{p}=\frac{1}{mn}\sum_{i=1}^{n}x_i=\frac{\overline{x}}{m},$$

p 的最大似然估计量为

$$\hat{p}_L=\frac{\overline{X}}{m}.$$

5. 设总体 X 的密度函数为

$$f(x,\ \alpha)=\begin{cases}(\alpha+1)x^{\alpha}, & 0<x<1,\\ 0, & \text{其他}.\end{cases}$$

试用样本 X_1，X_2，…，X_n，求参数 α 的矩估计量和最大似然估计量.

解　设总体为 X，由题意知

$$EX=\int_{-\infty}^{+\infty}xf(x,\ \alpha)\mathrm{d}x=\int_0^1(\alpha+1)x^{\alpha+1}\mathrm{d}x=\frac{\alpha+1}{\alpha+2},$$

解得 $\alpha=\dfrac{2EX-1}{1-EX}$，所以 α 的矩估计量为

$$\hat{\alpha}=\frac{2\overline{X}-1}{1-\overline{X}}.$$

设 x_1，x_2，…，x_n 为一组样本值. 似然函数为

$$L(\alpha)=\begin{cases}(\alpha+1)^n\prod\limits_{i=1}^{n}x_i^{\alpha}, & 0<x_1,\ x_2,\ \cdots,\ x_n<1,\\ 0, & \text{其他},\end{cases}$$

显然，$L(\alpha)$ 的最大值应该出现在 $0<x_1$，x_2，…，$x_n<1$ 时，对似然函数取对数可得

$$\ln L=n\ln(\alpha+1)+\alpha\sum_{i=1}^{n}\ln x_i,$$

似然方程为

$$\frac{\mathrm{d}\ln L}{\mathrm{d}\alpha}=\frac{n}{\alpha+1}+\sum_{i=1}^{n}\ln x_i=0,$$

解得

$$\hat{\alpha}=-\left(\frac{n}{\sum\limits_{i=1}^{n}\ln x_i}+1\right),$$

故 α 的最大似然估计量为

$$\hat{\alpha}_L=-\left(\frac{n}{\sum\limits_{i=1}^{n}\ln X_i}+1\right).$$

6. 设 X_1，X_2，X_3 是来自总体 X 的样本，μ 和 σ^2 分别是总体均值和总体方差，证明：下列三个统计量

$$\hat{\mu}_1=\frac{2}{5}X_1+\frac{2}{5}X_2+\frac{1}{5}X_3,$$

$$\hat{\mu}_2=\frac{1}{6}X_1+\frac{1}{2}X_2+\frac{1}{3}X_3,$$

$$\hat{\mu}_3=\frac{1}{3}X_1+\frac{1}{3}X_2+\frac{1}{3}X_3$$

都是总体均值 μ 的无偏估计量；并指出它们中哪个估计量最有效.

证明 因为

$$E\hat{\mu}_1=\frac{2}{5}EX_1+\frac{2}{5}EX_2+\frac{1}{5}EX_3=\mu,$$

$$E\hat{\mu}_2=\frac{1}{6}EX_1+\frac{1}{2}EX_2+\frac{1}{3}EX_3=\mu,$$

$$E\hat{\mu}_3=\frac{1}{3}EX_1+\frac{1}{3}EX_2+\frac{1}{3}EX_3=\mu,$$

所以，$\hat{\mu}_1$，$\hat{\mu}_2$，$\hat{\mu}_3$ 都是 μ 的无偏估计量.

而

$$D\hat{\mu}_1=\frac{4}{25}DX_1+\frac{4}{25}DX_2+\frac{1}{25}DX_3=\frac{9}{25}\sigma^2,$$

$$D\hat{\mu}_2=\frac{1}{36}DX_1+\frac{1}{4}DX_2+\frac{1}{9}DX_3=\frac{7}{18}\sigma^2,$$

$$D\hat{\mu}_3=\frac{1}{9}DX_1+\frac{1}{9}DX_2+\frac{1}{9}DX_3=\frac{1}{3}\sigma^2,$$

由 $D\hat{\mu}_3<D\hat{\mu}_1<D\hat{\mu}_2$ 可知，估计量 μ_3 最有效.

7. 设 X_1，X_2，…，X_n 是来自总体 $X\sim N(\mu,\sigma^2)$ 的一个样本，试选择适当的常数 C，使得 $\hat{\sigma}^2=C\sum\limits_{i=1}^{n-1}(X_{i+1}-X_i)^2$ 是 σ^2 的无偏估计量.

解 由题意知

$$\begin{aligned}E\hat{\sigma}^2&=E\left[C\sum_{i=1}^{n-1}(X_{i+1}-X_i)^2\right]=C\sum_{i=1}^{n-1}E(X_{i+1}-X_i)^2\\&=C\sum_{i=1}^{n-1}\{D(X_{i+1}-X_i)+[E(X_{i+1}-X_i)]^2\}\\&=C\sum_{i=1}^{n-1}D(X_{i+1}-X_i)=C\sum_{i=1}^{n-1}2\sigma^2\\&=2C(n-1)\sigma^2=\sigma^2,\end{aligned}$$

故当 $C=\dfrac{1}{2n-2}$ 时，$\hat{\sigma}^2$ 是 σ^2 的无偏估计量.

8. 设总体 $X\sim N(\mu,\sigma^2)$，若样本观测值为 6.54，8.20，6.88，9.02，7.56，求总体均值 μ 的置信度为 95% 的置信区间，假定：(1) 已知 $\sigma=1.2$；(2) σ 未知.

解　(1) 由样本观测值，计算得 $\overline{x}=7.64$，又已知 $n=5$，$\sigma=1.2$，$\alpha=0.05$，查表得 $u_{\frac{\alpha}{2}}=u_{0.025}=1.96$，所以，$\mu$ 的置信度为 95% 的置信区间为

$$\left(7.64-\frac{1.2}{\sqrt{5}}\times 1.96,\ 7.64+\frac{1.2}{\sqrt{5}}\times 1.96\right),$$

即(6.588，8.692).

(2) 由样本值计算得 $\overline{x}=7.64$，$s=1.001$. 又已知 $n=5$，$\alpha=0.05$，查 t 分布上侧分位数表得 $t_{\frac{\alpha}{2}}(4)=t_{0.025}(4)=2.776$，所以，当 σ^2 未知时，μ 的置信度为 95% 的置信区间为

$$\left(7.64-\frac{1.001}{\sqrt{5}}\times 2.776,\ 7.64+\frac{1.001}{\sqrt{5}}\times 2.776\right),$$

即(6.397，8.883).

9. 在一批螺丝钉中，随机抽取 16 个，测其长度(厘米) 为 2.23，2.21，2.20，2.24，2.22，2.25，2.21，2.24，2.25，2.23，2.25，2.21，2.24，2.23，2.25，2.22，设螺丝钉的长度服从正态分布，试求总体均值 μ 的 90% 的置信区间.

(1) 若已知 $\sigma=0.01$；

(2) 若 σ 未知.

解　设螺丝钉的长度为 X，由题意知，$X\sim N(\mu,\sigma^2)$.

(1) 由样本观测值，计算得 $\overline{x}=2.23$，又已知 $n=16$，$\sigma=0.01$，$\alpha=0.10$，查表得 $u_{\frac{\alpha}{2}}=u_{0.05}=1.64$，所以，$\mu$ 的置信度为 90% 的置信区间为

$$\left(2.23-\frac{0.01}{\sqrt{16}}\times 1.64,\ 2.23+\frac{0.01}{\sqrt{16}}\times 1.64\right),$$

即(2.226，2.234).

(2) 由样本值计算得 $\overline{x}=2.23$，$s=0.017$. 又已知 $n=16$，$\alpha=0.10$，查 t 分布上侧分位数表得 $t_{\frac{\alpha}{2}}(15)=t_{0.05}(15)=1.753$，所以，当 σ^2 未知时，μ 的置信度为 90% 的置信区间为

$$\left(2.23-\frac{0.017}{\sqrt{16}}\times 1.753,\ 2.23+\frac{0.017}{\sqrt{16}}\times 1.753\right),$$

即(2.223，2.237).

10. 随机取某种子弹 9 发做试验，测得子弹速度的标准差 $s=11$，设子弹速度服从正态分布 $N(\mu,\sigma^2)$，求这种子弹速度的标准差 σ 和方差 σ^2 的置信度为 0.95 的置信区间.

解　由题意知 $s=11$，又由 $1-\alpha=0.95$，得 $\alpha=0.05$，$\frac{\alpha}{2}=0.025$，$1-\frac{\alpha}{2}=0.975$. 自由度 $n-1=9-1=8$，查 χ^2 分布上侧分位数表知，$\chi^2_{0.025}(8)=17.535$，$\chi^2_{0.975}(8)=2.180$，则此时 σ 的置信度为 95% 的置信区间为(7.430，21.072). σ^2 的置信度为 95% 的置信区间为(55.204，444.037).

*11. 设来自总体 $N(\mu_1, 16)$ 的一容量为 15 的样本，其样本均值 $\overline{x}_1=14.6$；来自总体 $N(\mu_2, 9)$ 的一容量为 20 的样本，其样本均值 $\overline{x}_2=13.2$；并且两样本是相互独立的，试求 $\mu_1-\mu_2$ 的 90% 的置信区间.

解 由于 $1-\alpha=0.90$，故 $\alpha=0.1$，查标准正态分布表得 $u_{0.05}=1.64$，又 $n_1=15$，$n_2=20$，$\overline{x}_1=14.6$，$\overline{x}_2=13.2$，$\sigma_1^2=16$，$\sigma_2^2=9$，因此 $\mu_1-\mu_2$ 的置信度为 90% 的置信区间为 $(-0.620, 3.420)$.

*12. 物理系学生可选择一学期 3 学分没有实验课，也可选一学期 4 学分有实验课. 期末考试每一章节考的内容都一样，若有上实验课的 12 个学生平均考分为 84 分，标准差为 4 分，没上实验课的 18 个学生平均考分为 77 分，标准差为 6 分，假设总体均为正态分布且其方差相等，求两种课程平均分数差的置信度为 99% 的置信区间.

解 设上实验课的学生考分为 X，不上实验课的学生考分为 Y，由题 $X\sim N(\mu_1, \sigma^2)$，$Y\sim N(\mu_2, \sigma^2)$. 已知 $n_1=12$，$n_2=18$，由题意得 $\overline{x}=84$，$\overline{y}=77$，$s_1^2=4^2$，$s_2^2=6^2$. 又由于 $1-\alpha=0.99$，故 $\alpha=0.01$，查 t 分布上侧分位数表得 $t_{0.005}(28)=2.763$. 因此 $\mu_1-\mu_2$ 的置信度为 99% 的置信区间为 $(1.537, 12.463)$，即两种课程平均分数差的置信度为 99% 的置信区间为 $(1.537, 12.463)$.

*13. 假设人体身高服从正态分布，今抽测甲、乙两地区 18～25 岁女青年身高的数据如下：甲地区抽取 10 名，样本均值 1.64 米，样本标准差 0.2 米；乙地区抽取 10 名，样本均值 1.62 米，样本标准差 0.4 米. 求两正态总体方差比的置信度为 0.95 的置信区间.

解 已知 $n_1=10$，$n_2=10$，$s_1^2=0.2^2$，$s_2^2=0.4^2$. 又由于 $1-\alpha=0.95$，故 $\alpha=0.05$，查 F 分布上侧分位数表得 $F_{0.025}(9, 9)=4.03$，$F_{0.975}(9, 9)=\dfrac{1}{F_{0.025}(9, 9)}=\dfrac{1}{4.03}\approx 0.248$. 因此 $\dfrac{\sigma_1^2}{\sigma_2^2}$ 的置信度为 0.95 的置信区间为 $(0.062, 1.008)$.

习题六(B)

1. 设总体 X 具有分布律

X	1	2	3
P	θ^2	$2\theta(1-\theta)$	$(1-\theta)^2$

其中 $\theta(0<\theta<1)$ 为未知参数. 已知取得了样本值 $x_1=1$，$x_2=2$，$x_3=1$. 试求 θ 的矩估计值和最大似然估计值.

解 由题意知

$$EX=\theta^2+4\theta(1-\theta)+3(1-\theta)^2=-2\theta+3,$$

解得 $\theta=\dfrac{3-EX}{2}$，而 EX 的矩估计量为 $\overline{X}$，所以 θ 的矩估计量为

$$\hat{\theta}=\frac{3-\overline{X}}{2}.$$

计算得 $\overline{x}=\frac{4}{3}$，故 θ 的矩估计值为 $\frac{5}{6}$.

似然函数为

$$L(\theta)=\prod_{i=1}^{3}P\{X_i=x_i\}=P\{X_1=1\}\cdot P\{X_2=2\}\cdot P\{X_3=1\}$$
$$=\theta^2\cdot 2\theta(1-\theta)\cdot\theta^2=2\theta^5-2\theta^6,$$

似然方程为

$$\frac{\mathrm{d}L}{\mathrm{d}\theta}=10\theta^4-12\theta^5=0,$$

解得 θ 的最大似然估计值为 $\frac{5}{6}$.

2. 设 X_1，X_2，…，X_n 是来自总体 X 的一个样本，求下列总体 X 的密度函数中的未知参数的矩估计量和最大似然估计量.

(1) $f(x,\theta)=\begin{cases}2\mathrm{e}^{-2(x-\theta)}, & x\geqslant\theta,\\ 0, & x<\theta,\end{cases}$ 其中 $\theta>0$ 是未知参数；

(2) $f(x,\theta)=\begin{cases}\sqrt{\theta}x^{\sqrt{\theta}-1}, & 0\leqslant x\leqslant 1,\\ 0, & \text{其他},\end{cases}$ 其中 $\theta>0$ 是未知参数.

解　(1) 由题意知

$$EX=\int_{-\infty}^{+\infty}xf(x,\theta)\mathrm{d}x=\int_{\theta}^{+\infty}2x\mathrm{e}^{-2(x-\theta)}\mathrm{d}x=\theta+\frac{1}{2},$$

解得 $\theta=EX-\frac{1}{2}$，所以 θ 的矩估计量为

$$\hat{\theta}=\overline{X}-\frac{1}{2}.$$

设 x_1，x_2，…，x_n 为一组样本值. 似然函数为

$$L(\theta)=\begin{cases}2^n\mathrm{e}^{-2\sum\limits_{i=1}^{n}(x_i-\theta)}, & \theta\leqslant x_1,x_2,\cdots,x_n<+\infty,\\ 0, & \text{其他},\end{cases}$$

显然，$L(\theta)$ 的最大值应该出现在 $\theta\leqslant x_1$，x_2，…，x_n 时，对似然函数取对数可得

$$\ln L=n\ln 2-2\sum_{i=1}^{n}(x_i-\theta),$$

由于

$$\frac{\mathrm{d}\ln L}{\mathrm{d}\theta}=2n>0,$$

所以 $\ln L$ 是 θ 的单调递增函数，当 θ 取能取到的最大值时，$\ln L$ 取得最大值. 而 θ 能取到的最大值是 $\min\{x_1,x_2,\cdots,x_n\}$，所以 θ 的最大似然估计量为 $\hat{\theta}_L=\min\limits_{1\leqslant i\leqslant n}\{X_i\}$.

（2）由题意知

$$EX=\int_{-\infty}^{+\infty}xf(x,\theta)\mathrm{d}x=\int_0^1\sqrt{\theta}x^{\sqrt{\theta}}\mathrm{d}x=\frac{\sqrt{\theta}}{\sqrt{\theta}+1},$$

解得 $\theta=\left(\frac{EX}{1-EX}\right)^2$，所以 θ 的矩估计量为

$$\hat{\theta}=\left(\frac{\overline{X}}{1-\overline{X}}\right)^2.$$

设 x_1，x_2，…，x_n 为一组样本值. 似然函数为

$$L(\theta)=\begin{cases}\theta^{\frac{n}{2}}\prod_{i=1}^{n}x_i^{\sqrt{\theta}-1}, & 0\leqslant x_1,x_2,\cdots,x_n\leqslant 1,\\0, & \text{其他},\end{cases}$$

显然，$L(\theta)$ 的最大值应该出现在 $0\leqslant x_1$，x_2，…，$x_n\leqslant 1$ 时，对似然函数取对数可得

$$\ln L=\frac{n}{2}\ln\theta+(\sqrt{\theta}-1)\sum_{i=1}^{n}\ln x_i,$$

似然方程为

$$\frac{\mathrm{d}\ln L}{\mathrm{d}\theta}=\frac{n}{2\theta}+\frac{1}{2\sqrt{\theta}}\sum_{i=1}^{n}\ln x_i=0,$$

解得 θ 的最大似然估计值为

$$\hat{\theta}=\frac{n^2}{\left(\sum_{i=1}^{n}\ln x_i\right)^2},$$

θ 的最大似然估计量为

$$\hat{\theta}_L=\frac{n^2}{\left(\sum_{i=1}^{n}\ln X_i\right)^2}.$$

3. 设总体 X 服从参数为 λ 的泊松分布，X_1，X_2，…，X_n 是来自总体 X 的样本，$\overline{X}$，S^2 分别为样本均值和样本方差.

（1）试证：对一切 $\alpha(0\leqslant\alpha\leqslant 1)$，统计量 $\alpha\overline{X}+(1-\alpha)S^2$ 均为 λ 的无偏估计量；

（2）试求 λ，λ^2 的最大似然估计量 $\hat{\lambda}_L$，$\hat{\lambda}_L^2$；

（3）讨论 $\hat{\lambda}_L^2$ 的无偏性，并给出 λ^2 的一个无偏估计量.

（1）**证明**　因为

$$\begin{aligned}E\left[\alpha\overline{X}+(1-\alpha)S^2\right]&=\alpha E\overline{X}+(1-\alpha)ES^2\\&=\alpha\lambda+(1-\alpha)E\left[\frac{1}{n-1}\sum_{i=1}^{n}(X_i-\overline{X})^2\right]\\&=\alpha\lambda+\frac{1-\alpha}{n-1}E\left(\sum_{i=1}^{n}X_i^2-n\overline{X}^2\right)\end{aligned}$$

$$=\alpha\lambda+\frac{1-\alpha}{n-1}\left(\sum_{i=1}^{n}EX_i^2-nE\,\overline{X}^2\right)$$

$$=\alpha\lambda+\frac{1-\alpha}{n-1}\sum_{i=1}^{n}\left[DX_i+(EX_i)^2\right]-\frac{n(1-\alpha)}{n-1}\left[D\overline{X}+(E\overline{X})^2\right]$$

$$=\alpha\lambda+\frac{1-\alpha}{n-1}(n\lambda+n\lambda^2)-\frac{n(1-\alpha)}{n-1}\left[D\left(\frac{1}{n}\sum_{i=1}^{n}X_i\right)+\lambda^2\right]$$

$$=\alpha\lambda+\frac{1-\alpha}{n-1}(n\lambda+n\lambda^2)-\frac{n(1-\alpha)}{n-1}\left(\frac{\lambda}{n}+\lambda^2\right)$$

$$=\lambda.$$

所以，对一切 $\alpha(0\leqslant\alpha\leqslant1)$，统计量 $\alpha\overline{X}+(1-\alpha)S^2$ 均为 λ 的无偏估计量.

(2) **解**　设 x_1，x_2，…，x_n 为一组样本值. 已知总体 X 的概率分布律为

$$P\{X=x\}=\frac{\lambda^x e^{-\lambda}}{x!},\quad x=0,1,2,\cdots,$$

似然函数为

$$L(\lambda)=\frac{\lambda^{\sum\limits_{i=1}^{n}x_i}e^{-n\lambda}}{\prod\limits_{i=1}^{n}x_i!},$$

对似然函数取对数可得

$$\ln L=\left(\sum_{i=1}^{n}x_i\right)\ln\lambda-n\lambda-\sum_{i=1}^{n}\ln x_i!,$$

似然方程为

$$\frac{d\ln L}{d\lambda}=\frac{1}{\lambda}\sum_{i=1}^{n}x_i-n=0,$$

解似然方程得

$$\hat{\lambda}=\frac{1}{n}\sum_{i=1}^{n}x_i=\overline{x}.$$

又因为

$$\frac{d^2\ln L}{d\lambda^2}=-\frac{\sum\limits_{i=1}^{n}x_i}{\lambda^2}<0,$$

所以，当 $\lambda=\overline{x}$ 时，$\ln L$ 取最大值，即 L 取最大值，故 λ 的最大似然估计值为 $\hat{\lambda}=\overline{x}$，$\lambda$ 的最大似然估计量为

$$\hat{\lambda}_L=\overline{X},$$

λ^2 的最大似然估计量为

$$\hat{\lambda}_L^2=(\overline{X})^2.$$

(3) **解**　由于

$$E(\hat{\lambda}_L^2)=E[(\overline{X})^2]=D\overline{X}+(E\overline{X})^2=\frac{1}{n}\lambda+\lambda^2,$$

所以 $\hat{\lambda}_L^2$ 不是 λ^2 的无偏估计量.

又由于

$$\lambda^2=(EX)^2=EX^2-DX=EX^2-EX=E(X^2-X),$$

用样本矩 $\frac{1}{n}\sum_{i=1}^{n}X_i^2$，$\frac{1}{n}\sum_{i=1}^{n}X_i$ 分别代替相应的总体矩 EX^2，EX，便得 λ^2 的无偏估计 $\hat{\lambda}^2=\frac{1}{n}\sum_{i=1}^{n}X_i^2-\frac{1}{n}\sum_{i=1}^{n}X_i=\frac{1}{n}\sum_{i=1}^{n}X_i^2-\overline{X}$.

4. 设某种电子管的使用寿命服从正态分布. 从中随机抽取 15 个进行检验，得平均使用寿命为 1950 小时，标准差 s 为 300 小时. 试以 95% 的可靠性估计整批电子管平均使用寿命的置信区间.

解　由题意可知 $\overline{x}=1950$，$s=300$. 又已知 $n=15$，$\alpha=0.05$，查 t 分布上侧分位数表得 $t_{\frac{\alpha}{2}}(14)=t_{0.025}(14)=2.145$，所以，$\mu$ 的置信度为 95% 的置信区间为

$$\left(1950-\frac{300}{\sqrt{15}}\times 2.145,\ 1950+\frac{300}{\sqrt{15}}\times 2.145\right),$$

即(1783.849，2116.151).

5. 科学上的重大发现往往是由年轻人做出的. 下面列出了自 16 世纪初期至 20 世纪早期的十二项重大发现的发现者和他们发现时的年龄：

发现内容	发现者	发现时间	年龄
地球绕太阳运转	哥白尼(Copernicus)	1513 年	40 岁
望远镜、天文学的基本定律	伽利略(Galileo)	1600 年	36 岁
运动原理、重力、微积分	牛顿(Newton)	1665 年	23 岁
电的本质	富兰克林(Franklin)	1746 年	40 岁
燃烧是与氧气联系着的	拉瓦锡(Lavoisier)	1774 年	31 岁
地球是渐进过程演化成的	莱尔(Lyell)	1830 年	33 岁
自然选择控制演化的证据	达尔文(Darwin)	1858 年	49 岁
光的场方程	麦克斯韦(Maxwell)	1864 年	33 岁
放射性	居里夫人(Marie Curie)	1896 年	34 岁
量子论	普朗克(Planck)	1900 年	43 岁
狭义相对论，$E=mc^2$	爱因斯坦(Einstein)	1905 年	26 岁
量子论的数学基础	薛定谔(Schrödinger)	1926 年	39 岁

设样本来自正态总体，试求发现者的平均年龄 μ 的置信度为 0.95 的置信区间.

解　设重大发现发现者的年龄为 X，由题意知 $X\sim N(\mu,\sigma^2)$. 由样本值计算可得

$\overline{x}=35.6$，$s=7.217$. 又已知 $n=12$，$\alpha=0.05$，查 t 分布上侧分位数表得 $t_{\frac{\alpha}{2}}(11)=t_{0.025}(11)=2.201$，所以，$\mu$ 的置信度为 0.95 的置信区间为

$$\left(35.6-\frac{7.217}{\sqrt{12}}\times 2.201,\ 35.6+\frac{7.217}{\sqrt{12}}\times 2.201\right),$$

即(31.0，40.2).

6. 总体 $X\sim N(\mu,\sigma^2)$，σ^2 已知，问样本容量 n 取多大时才能保证 μ 的置信度为 0.95 的置信区间的长度不大于 L.

解　由题意知，μ 的置信度为 0.95 的置信区间为

$$\left(\overline{X}-\frac{\sigma}{\sqrt{n}}u_{\frac{\alpha}{2}},\ \overline{X}+\frac{\sigma}{\sqrt{n}}u_{\frac{\alpha}{2}}\right),$$

其区间长度为 $2\frac{\sigma}{\sqrt{n}}u_{\frac{\alpha}{2}}$，若使 $2\frac{\sigma}{\sqrt{n}}u_{\frac{\alpha}{2}}\leqslant L$，只需

$$n\geqslant\frac{4\sigma^2u_{\alpha/2}^2}{L^2},$$

已知 $\alpha=0.05$，查标准正态分布表得，$u_{0.025}=1.96$，故

$$n\geqslant\frac{4\sigma^2u_{\alpha/2}^2}{L^2}=\left(\frac{3.92\sigma}{L}\right)^2,$$

即样本容量 n 至少取 $\left(\frac{3.92\sigma}{L}\right)^2$ 时，才能保证 μ 的置信度为 0.95 的置信区间的长度不大于 L.

*7. 从两正态总体 X，Y 中分别抽取容量为 16 和 10 的两个样本，求得 $\sum\limits_{i=1}^{16}(X_i-\overline{X})^2=380$，$\sum\limits_{i=1}^{10}(Y_i-\overline{Y})^2=180$. 试求方差比 $\frac{\sigma_X^2}{\sigma_Y^2}$ 的 95% 的置信区间.

解　已知 $n_1=16$，$n_2=10$，$s_1^2=25.333$，$s_2^2=20$. 又由于 $1-\alpha=0.95$，故 $\alpha=0.05$，查 F 分布上侧分位数表得 $F_{0.025}(15,9)=3.77$，$F_{0.975}(15,9)=\frac{1}{F_{0.025}(9,15)}=\frac{1}{3.12}$. 因此 $\frac{\sigma_X^2}{\sigma_Y^2}$ 的置信度为 95% 的置信区间为(0.336，3.952).

*8. 为检测某种激素对失眠的影响，诊所的医生给两组睡眠不规律的病人在临睡前服用不同剂量的激素，然后测量他们从服药到入睡(电脑电波确定)的时间. 第一组服用的是 5 毫克的剂量，第二组服用的是 15 毫克的剂量，样本是独立的. 结果为 $n_1=10$，$\overline{x}=14.8$ 分钟，$s_1^2=4.36$ 分钟^2；第二组 $n_2=13$，$\overline{y}=10.2$ 分钟，$s_2^2=4.66$ 分钟^2. 假定两个条件下的总体是正态分布，试求两总体方差比 $\frac{\sigma_1^2}{\sigma_2^2}$ 的置信度为 90% 的置信区间.

解　已知 $n_1=10$，$n_2=13$，$s_1^2=4.36$，$s_2^2=4.66$. 又由于 $1-\alpha=0.90$，故 $\alpha=0.10$，查 F 分布上侧分位数表得 $F_{0.05}(9,12)=2.80$，$F_{0.95}(9,12)=\frac{1}{F_{0.05}(12,9)}=\frac{1}{3.07}$. 因此 $\frac{\sigma_1^2}{\sigma_2^2}$ 的置信度为 90% 的置信区间为(0.334，2.872).

四、自测题及答案

（一）自测题

一、填空题（本大题共 5 小题，每小题 3 分，共 15 分）

1. 设总体 X 的概率密度为

$$f(x;\theta)=\begin{cases}e^{-(x-\theta)}, & x\geqslant\theta,\\ 0, & x<\theta.\end{cases}\quad(\theta>0),$$

而 X_1，X_2，…，X_n 是来自总体 X 的随机样本，则未知参数 θ 的矩估计量为 ______.

2. 设总体 $X\sim N(\mu_1,\sigma^2)$，总体 $Y\sim N(\mu_2,\sigma^2)$，X_1，X_2，…，X_{n1} 和 Y_1，Y_2，…，Y_{n2} 分别是来自总体 X 和 Y 的简单随机样本，则 $E\left[\dfrac{\sum\limits_{i=1}^{n1}(X_i-\overline{X})^2+\sum\limits_{i=1}^{n2}(Y_i-\overline{Y})^2}{n_1+n_2-2}\right]$ = ______.

3. 设 X_1，X_2，…，X_n 为来自二项分布总体 $B(n,p)$ 的简单随机样本，$\overline{X}$ 与 S^2 分别为样本均值与样本方差. 若 $\overline{X}+kS^2$ 为 np^2 的无偏估计量，则 $k=$ ______.

4. 设 X_1，X_2，X_3，X_4 与 Y_1，Y_2，…，Y_9 分别为总体正态分布 $X\sim N(\mu,1)$，$Y\sim N(\mu,4)$ 的简单随机样本，记 $T=a\sum\limits_{i=1}^{4}X_i+b\sum\limits_{j=1}^{9}Y_j$，若 T 为 μ 的一个无偏估计量，当 $a=$ ______，$b=$ ______ 时，T 为最有效.

5. 设来自正态总体 $X\sim N(\mu,0.9^2)$ 容量为 9 的简单随机样本，得样本均值 $\overline{x}=5$，则未知参数 μ 的置信度为 0.95 的置信区间是 ______.

二、选择题（本大题共 5 小题，每小题 3 分，共 15 分）

1. 设 X_1，X_2，…，X_k 为取自总体 $X\sim N(\mu,\sigma^2)$ 的样本，则 σ^2 的极大似然估计量为（　　）.

(A) $\dfrac{(k-1)S^2}{\sigma^2}$　　(B) $\dfrac{1}{k-1}\sum\limits_{i=1}^{k}(X_i-2)^2$

(C) $\dfrac{1}{k-1}\sum\limits_{i=1}^{k}(X_i-\overline{X})^2$　　(D) $\sum\limits_{i=1}^{k}(X_i-\overline{X})^2$

2. 设 X_1，X_2，X_3 是取自总体 $X\sim N(0,1)$ 的简单随机样本，以下数学期望 EX 的点估计中最有效的是（　　）.

(A) $\dfrac{1}{3}X_1+\dfrac{1}{3}X_2+\dfrac{1}{3}X_3$　　(B) $\dfrac{1}{2}X_1+\dfrac{1}{4}X_2+\dfrac{1}{4}X_3$

(C) $\dfrac{1}{2}X_1+\dfrac{1}{2}X_2+\dfrac{1}{4}X_3$　　(D) $\dfrac{1}{4}X_1+\dfrac{1}{4}X_2+\dfrac{1}{4}X_3$

3. 对参数的一种区间估计及一组样本观察值 x_1，x_2，…，x_n 来说，下列结论中正确的是（　　）.

(A) 置信度越大，对参数取值范围估计越准确　(B) 置信度越大，置信区间越长

(C) 置信度越大，置信区间越短　(D) 置信度大小与置信区间的长度无关

4. 设 (θ_1, θ_2) 是参数 θ 的置信度为 $1-\alpha$ 的区间估计，则以下结论正确的是（　　）.

(A) 参数 θ 落在区间 (θ_1, θ_2) 的概率为 $1-\alpha$

(B) 参数 θ 落在区间 (θ_1, θ_2) 之外的概率为 α

(C) 区间 (θ_1, θ_2) 包含参数 θ 的概率为 $1-\alpha$

(D) 对不同的样本观察值，区间 (θ_1, θ_2) 的长度相同

5. 设一批零件的长度服从正态分布 $N(\mu, \sigma^2)$，其中 μ，σ^2 均未知. 现从中随机抽取 16 个零件，测得样本均值 $\overline{x}=20$（厘米），样本标准差 $s=1$（厘米），则 μ 的置信度为 0.90 的置信区间是（　　）.

(A) $\left(20-\frac{1}{4}t_{0.05}(16), 20+\frac{1}{4}t_{0.05}(16)\right)$

(B) $\left(20-\frac{1}{4}t_{0.1}(16), 20+\frac{1}{4}t_{0.1}(16)\right)$

(C) $\left(20-\frac{1}{4}t_{0.05}(15), 20+\frac{1}{4}t_{0.05}(15)\right)$

(D) $\left(20-\frac{1}{4}t_{0.1}(15), 20+\frac{1}{4}t_{0.1}(15)\right)$

三、计算题（本大题共 3 小题，每小题 10 分，共 30 分）

1. 设某种电子器件的寿命（以小时计）T 服从双参数的指数分布，其概率密度为

$$f(t)=\begin{cases}\frac{1}{\theta}e^{-(t-c)/\theta}, & t\geqslant c,\\ 0, & \text{其他},\end{cases}$$

其中 c，θ $(c, \theta>0)$ 为未知参数. 自一批这种器件中随机取 n 件进行寿命试验. 设它们的失效时间依次为 x_1，x_2，…，x_n.

(1) 求 θ 与 c 的矩估计；

(2) 求 θ 与 c 的最大似然估计.

2. 设总体 X 的概率密度为

$$f(x;\theta)=\begin{cases}\frac{1}{2\theta}, & 0<x<\theta,\\ \frac{1}{2(1-\theta)}, & \theta\leqslant x<1,\\ 0, & \text{其他},\end{cases}$$

其中参数 θ $(0<\theta<1)$ 未知，X_1，X_2，…，X_n 是来自总体 X 的简单随机样本，$\overline{X}$ 是样本均值.

（1）求参数 θ 的矩估计量 $\hat{\theta}$；

（2）判断 $4\overline{X}^2$ 是否为 θ^2 的无偏估计量，并说明理由.

3. 设总体 X 服从正态分布 $N(\mu, \sigma^2)$，其中 μ，σ 未知，求 $\theta=P\{X\geqslant 2\}$ 的最大似然估计.

四、证明题（本大题共 2 小题，每小题 10 分，共 20 分）

1. 设从均值为 μ，方差为 $\sigma^2>0$ 的总体中，分别抽取容量为 n_1，n_2 的两个独立样本，$\overline{X}_1$ 和 $\overline{X}_2$ 分别是两样本的均值. 试证：对于任意常数 a，b $(a+b=1)$，$Y=a\overline{X}_1+b\overline{X}_2$ 都是 μ 的无偏估计；并确定常数 a，b，使 DY 达到最小.

2. 设总体 X 服从指数分布 $E(\lambda)$，其中 $\lambda>0$，抽取样本 X_1，X_2，…，X_n. 证明：

（1）虽然样本均值 $\overline{X}$ 是 λ^{-1} 的无偏估计量，但 $\overline{X}^2$ 却不是 λ^{-2} 的无偏估计量；

（2）统计量 $\dfrac{n}{n+1}\overline{X}^2$ 是 λ^{-2} 的无偏估计量.

五、应用题（本大题共 2 小题，每小题 10 分，共 20 分）

1. 在某校的一个班体检记录中，随意抄录 25 名男生的身高数据，测得平均身高为 170 厘米，标准差为 12 厘米，试求该班男生的平均身高 μ 和身高的标准差 σ 的置信度为 0.95 的置信区间.（假设身高近似服从正态分布）

2. 在交通工程中，需要测定车速（单位：千米/小时）. 由以往的经验知道，测量值服从标准差为 3.58 的正态分布. 假定所有的观测都是相互独立的.

（1）问至少要作多少次观测，才能以 99%的可靠性保证平均测量值的误差在 ± 1 之间？

（2）现在作了 150 次观测，试问平均测量值的误差在 ± 1 之间的概率有多大？

（二）答案.

一、1. $\overline{X}-1$.

2. σ^2.

3. -1.

4. $\dfrac{4}{25}$，$\dfrac{1}{25}$.

5. (4.412，5.588).

二、1. A

2. D

3. B

4. C

5. C

三、1.（1）θ 和 c 的矩估计量为 $\hat{\theta}=\sqrt{\dfrac{1}{n}\sum\limits_{i=1}^{n}(X_i-\overline{X})^2}$，$\hat{c}=\overline{X}-\sqrt{\dfrac{1}{n}\sum\limits_{i=1}^{n}(X_i-\overline{X})^2}$；

（2）θ 和 c 的最大似然估计值为 $\hat{c}=\min\limits_{1\leqslant i\leqslant n}\{x_i\}$，$\hat{\theta}=\overline{x}-\min\limits_{1\leqslant i\leqslant n}\{x_i\}$；$\theta$ 和 c 的最大似然估计量为 $\hat{c}_L=\min\limits_{1\leqslant i\leqslant n}\{X_i\}$，$\hat{\theta}_L=\overline{X}-\min\limits_{1\leqslant i\leqslant n}\{X_i\}$.

提示：由于总体中含有两个未知参数，所以对于问题（1）需要求解总体的一、二阶原点矩；对于问题（2）则需要对最大似然函数求两个一阶偏导数.

2.（1）θ 的矩估计量为 $\hat{\theta}=2\overline{X}-\dfrac{1}{2}$；

（2）$4\overline{X}^2$ 不是 θ^2 的无偏估计量.

3. $\hat{\theta}_L=1-\Phi\left(\dfrac{2-\overline{X}}{S_n}\right)$. 提示：此例的解答过程需要用到一个性质：若 $\hat{\theta}$ 是 θ 的最大似然估计量，$g(x)$ 是单调函数，则 $g(\hat{\theta})$ 是 $g(\theta)$ 的最大似然估计量.

四、1. $a=\dfrac{n_1}{n_1+n_2}$，$b=\dfrac{n_2}{n_1+n_2}$. 提示：首先利用无偏性定义证明. 再利用方差性质求出 DY，结合函数的最值问题确定参数.

2. 略.

五、1. μ 的置信度为 0.95 的置信区间为（165.046，174.954），σ 的置信度为 0.95 的置信区间为（9.370，16.694）.

2.（1）86 次；

（2）0.9994. 提示：利用正态总体 σ^2 已知时 μ 的区间估计计算.

第七章　假设检验

一、教学基本要求与内容提要

（一）教学基本要求

1. 理解假设检验的基本思想，掌握假设检验的基本步骤；
2. 掌握一个正态总体的数学期望和方差的假设检验；
3. 了解两个正态总体的数学期望和方差的假设检验；
4. 了解总体分布假设检验的 χ^2 检验法.

（二）内容提要

1. 假设检验的概念

数理统计的基本任务是根据对样本的考察来对总体的某些情况作出判断. 对总体的分布函数或分布函数的未知参数作某种“假设”，然后根据抽样得到的样本观测值，运用数理统计的分析方法，检验这种“假设”是否正确，从而决定接受或拒绝“假设”，这就是**假设检验**.

假设检验分为**参数**和**非参数**两种类型. 总体分布的类型为已知，仅是一个或几个参数为未知，只要对这一个或几个未知参数的值作出假设，就可完全确定总体的分布. 这种仅涉及总体分布的未知参数的统计假设称为**参数假设检验**. 统计假设只能对未知分布函数的类型或它的某些特征提出某种假设，这种不同于参数假设检验的统计假设称为**非参数假设检验**.

2. 假设检验的基本思想

假设检验的基本思想是以小概率原理作为拒绝原假设 H_0 的依据. 小概率原理认为小概率事件在一次试验中实际上不会发生，并且若小概率事件在一次试验中发生了，就被认为不合理，判定原假设不成立的小概率事件的概率值为 $\alpha\,(0<\alpha<1)$，称为检验的**显著性水平**.

3. 假设检验的分类

(1) 拒绝域

假设检验本质上就是把样本空间 X 划分成两个互不相交的子集 C 和 C^*，使得当样本 $(X_1, X_2, \cdots, X_n)$ 的观察值 $(x_1, x_2, \cdots, x_n) \in C$，将拒绝原假设 H_0（接受备择假设 H_1）. 若 $(x_1, x_2, \cdots, x_n) \in C^*$，将接受原假设 H_0（拒绝备择假设 H_1）. 这样的划分构成一个准则，称这个样本空间的子集 C 为检验的**拒绝域（否定域）**，子集 C^* 为检验的**接受域**，拒绝域的边界点为**临界点**.

(2) 假设检验的分类

双侧（边）检验：假设检验的否定域位于接受域的两侧；检验假设 H_0：$\theta=\theta_0$，H_1：$\theta\neq\theta_0$（θ 为一个总体的待检验参数，θ_0 为一常数）或 H_0：$\theta_1=\theta_2$，H_1：$\theta_1\neq\theta_2$（θ_1 和 θ_2 分别为两个总体的待检验参数）的问题；

右侧（边）检验：检验假设 H_0：$\theta\leqslant\theta_0$，H_1：$\theta>\theta_0$（θ 为一个总体的待检验参数，θ_0 为一常数）或 H_0：$\theta_1\leqslant\theta_2$，$H_1$：$\theta_1>\theta_2$（$\theta_1$ 和 θ_2 分别为两个总体的待检验参数）的问题；

左侧（边）检验：检验假设 H_0：$\theta\geqslant\theta_0$，H_1：$\theta<\theta_0$（θ 为一个总体的待检验参数，θ_0 为一常数）或 H_0：$\theta_1\geqslant\theta_2$，$H_1$：$\theta_1<\theta_2$（$\theta_1$ 和 θ_2 分别为两个总体的待检验参数）的问题.

4. 假设检验的两类错误

(1) 第一类错误

检验水平 α 的意义是把概率不超过 α 的事件当作一次试验中实际不会发生的“小概率事件”，从而当该事件发生时否定原假设. 但在一次试验中，小概率事件并不是绝对不会发生的，只是它发生的概率不超过 α 而已，也就是说，在原假设 H_0 成立时，样本值也可能落入拒绝域，从而作出拒绝原假设 H_0 的判断，这种把客观上符合原假设 H_0 而判为不符合 H_0 的错误，称为**第一类错误**，它是“以真为假”的，称为**弃真错误**，α 就是犯第一类错误的概率的最大允许值.

(2) 第二类错误

当原假设 H_0 不成立时，而样本值却落入了接受域，从而作出接受的结论. 也就是说，把不符合原假设 H_0 的总体加以接受，这种错误称为**第二类错误**，它是“以假为真”的，称为**纳伪错误**. 水平 α 越小，拒绝域就越小，从而接受域就变大，犯第二类错误的概率也就越大. 一般用 β 表示犯第二类错误的概率.

5. 假设检验的步骤

(1) 根据题意建立原假设 H_0 及备择假设 H_1；

(2) 给出所要检验的参数的估计量，在原假设成立的条件下构造统计量（要求统计量的分布是确定的）；

(3) 对于给定的显著性水平 α，在假定原假设 H_0 成立的条件下给出拒绝域 C；

(4) 若样本观察值落在拒绝域中，则拒绝原假设 H_0，否则接受 H_0.

6. 单个正态总体参数假设检验

设总体 X 服从正态分布 $N(\mu, \sigma^2)$，X_1，X_2，…，X_n 是容量为 n 的样本，$\overline{X}=\frac{1}{n}\sum_{i=1}^{n}X_i$ 是样本均值，$S^2=\frac{1}{n-1}\sum_{i=1}^{n}(X_i-\overline{X})^2$ 是样本方差.

(1) 方差 σ^2 已知，关于均值 μ 的假设检验

① **双边假设检验：**H_0：$\mu=\mu_0$，H_1：$\mu\neq\mu_0$

选取检验统计量 $U=\frac{\overline{X}-\mu_0}{\sigma/\sqrt{n}}\sim N$（0，1）.

对于给定的显著性水平 α，H_0 的拒绝域（也是 H_1 的接受域）为 $|U|>u_{\frac{\alpha}{2}}$，其中 $u_{\frac{\alpha}{2}}$ 为标准正态分布 $\frac{\alpha}{2}$ 水平的上侧分位数.

② **右边假设检验：**H_0：$\mu\leqslant\mu_0$，H_1：$\mu>\mu_0$

对于给定的显著性水平 α，H_0 的拒绝域为 $U=\frac{\overline{X}-\mu_0}{\sigma/\sqrt{n}}>u_\alpha$.

③ **左边假设检验：**H_0：$\mu\geqslant\mu_0$，H_1：$\mu<\mu_0$

对于给定的显著性水平 α，H_0 的拒绝域为 $U=\frac{\overline{X}-\mu_0}{\sigma/\sqrt{n}}<-u_\alpha$.

(2) 方差 σ^2 未知，关于均值 μ 的假设检验

① **双边假设检验：**H_0：$\mu=\mu_0$，H_1：$\mu\neq\mu_0$

选取检验统计量 $T=\frac{\overline{X}-\mu_0}{S/\sqrt{n}}\sim t$（$n-1$）.

对于给定的显著性水平 α，H_0 的拒绝域为 $|T|>t_{\frac{\alpha}{2}}$（$n-1$）.

② **右边假设检验：**H_0：$\mu\leqslant\mu_0$，H_1：$\mu>\mu_0$

对于给定的显著性水平 α，H_0 的拒绝域为 $T=\frac{\overline{X}-\mu_0}{S/\sqrt{n}}>t_\alpha$（$n-1$）.

③ **左边假设检验：**H_0：$\mu\geqslant\mu_0$，H_1：$\mu<\mu_0$

对于给定的显著性水平 α，H_0 的拒绝域为 $T=\frac{\overline{X}-\mu_0}{S/\sqrt{n}}<-t_\alpha$（$n-1$）.

(3) 均值 μ 未知，关于方差 σ^2 的假设检验

① **双边假设检验：**H_0：$\sigma^2=\sigma_0^2$，H_1：$\sigma^2\neq\sigma_0^2$

选取检验统计量 $\chi^2=\frac{(n-1)S^2}{\sigma_0^2}\sim\chi^2$（$n-1$）.

对于给定的显著性水平 α，H_0 的拒绝域为 $\chi^2<\chi^2_{1-\frac{\alpha}{2}}$（$n-1$）或 $\chi^2>\chi^2_{\frac{\alpha}{2}}$（$n-1$）.

② **右边假设检验：**H_0：$\sigma^2\leqslant\sigma_0^2$，$H_1$：$\sigma^2>\sigma_0^2$

对于给定的显著性水平 α，H_0 的拒绝域为 $\chi^2>\chi^2_\alpha$（$n-1$）.

③ **左边假设检验**：H_0：$\sigma^2 \geqslant \sigma_0^2$，$H_1$：$\sigma^2 < \sigma_0^2$

对于给定的显著性水平 α，H_0 的拒绝域为 $\chi^2 < \chi^2_{1-\alpha}(n-1)$.

7. 两个正态总体参数假设检验

设 $X \sim N(\mu_1, \sigma_1^2)$，$Y \sim N(\mu_2, \sigma_2^2)$，$X_1, X_2, \cdots, X_{n_1}$ 为取自总体 $N(\mu_1, \sigma_1^2)$ 的一个样本，$Y_1, Y_2, \cdots, Y_{n_2}$ 为取自总体 $N(\mu_2, \sigma_2^2)$ 的一个样本，并且两个样本相互独立，记 $\overline{X}$ 与 $\overline{Y}$ 分别为样本 $X_1, X_2, \cdots, X_{n_1}$ 与 $Y_1, Y_2, \cdots, Y_{n_2}$ 的样本均值，S_1^2 与 S_2^2 分别为 $X_1, X_2, \cdots, X_{n_1}$ 与 $Y_1, Y_2, \cdots, Y_{n_2}$ 的样本方差.

(1) 方差 σ_1^2，σ_2^2 已知时，关于均值差 $\mu_1-\mu_2$ 的假设检验

① **双边假设检验**：H_0：$\mu_1-\mu_2=0$，H_1：$\mu_1-\mu_2 \neq 0$

选取检验统计量 $U=\dfrac{\overline{X}-\overline{Y}}{\sqrt{\sigma_1^2/n_1+\sigma_2^2/n_2}} \sim N(0, 1)$.

对于给定的显著性水平 α，H_0 的拒绝域为

$$|U|=\left|\frac{\overline{X}-\overline{Y}}{\sqrt{\sigma_1^2/n_1+\sigma_2^2/n_2}}\right|>u_{\alpha/2}.$$

② **右边假设检验**：H_0：$\mu_1-\mu_2 \leqslant 0$，H_1：$\mu_1-\mu_2>0$

对于给定的显著性水平 α，H_0 的拒绝域为

$$U=\frac{\overline{X}-\overline{Y}}{\sqrt{\sigma_1^2/n_1+\sigma_2^2/n_2}}>u_{\alpha}.$$

③ **左边假设检验**：H_0：$\mu_1-\mu_2 \geqslant 0$，H_1：$\mu_1-\mu_2<0$

对于给定的显著性水平 α，H_0 的拒绝域为

$$U=\frac{\overline{X}-\overline{Y}}{\sqrt{\sigma_1^2/n_1+\sigma_2^2/n_2}}<-u_{\alpha}.$$

(2) 方差 σ_1^2，σ_2^2 未知，但当 $\sigma_1^2=\sigma_2^2=\sigma^2$ 时，关于均值差 $\mu_1-\mu_2$ 的假设检验

① **双边假设检验**：H_0：$\mu_1-\mu_2=0$，H_1：$\mu_1-\mu_2 \neq 0$

选取检验统计量

$$T=\frac{\overline{X}-\overline{Y}}{S_w\sqrt{1/n_1+1/n_2}} \sim t(n_1+n_2-2),$$

其中

$$S_w^2=\frac{(n_1-1)S_1^2+(n_2-1)S_2^2}{n_1+n_2-2}.$$

对于给定的显著性水平 α，H_0 的拒绝域为

$$|T|=\left|\frac{\overline{X}-\overline{Y}}{S_w\sqrt{1/n_1+1/n_2}}\right|>t_{\alpha/2}(n_1+n_2-2).$$

② **右边假设检验**：H_0：$\mu_1-\mu_2 \leqslant 0$，H_1：$\mu_1-\mu_2>0$

对于给定的显著性水平 α，H_0 的拒绝域为

$$T=\frac{\overline{X}-\overline{Y}}{S_w\sqrt{1/n_1+1/n_2}}>t_\alpha(n_1+n_2-2).$$

③ **左边假设检验：**H_0**：**$\mu_1-\mu_2\geqslant 0$**，**H_1**：**$\mu_1-\mu_2<0$

对于给定的显著性水平 α，H_0 的拒绝域为

$$T=\frac{\overline{X}-\overline{Y}}{S_w\sqrt{1/n_1+1/n_2}}<-t_\alpha(n_1+n_2-2).$$

(3) 均值 μ_1**，**μ_2 **未知时，关于方差比** $\frac{\sigma_1^2}{\sigma_2^2}$ **的假设检验**

① **双边假设检验：**H_0**：**$\sigma_1^2=\sigma_2^2$**，**H_1**：**$\sigma_1^2\neq\sigma_2^2$

选取检验统计量 $F=\frac{S_1^2}{S_2^2}\sim F(n_1-1,\ n_2-1)$.

对于给定的显著性水平 α，H_0 的拒绝域为

$$F<F_{1-\alpha/2}(n_1-1,\ n_2-1)\text{或}F>F_{\alpha/2}(n_1-1,\ n_2-1).$$

② **右边假设检验：**H_0**：**$\sigma_1^2\leqslant\sigma_2^2$**，**$H_1$**：**$\sigma_1^2>\sigma_2^2$

对于给定的显著性水平 α，H_0 拒绝域为 $F>F_\alpha(n_1-1,\ n_2-1)$.

③ **左边假设检验：**H_0**：**$\sigma_1^2\geqslant\sigma_2^2$**，**$H_1$**：**$\sigma_1^2<\sigma_2^2$

对于给定的显著性水平 α，H_0 拒绝域为 $F<F_{1-\alpha}(n_1-1,\ n_2-1)$.

8. **分布拟合检验**

假定总体服从某种分布，然后用统计检验的方法，把经验统计分布与假定的理论分布相比较，视其吻合情况，判断所研究的总体是否可以用所假定的理论分布来描述. 这类统计检验称为**分布拟合检验**.

9. **拟合优度** χ^2 **检验**

χ^2 **检验法**是在总体分布未知时，根据样本值 x_1，x_2，…，x_n 来检验关于总体分布的假设

$$H_0\text{：总体 }X\text{ 的分布函数是 }F(x),$$
$$H_1\text{：总体 }X\text{ 的分布函数不是 }F(x)$$

的一种方法.

若总体 X 为离散型的，则假设 H_0：X 的概率分布为 $P\{X=x_i\}=p_i$，$i=1,2,\cdots$；

若总体 X 为连续型的，则假设 H_0：X 的概率密度为 $f(x)$.

(1) 分布函数 $F(x)$ **不含未知参数**

将随机试验可能结果的全体 Ω 分为 k 个互不相容的事件 A_1，A_2，…，A_k，即

$$\bigcup_{i=1}^{k}A_i=\Omega,\ A_iA_j=\varnothing(i\neq j;\ i,\ j=1,\ 2,\ \cdots,\ k),$$

于是在 H_0 为真时，可以计算概率 $P_i=P(A_i)$ $(i=1,2,\cdots,k)$，构造检验统计量

$$\chi^2=\sum_{i=1}^{k}\frac{(f_i-nP_i)^2}{nP_i},$$

其中 f_i 为事件 A_i 出现的频数，对于给定的检验水平 α，确定拒绝域为 $\chi^2>\chi_\alpha^2(k-1)$.

(2) $F(x)$ 的形式已知，其参数值未知

先求出未知参数的最大似然估计（在假设 H_0 下），以估计值作为参数值，然后根据 H_0 求出 p_i 的估计值 $\hat{p}_i=\hat{P}_i(A_i)$，构造检验统计量 $\chi^2=\sum_{i=1}^{k}\frac{(f_i-n\hat{p}_i)^2}{n\hat{p}_i}$，对于给定的检验水平 α，确定拒绝域为 $\chi^2>\chi^2_\alpha(k-r-1)$，其中 r 为被估计的参数个数.

10. 独立性检验

一设有两个因素 A 和 B，各有 c 和 r 两个水平. 要检验两个因素 A 和 B 是否相互独立，建立假设

H_0：两个因素 A 和 B 相互独立；H_1：两个因素 A 和 B 不独立.

根据条件列出如下列联表，其中 n_{ij} 为处于因素 A 和 B 的 i 和 j 水平下的频数，n 表示总频数. 检验统计量为

$$\chi^2=\sum_{i=1}^{r}\sum_{j=1}^{c}\frac{(n_{ij}-n_{i.}n_{.j}/n)^2}{n_{i.}n_{.j}/n},$$

在显著性水平 α 下，拒绝域为 $\chi^2>\chi^2_\alpha[(r-1)(c-1)]$.

列联表

		因素 A				合计
		A_1	A_2	…	A_c	
因素 B	B_1	n_{11}	n_{12}	…	n_{1c}	$n_{1.}$
	B_2	n_{21}	n_{22}	…	n_{2c}	$n_{2.}$
	⋮	⋮	⋮		⋮	⋮
	B_r	n_{r1}	n_{r2}	…	n_{rc}	$n_{r.}$
合计		$n_{.1}$	$n_{.2}$	…	$n_{.c}$	n

二、典型方法与范例

1. 单个正态总体，方差 σ^2 已知，关于均值 μ 的假设检验

例 1　某粮食加工厂用自动包装机装袋，在生产正常的情况下，每袋质量服从正态分布 $N(50, 0.35^2)$（单位：千克），某日开工后，随机抽查 10 袋，其质量如下：

49.56，50.25，49.70，50.04，49.82，50.21，49.55，50.03，49.82，49.75.

问该日每袋大米质量的数学期望与 50 千克是否有显著差异（$\alpha=0.05$）?

分析　根据所给的样本值，对已知方差的正态总体，检验 $\mu=50$ 是否成立.

解　假设 H_0：$\mu=50$，H_1：$\mu\neq50$，以 H_0 成立为前提，确定检验统计量

$$U=\frac{\overline{X}-50}{0.35/\sqrt{10}}\sim N(0, 1).$$

对于给定的显著性水平 $\alpha=0.05$，确定临界点 $u_{\alpha/2}$，使得 $P\{|U|>u_{\alpha/2}\}=\alpha$，查标准正态分布上侧分位数表可得 $u_{\alpha/2}=u_{0.025}=1.96$，于是拒绝域为 $|U|>1.96$，而

$$|U_0|=\left|\frac{\overline{x}-50}{0.35/\sqrt{10}}\right|=\left|\frac{49.873-50}{0.35/\sqrt{10}}\right|\approx1.147<1.96,$$

因此接受 H_0，即认为该日每袋大米质量的数学期望与 50 千克无显著差异.

例 2 已知在罐头番茄汁中，维生素 C 的含量服从正态分布 $N(\mu,3.98^2)$，按照规定，维生素 C 的平均含量不得少于 21 毫克. 现从一批罐头中抽了 17 罐，算得维生素 C 的含量的平均值 $\overline{x}=23$ 毫克，问该批罐头维生素 C 含量是否合格（$\alpha=0.05$）?

分析 对于方差已知的正态总体，检验 $\mu\geqslant21$ 是否成立.

解 假设 H_0：$\mu\geqslant21$，H_1：$\mu<21$，确定检验统计量

$$U=\frac{\overline{X}-21}{3.98/\sqrt{17}}.$$

对于给定的显著性水平 $\alpha=0.05$，确定临界点 u_α，查标准正态分布上侧分位数表可知，$u_\alpha=u_{0.05}=1.65$，于是拒绝域为 $U<-u_\alpha=-1.65$，而 $U_0=2.07>-1.65$，因此接受 H_0，即认为该批罐头维生素 C 平均含量不得少于 21 毫克.

例 3 某厂生产的一种铜丝，它的主要质量指标为折断力大小，根据以往资料分析，可以认为折断力 X 服从正态分布，且均值 $\mu=570$ 千克，标准差 $\sigma=8$ 千克. 今换了原材料生产一批铜丝，并从中抽出 10 个样品，测得折断力为（单位：千克）

578，572，568，570，572，570，570，572，596，584.

从性质上分析，估计折断力的方差不会变化，问这批铜丝的折断力是否比以往生产的铜丝的折断力大（$\alpha=0.05$）?

分析 根据所给的样本值，对已知方差的正态总体的均值进行假设检验 H_0：$\mu\leqslant570$，H_1：$\mu>570$.

解 假设 H_0：$\mu\leqslant570$，H_1：$\mu>570$，以 H_0 成立为前提，确定检验统计量

$$U=\frac{\overline{X}-\mu_0}{\sigma/\sqrt{n}}=\frac{\overline{X}-570}{8/\sqrt{10}}.$$

对于给定的显著性水平 $\alpha=0.05$，确定临界点 $u_\alpha=u_{0.05}=1.64$，于是拒绝域为 $U>1.64$. 而 $U_0=\dfrac{\overline{x}-570}{8/\sqrt{10}}=\dfrac{575.2-570}{8/\sqrt{10}}=2.055>1.64$，故拒绝 H_0，即认为新生产的铜丝折断力明显提高.

2. 单个正态总体，方差 σ^2 未知，关于均值 μ 的假设检验

例 4 某批矿砂的 9 个样品中钨的含量经过测定为（%）

3.75，3.80，4.01，3.74，4.05，3.80，4.00，3.78，3.91.

设测定值服从正态分布. 问在显著性水平 $\alpha=0.01$ 下能否接受这批矿砂的含钨量为 3.95?

分析 设这批矿砂的含钨量作为总体 X，根据所给样本值，对未知方差的正态总体的均值进行检验 H_0：$\mu=3.95$，H_1：$\mu\neq 3.95$.

解 假设 H_0：$\mu=3.95$，H_1：$\mu\neq 3.95$，以 H_0 成立为前提，确定检验统计量

$$T=\frac{\overline{X}-\mu_0}{S/\sqrt{n}}=\frac{\overline{X}-39.5}{S/\sqrt{9}}\sim t(8).$$

对于给定的显著性水平 $\alpha=0.01$，确定临界点 $t_{0.005}(8)=3.355$，$\overline{x}=3.871$，$s=0.126$，于是拒绝域为 $|T|>3.355$，而 $|T_0|=\left|\frac{\overline{x}-\mu}{s/\sqrt{n}}\right|\approx 1.880<3.355$，因此接受 H_0，即这批矿砂的含钨量为 3.95.

例 5 从某厂生产的电子元件中随机抽取了 25 个作使用寿命测试，得数据（单位：小时）x_1，x_2，…，x_{25}，并由此计算得 $\overline{x}=100$，$\sum\limits_{i=1}^{25}x_i^2=4.9\times 10^5$. 已知这种电子元件的使用寿命服从 $N(\mu,\sigma^2)$，且国家标准为 90 小时以上，试在显著性水平 $\alpha=0.05$ 下检验该厂生产的电子元件是否符合国家标准，即要检验 H_0：$\mu\leqslant 90$，H_1：$\mu>90$.

分析 设该厂生产的电子元件的寿命作为总体 X，则 $X\sim N(\mu,\sigma^2)$. 因此问题就变成根据所给的样本值，对方差未知的正态总体，检验 $\mu\leqslant 90$ 是否成立.

解 假设 H_0：$\mu\leqslant 90$，H_1：$\mu>90$. 确定检验统计量

$$T=\frac{\overline{X}-\mu_0}{S/\sqrt{n}}=\frac{\overline{X}-90}{S/\sqrt{25}}\sim t(24)$$

对于给定的显著性水平 $\alpha=0.05$，$t_\alpha(n-1)=t_{0.05}(24)=1.711$，于是拒绝域为

$$T<-t_\alpha(n-1)=-1.711.$$

而 $T_0=0.5>-1.711$，因此接受 H_0，即该厂生产的电子元件不符合国家标准.

例 6 某手机生产厂家在广告中声称他们生产的某品牌手机的待机时间平均为 71.5 小时，一质检部门检查了 6 部该手机，测得待机时间（单位：小时）为

69，68，72，70，66，75.

假设手机的待机时间 $X\sim N(\mu,\sigma^2)$，由这些数据能否说明其广告有欺骗消费者之嫌疑（$\alpha=0.05$）？

分析 根据所给的样本值，对未知方差的正态总体的均值进行假设检验 H_0：$\mu\geqslant 71.5$，H_1：$\mu<71.5$.

解 假设 H_0：$\mu\geqslant 71.5$，H_1：$\mu<71.5$，确定检验统计量

$$T=\frac{\overline{X}-\mu_0}{S/\sqrt{n}}=\frac{\overline{X}-71.5}{S/\sqrt{6}}.$$

对于给定的显著性水平 $\alpha=0.05$，确定临界点 $t_\alpha(n-1)=t_{0.05}(5)=2.015$，于是拒绝域为 $T<-2.015$. 而 $T_0=\frac{\overline{x}-\mu_0}{s/\sqrt{n}}=\frac{70-71.5}{\sqrt{10}/\sqrt{6}}=-1.162>-2.015$，故接受 H_0，即不能认为该厂广告有欺骗消费者之嫌疑.

3. 单个正态总体，均值 μ 未知，关于方差 σ^2 的假设检验

例 7 用过去的铸造方法，零件强度的标准差为 1.6 千克²/毫米²，为了降低成本，改变了铸造方法，测得用新方法铸造出来的零件强度如下：

51.9，53.0，52.7，54.1，53.2，52.3，52.5，51.1，54.7.

假设零件强度服从正态分布，在显著性水平 $\alpha=0.05$ 下，问改变方法后零件强度的方差是否发生了变化？

分析 根据所给的样本值，对正态总体的方差检验 H_0：$\sigma^2=1.6^2$ 是否成立.

解 假设 H_0：$\sigma^2=1.6^2$，H_1：$\sigma^2\neq1.6^2$，确定检验统计量

$$W=\frac{(n-1)\ S^2}{\sigma_0^2}=\frac{8S^2}{1.6^2}\sim\chi^2\ (8).$$

对于给定的显著性水平 $\alpha=0.05$，确定临界点 $\chi^2_{1-\frac{\alpha}{2}}\ (n-1)\ =\chi^2_{0.975}\ (8)\ =2.18$，$\chi^2_{\frac{\alpha}{2}}\ (n-1)\ =\chi^2_{0.025}\ (8)\ =17.535$，于是拒绝域为 $0<W<2.18$ 或 $W>17.353$. 将 $\overline{x}=52.83$，$(n-1)\ s^2=12.71$ 代入计算得 $W_0=4.965$，故接受 H_0，即认为零件强度的方差没有显著变化.

例 8 某人对锰的熔点作了 4 次测定，结果是 1269，1271，1263，1265（单位:℃）. 假定数据服从正态分布，在显著性水平 $\alpha=0.01$ 下是否可认为测定值的均方差不超过 2?

分析 均值未知时，对正态总体的方差进行假设检验 H_0：$\sigma^2\leqslant2^2$，H_1：$\sigma^2>2^2$.

解 假设 H_0：$\sigma^2\leqslant2^2$，H_1：$\sigma^2>2^2$，以 H_0 成立为前提，确定检验统计量

$$W=\frac{(n-1)\ S^2}{\sigma_0^2}=\frac{3S^2}{2^2}.$$

对于给定的显著性水平 $\alpha=0.01$，确定临界点 $\chi^2_{0.01}\ (3)\ =11.345$，于是拒绝域为 $W>11.345$. 而 $W_0=\frac{3s^2}{2^2}=10<11.345$，因此接受 H_0，即认为锰的熔点的均方差不超过 2.

例 9 某工厂用自动生产线生产金属丝，假设金属丝的折断力 $X\sim N\ (\mu,\ \sigma^2)$，其规定合格标准为均值 $\mu=580$，方差 $\sigma^2\leqslant64$. 某日开工后，抽取 9 根金属丝进行折断力检测，结果为

578，572，570，568，572，570，596，586，568.

试分析该日生产是否有系统偏差（$\alpha=0.05$）?

分析 根据所给的样本值，对正态总体进行假设检验 H_0：$\mu=580$ 及 H_0：$\sigma^2\leqslant64$.

解 （1）假设 H_0：$\mu=580$，H_1：$\mu\neq580$，以 H_0 成立为前提，确定检验统计量

$$T=\frac{\overline{X}-\mu_0}{S/\sqrt{n}}=\frac{\overline{X}-580}{S/\sqrt{9}}\sim t\ (8).$$

对于给定的显著性水平 $\alpha=0.05$，确定临界点 $t_{\frac{\alpha}{2}}\ (n-1)\ =t_{0.025}\ (8)\ =2.306$，于是拒绝域为 $|T|>2.306$. 将 $\overline{x}=575.556$，$s=9.58$ 代入计算得 $|T_0|=\left|\frac{\overline{x}-580}{s/\sqrt{9}}\right|=\left|\frac{575.556-580}{9.58/\sqrt{9}}\right|=1.392<2.306$，故接受 H_0，即认为该日生产的金属丝的均值无系统偏差.

（2）假设 H_0：$\sigma^2 \leqslant 64$，H_1：$\sigma^2 > 64$，确定检验统计量

$$W=\frac{(n-1)\ s^2}{\sigma_0^2}=\frac{8S^2}{64}.$$

对于给定的显著性水平 $\alpha=0.05$，确定临界点 $\chi_\alpha^2\ (n-1)\ =\chi_{0.05}^2\ (8)\ =15.507$，于是拒绝域为 $W>15.507$. 将 $s=9.58$ 代入计算得 $W_0=\frac{8s^2}{64}=\frac{8\times 9.58^2}{64}=11.472<15.507$，故接受 H_0，即认为该日生产的金属丝的方差无系统偏差.

综上所述，可以认为该日生产的金属丝无系统偏差.

例 10 某电子元件的寿命（单位：小时）$X\sim N\ (\mu,\ \sigma^2)$，其中 μ，σ^2 未知. 现测得 16 只元件，其寿命如下

159，280，101，212，224，279，179，264，

222，362，168，250，149，260，485，170.

给定显著性水平 $\alpha=0.05$，问：

（1）元件的寿命是否大于 225 小时？

（2）元件寿命的方差是否等于 100^2？

分析 根据所给的样本值，对正态总体进行假设检验 H_0：$\mu \leqslant 225$ 及 H_0：$\sigma^2=100^2$.

解 （1）假设 H_0：$\mu \leqslant 225$，H_1：$\mu > 225$，确定检验统计量

$$T=\frac{\overline{X}-\mu_0}{S/\sqrt{n}}=\frac{\overline{X}-225}{S/\sqrt{16}}.$$

对于给定的显著性水平 $\alpha=0.05$，确定临界点 $t_\alpha\ (n-1)\ =t_{0.05}\ (15)\ =1.753$，于是拒绝域为 $T>1.753$. 将 $\overline{x}=235.25$，$s=92.404$ 代入计算得 $|T_0|=\left|\frac{\overline{x}-225}{s/\sqrt{6}}\right|=\left|\frac{235.25-225}{92.404/\sqrt{16}}\right|=0.444<1.753$，故接受 H_0，即认为元件的平均寿命不大于 225 小时.

（2）假设 H_0：$\sigma^2=100^2$，H_1：$\sigma^2 \neq 100^2$，确定检验统计量

$$W=\frac{(n-1)\ S^2}{\sigma_0^2}=\frac{15S^2}{100^2}\sim\chi^2\ (15).$$

对于给定的显著性水平 $\alpha=0.05$，确定临界点 $\chi_{1-\frac{\alpha}{2}}^2\ (n-1)\ =\chi_{0.975}^2\ (15)\ =6.262$，$\chi_{\frac{\alpha}{2}}^2\ (n-1)\ =\chi_{0.025}^2\ (15)\ =27.488$，于是拒绝域为 $0<W<6.262$ 或 $W>27.488$. 将 $s=92.404$ 代入计算得 $W_0=\frac{15s^2}{100^2}=\frac{15\times 92.404^2}{64}=12.808$，故接受 H_0，即认为元件寿命的方差等于 100^2.

4. 两个正态总体，方差 σ_1^2，σ_2^2 已知，关于均值差 $\mu_1-\mu_2$ 的假设检验

例 11 从两所学校的大学英语成绩中分别抽取 36 个，算得平均成绩分别为 72 分和 78 分. 假设两个学校的大学英语成绩分别服从正态分布 $N\ (\mu_1,\ 12^2)$ 和 $N\ (\mu_2,\ 14^2)$，在显著性水平 $\alpha=0.05$ 下，比较两所学校的大学英语平均成绩是否存在显著性差异？

分析 方差已知时，利用 U 检验法，对两个正态总体的均值差进行双边检验.

解 作假设 H_0：$\mu_1-\mu_2=0$，H_1：$\mu_1-\mu_2\neq0$，选取 U 作为检验统计量.

$$U=\frac{\overline{X}-\overline{Y}}{\sqrt{\sigma_1^2/n_1+\sigma_2^2/n_2}}=\frac{\overline{X}-\overline{Y}}{\sqrt{12^2/36+14^2/36}}\sim N(0,1).$$

拒绝域为

$$|U|>u_{\alpha/2}=u_{0.025}=1.96.$$

将 $\overline{x}=72$，$\overline{y}=78$，$n_1=n_2=36$ 代入计算，得 $|U_0|=1.952<1.96$，故拒绝 H_0，即可以认为两个学校学生的英语平均成绩没有显著差异.

5. 两个正态总体，方差 σ_1^2，σ_2^2 未知，但 $\sigma_1^2=\sigma_2^2=\sigma^2$，关于均值差 $\mu_1-\mu_2$ 的假设检验

例 12 在漂白工艺中要考察温度对针织品断裂强力的影响，假设在70℃和80℃ 高温下的断裂强力皆服从正态分布且方差相等，在这两个温度下分别重复做了 8 次试验，测得断裂强力的数据如下：(单位：千克)

70℃：20.5，18.8，19.8，20.9，21.5，19.5，21.0，21.2，

80℃：17.7，20.3，20.0，18.8，19.0，20.1，20.2，19.1.

究竟这两个温度下的断裂强力有没有差别 ($\alpha=0.05$)?

分析 问题为方差未知对两总体均值差进行双边检验，因此选用 t 检验法.

解 设70℃下的断裂强力的总体为 $X\sim N(\mu_1,\sigma_1^2)$，80℃下的断裂强力的总体为 $Y\sim N(\mu_2,\sigma_2^2)$，$\sigma_1^2=\sigma_2^2=\sigma^2$ 未知.

假设 H_0：$\mu_1-\mu_2=0$，H_1：$\mu_1-\mu_2\neq0$，选取检验统计量

$$T=\frac{\overline{X}-\overline{Y}}{S_w\sqrt{1/n_1+1/n_2}}\sim t(n_1+n_2-2),$$

其中

$$S_w^2=\frac{(n_1-1)S_1^2+(n_2-1)S_2^2}{n_1+n_2-2},$$

给定 $\alpha=0.05$，拒绝域为

$$|T|>t_{\alpha/2}(n_1+n_2-2)=t_{0.025}(14)=2.145,$$

将 $\overline{x}=20.4$，$\overline{y}=19.4$，$s_1^2=\frac{1}{7}\times6.20$，$s_2^2=\frac{1}{7}\times5.80$，$n_1=n_2=n=8$ 代入计算，得 $|T_0|=2.16>2.145$，故拒绝 H_0，即认为这两个温度下的断裂强力有显著差别.

6. 两个正态总体，μ_1，μ_2 未知时，关于方差比 $\frac{\sigma_1^2}{\sigma_2^2}$ 的假设检验

例 13 冶炼某种金属有两种方法，为了检验这两种方法生产的产品中所含杂质的波动是否有明显差异，各取一个样本，测得两种方法生产的产品中所含杂质数据如下：

甲：29.6，22.8，25.7，23.0，22.3，24.2，26.1，26.4，27.2，30.2，24.5，29.5，25.1.

乙：22.6，22.5，20.6，23.5，24.3，21.9，20.6，23.2，23.4.

从经验知，产品的杂质含量服从正态分布，问在显著性水平 $\alpha=0.05$ 下，甲、乙两种方法生产的产品的杂质含量波动是否有明显差异？

分析 根据所给的样本值，对两个正态总体的方差比进行假设检验 H_0：$\sigma_1^2=\sigma_2^2$，H_1：$\sigma_1^2\neq\sigma_2^2$.

解 假设 H_0：$\sigma_1^2=\sigma_2^2$，H_1：$\sigma_1^2\neq\sigma_2^2$，确定检验统计量

$$F=\frac{S_1^2}{S_2^2}\sim F(12,8).$$

对于给定的显著性水平 $\alpha=0.05$，确定临界点 $F_{\frac{\alpha}{2}}(n_1-1,n_2-1)=F_{0.025}(12,8)=4.2$，$F_{1-\frac{\alpha}{2}}(n_1-1,n_2-1)=F_{0.975}(12,8)=\frac{1}{F_{0.025}(8,12)}=\frac{1}{4.2}=0.238$，于是拒绝域为 $F<0.238$ 或 $F>4.2$. 经计算得 $\bar{x}=25.892$，$s_1^2=6.969$，$\bar{y}=25.511$，$s_2^2=1.641$，$F=\frac{s_1^2}{s_2^2}=\frac{6.969}{1.641}=4.247>4.2$，故拒绝 H_0，即认为两种方法生产的产品的杂质含量波动有明显差异.

例 14 用旧工艺生产的零件不稳定，即某一指标的方差较大，从中抽取 25 个零件，测得样本方差 $s_1^2=6.47$，改用新工艺后，又抽查了 25 个零件，测得样本方差 $s_2^2=3.19$. 假设两种工艺生产的零件该项指标均服从正态分布，试检验新工艺生产的零件性能是否比旧工艺显著地稳定（$\alpha=0.05$）？

分析 根据所给的样本值，对两个正态总体的方差比进行假设检验 H_0：$\sigma_1^2\leqslant\sigma_2^2$，$H_1$：$\sigma_1^2>\sigma_2^2$.

解 假设 H_0：$\sigma_1^2\leqslant\sigma_2^2$，$H_1$：$\sigma_1^2>\sigma_2^2$，确定检验统计量

$$F=\frac{S_1^2}{S_2^2}.$$

对于给定的显著性水平 $\alpha=0.05$，确定临界点 $F_{\alpha}(n_1-1,n_2-1)=F_{0.05}(24,24)=1.98$，于是拒绝域为 $F>1.98$. 将 $s_1^2=6.47$，$s_2^2=3.19$ 代入计算得 $F=\frac{s_1^2}{s_2^2}=\frac{6.47}{3.19}=2.028>1.98$，故拒绝 H_0，即认为新工艺生产的零件性能比旧工艺显著地稳定.

例 15 假设 X 和 Y 分别表示用两种不同饲料喂养的种鸭体重，两个月后称两种鸭的体重（单位：千克），结果列表如下：

X	2.73	2.93	2.41	2.57	2.87	2.46	2.89	2.58	2.76	2.89	2.56
Y	2.87	2.85	3.03	2.89	3.12	3.10	2.96	2.86	2.72	3.01	—

设两种饲料喂养下种鸭的体重均服从正态分布，问两种饲料的效果是否有显著的差异（$\alpha=0.05$）？

分析 先对两个正态总体的方差比进行双边检验，若检验结果为方差相等，再利用 t 检验法检验均值差.

解 （1）设 H_0：$\sigma_1^2=\sigma_2^2$，H_1：$\sigma_1^2\neq\sigma_2^2$，选检验统计量

$$F=\frac{S_1^2}{S_2^2}\sim F(n_1-1,\ n_2-1).$$

拒绝域为

$$F<F_{1-\alpha/2}(n_1-1,\ n_2-1)=F_{0.975}(10,\ 9)=\frac{1}{3.78}\approx 0.265,$$

或

$$F>F_{\alpha/2}(n_1-1,\ n_2-1)=F_{0.025}(10,\ 9)=3.96.$$

将 $s_1^2=0.0378$，$s_2^2=0.0157$ 代入计算得

$$F_0=\frac{s_1^2}{s_2^2}=2.4076.$$

因为 $0.265<F_0<3.96$，故接受 H_0，即可以认为方差相等.

（2）检验两总体均值是否相等.

假设 H_0'：$\mu_1-\mu_2=0$，H_1'：$\mu_1-\mu_2\neq 0$，选取检验统计量

$$T=\frac{\overline{X}-\overline{Y}}{S_w\sqrt{1/n_1+1/n_2}}\sim t(n_1+n_2-2),$$

其中

$$n_1=11,\ n_2=10,\ S_w^2=\frac{(n_1-1)S_1^2+(n_2-1)S_2^2}{n_1+n_2-2}.$$

对于给定的 $\alpha=0.05$，拒绝域为

$$|T|>t_{\alpha/2}(n_1+n_2-2)=t_{0.025}(19)=2.0930,$$

将样本观测值代入计算，得 $|T_0|=3.4062>2.0930$，故拒绝 H_0，即认为两种饲料的喂养种鸭的平均重量有显著差异.

例 16 比较两种工艺条件下橡胶制品 A 和 B 的耐磨性，测得数据如下：

制品 A：213，175，185，217，198，224；

制品 B：115，142，129，119，144，150.

假设制品 A 和 B 的耐磨性指标均服从正态分布，问测试结果是否说明制品 A 的耐磨性明显高于制品 B（$\alpha=0.05$）?

分析 题中没有假定方差 $\sigma_1^2=\sigma_2^2$，需要先对两个正态总体的方差比进行假设检验 H_0：$\sigma_1^2=\sigma_2^2$，H_1：$\sigma_1^2\neq\sigma_2^2$，然后根据检验结果，再进行均值的假设检验.

解 （1）假设 H_0：$\sigma_1^2=\sigma_2^2$，H_1：$\sigma_1^2\neq\sigma_2^2$，确定检验统计量

$$F=\frac{S_1^2}{S_2^2}\sim F(5,\ 5).$$

对于给定的显著性水平 $\alpha=0.05$，确定临界点 $F_{\frac{\alpha}{2}}(n_1-1,\ n_2-1)=F_{0.025}(5,\ 5)=7.15$，$F_{1-\frac{\alpha}{2}}(n_1-1,\ n_2-1)=F_{0.975}(5,\ 5)=\frac{1}{F_{0.025}(5,\ 5)}=\frac{1}{7.15}=0.14$，于是拒绝域为

$F<0.14$ 或 $F>7.15$. 经计算得 $\overline{x}=202$，$s_1^2=372.8$，$\overline{y}=133.167$，$s_2^2=205.367$，$F=\frac{s_1^2}{s_2^2}=\frac{372.8}{205.367}=1.815$，故接受 H_0，即 $\sigma_1^2=\sigma_2^2$.

(2) 假设 $H_0: \mu_1\leqslant\mu_2$，$H_1: \mu_1>\mu_2$，确定检验统计量

$$T=\frac{\overline{X}-\overline{Y}}{S_w\sqrt{1/n_1+1/n_2}}=\frac{\overline{X}-\overline{Y}}{S_w\sqrt{1/6+1/6}},$$

其中

$$S_w^2=\frac{(n_1-1)S_1^2+(n_2-1)S_2^2}{n_1+n_2-2}=\frac{5S_1^2+5S_2^2}{10}.$$

对于给定的显著性水平 $\alpha=0.05$，确定临界点 $t_\alpha(n_1+n_2-2)=t_{0.05}(10)=1.812$，于是拒绝域为 $T>1.812$. 将 $\overline{x}=202$，$s_1^2=372.8$，$\overline{y}=133.167$，$s_2^2=205.367$ 代入计算得 $s_w^2=\frac{5s_1^2+5s_2^2}{10}=289.083$，$s_w=17.002$，由此得 $T_0=\frac{\overline{x}-\overline{y}}{s_w\sqrt{1/6+1/6}}=\frac{202-133.167}{17.002\sqrt{1/6+1/6}}=7.012>1.812$，故拒绝 H_0，即认为制品 A 的耐磨性明显高于制品 B.

7. 拟合优度 χ^2 检验

例 17　某汽车销售商对近两月的家用轿车情况进行调查，下表是各种颜色的汽车的销售情况，是验证顾客对这些颜色是否有偏爱，即检验销售情况是否均匀（$\alpha=0.05$）.

颜色	红	黄	蓝	银	黑
车辆数	40	64	46	36	14

分析　设顾客购买轿车的颜色作为总体 X，则问题变成对总体分布律的假设检验.

解　检验假设 $H_0: p_1=p_2=p_3=p_4=p_5=\frac{1}{5}$.

利用 χ^2 拟合检验法

$$\chi^2=\sum_{i=1}^{5}\frac{(f_i-n\hat{p}_i)^2}{n\hat{p}_i}\sim\chi^2(5-1).$$

对于 $\alpha=0.05$，查得 $\chi_{0.05}^2(4)=9.488$，H_0 的拒绝域为 $\chi^2>9.488$. 又因为

$$\chi_0^2=\frac{(40-200\times0.2)^2}{200\times0.2}+\frac{(64-200\times0.2)^2}{200\times0.2}+\frac{(46-200\times0.2)^2}{200\times0.2}+\frac{(36-200\times0.2)^2}{200\times0.2}+\frac{(14-200\times0.2)^2}{200\times0.2}=32.6>9.488,$$

所以拒绝原假设 H_0，认为顾客对这些颜色有偏爱.

8. **独立性检验**

例 18 下面是对某种传染病的一个抽样调查结果：

病情＼年龄	老年	中青年	青少年	合计
重症	64	76	8	148
一般	21	376	19	416
合计	85	452	27	564

在显著性水平 $\alpha=0.05$ 下，检验病情是否与年龄有关？

分析 设 X 为病情，Y 为年龄，需要检验 X 与 Y 是否独立，为独立性检验问题.

解 设 X 为病情，Y 为年龄，建立假设 H_0：X 与 Y 独立，H_1：X 与 Y 不独立.

由题设，$n=564$，$n_{11}=64$，$n_{12}=76$，$n_{13}=8$，$n_{21}=21$，$n_{22}=376$，$n_{23}=19$，对于给定的显著性水平 $\alpha=0.05$，由于 $r=2$，$c=3$，临界点 $\chi_\alpha^2((r-1)(c-1))=5.991$，计算得

$$\chi_0^2=\sum_{i=1}^{r}\sum_{j=1}^{c}\frac{\left(n_{ij}-\dfrac{n_{i\cdot}\cdot n_{\cdot j}}{n}\right)^2}{n_{i\cdot}\cdot n_{\cdot j}/n}=126.58.$$

由于 $\chi_0^2=126.58>\chi_\alpha^2((r-1)(c-1))=5.991$，故拒绝 H_0，即认为病情与年龄有关.

三、教材练习题详解

习题七（A）

1. 已知在正常的生产情况下某种汽车零件的质量服从正态分布 $N(54, 0.75^2)$. 在某日常生产的零件中抽取 9 件，测得质量（克）为：

55.1，53.8，54.2，52.1，54.2，55.0，55.8，55.1，55.3.

如果标准差不变，该日生产的零件质量的均值是否有显著差异（$\alpha=0.05$）？

解 建立假设 H_0：$\mu=54$，H_1：$\mu\neq54$，以 H_0 成立为前提，确定检查 H_0 的统计量及其分布

$$U=\frac{\overline{X}-\mu_0}{\sigma/\sqrt{n}}=\frac{\overline{X}-54}{0.75/\sqrt{9}}\sim N(0, 1).$$

对于给定的显著性水平 $\alpha=0.05$，确定临界点 $u_{\alpha/2}$，使得 $P\{|U|>u_{\alpha/2}\}=\alpha$，查标准正态分布上侧分位数表可得 $u_{\alpha/2}=u_{0.025}=1.96$，于是拒绝域为 $|U|>1.96$，而

$$|U_0|=\left|\frac{\overline{x}-54}{0.75/\sqrt{9}}\right|\approx2.04>1.96,$$

因此拒绝 H_0，即可以认为该日生产的零件的平均质量与正常生产时有显著差异.

2. 某车间生产钢丝，用 X 表示钢丝的折断力，由经验判断 $X\sim N(\mu, \sigma^2)$，其中 $\mu=570$，$\sigma^2=8^2$. 今换了一批材料，从性能上看估计折断力的方差 σ^2 不会有什么变化（仍有 $\sigma^2=$

8^2)，但不知折断力的均值 μ 和原先有无差别．现抽得样本，测得其折断力为 578，572，570，568，572，570，570，572，596，584．取显著性水平 $\alpha=0.05$，试检验折断力均值有无变化？

解　建立假设 H_0：$\mu=570$，H_1：$\mu\neq570$，以 H_0 成立为前提，确定检查 H_0 的统计量及其分布

$$U=\frac{\overline{X}-\mu_0}{\sigma/\sqrt{n}}=\frac{\overline{X}-570}{8/\sqrt{10}}\sim N(0,1).$$

对于给定的显著性水平 $\alpha=0.05$，确定临界点 $u_{\alpha/2}$，使得 $P\{|U|>u_{\alpha/2}\}=\alpha$，查标准正态分布上侧分位数表可得 $u_{\alpha/2}=u_{0.025}=1.96$，于是拒绝域为 $|U|>1.96$，而

$$|U_0|=\left|\frac{\overline{x}-570}{8/\sqrt{10}}\right|\approx2.06>1.96,$$

拒绝接受 H_0，故认为折断力的均值发生了变化。

3. 某厂生产的钢筋断裂强度 $X\sim N(\mu,\sigma^2)$，$\sigma=35$（千克/厘米^2），今从现在生产的一批钢筋中抽测 9 个样本，得到的样本均值 $\overline{X}$ 较以往的均值 μ 大 17（千克/厘米^2）．设总体方差不变，问能否认为这批钢筋的强度有明显提高（$\alpha=0.05$，$\alpha=0.1$）？

解　假设 H_0：$\mu\leqslant\mu_0$，H_1：$\mu>\mu_0$．确定检验统计量

$$U=\frac{\overline{X}-\mu_0}{\sigma/\sqrt{n}}.$$

由已知得 $\overline{x}-\mu_0=17$，$U_0=\dfrac{17}{35/\sqrt{9}}=1.457$.

对于 $\alpha=0.05$，查表得 $u_{0.05}=1.65$，于是得 H_0 的拒绝域为 $U>1.65$，从而接受 H_0，不能认为这批钢筋的强度有明显的的提高.

对于 $\alpha=0.1$，查表得 $u_{0.1}=1.29$，于是得 H_0 的拒绝域为 $U>1.29$，从而拒绝 H_0，认为这批钢筋的强度有明显提高.

4. 正常人的脉搏平均为 72 次/分，今对某种疾病患者 10 人，测其脉搏为 54，68，65，77，70，64，69，72，62，71（次/分）．设患者的脉搏次数 X 服从正态分布，试在显著性水平 $\alpha=0.05$ 下，检验患者的脉搏与正常人的脉搏有无差异？

解　假设 H_0：$\mu=72$，H_1：$\mu\neq72$，以 H_0 成立为前提，确定检验统计量

$$T=\frac{\overline{X}-\mu_0}{S/\sqrt{n}}=\frac{\overline{X}-72}{S/\sqrt{10}}\sim t(9).$$

对于给定的显著性水平 $\alpha=0.05$，确定临界点 $t_{0.025}(9)=2.262$，于是拒绝域为 $|T|>2.262$，而

$$|T_0|=\left|\frac{\overline{x}-72}{s/\sqrt{10}}\right|\approx2.395>t_{0.025}(9)=2.262,$$

所以拒绝 H_0，即在显著性水平 $\alpha=0.05$ 下，患者的脉搏与正常人的脉搏有显著差异.

5. 进行 5 次试验，测得锰的熔化点（℃）如下：1269，1271，1256，1265，1254．已知锰的熔化点服从正态分布，是否可以认为锰的熔化点显著高于 1250℃（$\alpha=0.01$）？

解　由于σ未知的情形下检验H_0：$\mu\leqslant1250$，H_1：$\mu>1250$. 故选取统计量

$$T=\frac{\overline{X}-\mu_0}{S/\sqrt{n}}=\frac{\overline{X}-1250}{S/\sqrt{5}}.$$

对于给定的显著性水平$\alpha=0.05$，查t分布表可得$t_\alpha(n-1)=t_{0.01}(4)=3.747$，又

$$T_0=\frac{\overline{x}-1250}{s/\sqrt{5}}=3.8>t_{0.01}(4),$$

因此拒绝H_0，所以认为锰的熔化点显著高于1250℃.

6. 某食品加工厂生产一种盒装的奶油蛋糕，为检验产品的质量是否符合要求，现从某个批次的奶油蛋糕中随机抽取了16盒，测得$\overline{x}=426.1$，$s^2=16$，假设盒装蛋糕的质量服从正态分布，给定显著性水平$\alpha=0.05$，则

(1) 若厂家规定每个包装盒的标准重量为428g，试问这批食品是否符合生产标准?

(2) 若厂家规定每个包装盒的标准重量不小于428g，试问这批食品是否符合生产标准?

解　(1) 由题意，检验假设

$$H_0: \mu_1=\mu_0=428,\ H_1: \mu_1\neq\mu_0,$$

由于总体方差σ^2未知，故取检验统计量$T=\dfrac{\overline{X}-\mu_0}{S/\sqrt{n}}$，$\alpha=0.05$，$n=16$，检验的拒绝域为

$$|T|\geqslant t_{0.025}(15)=2.132.$$

由$\mu_0=428$，$\overline{x}=426.1$，$s^2=16$，计算得$|T_0|=1.9<t_{0.025}(15)$，故接受H_0，认为这批食品符合生产标准.

(2) 由题意，检验假设

$$H_0: \mu_1\geqslant\mu_0=428,\ H_1: \mu_1<\mu_0,$$

由于总体方差σ^2未知，因此取检验统计量$T=\dfrac{\overline{X}-\mu_0}{S/\sqrt{n}}$，$\alpha=0.05$，$n=16$，检验的拒绝域为

$$T\leqslant-t_{0.05}(15)=-1.753.$$

由$\mu_0=428$，$\overline{x}=426.1$，$s^2=16$，计算得$T_0=-1.9<-t_{0.05}(15)$，故拒绝H_0，认为这批食品不符合生产标准.

7. 某厂生产的某种型号的电池，其寿命（以小时计）长期以来服从方差$\sigma^2=5000$的正态分布，现有一批这种电池，从它的生产情况来看，寿命的波动性有所改变. 现随机取26块电池，测出其寿命的样本方差$s^2=9200$. 问根据这一数据能否推断这批电池的寿命的波动性较以往有显著变化（$\alpha=0.02$）?

解　假设H_0：$\sigma^2=\sigma_0^2=5000$，H_1：$\sigma^2\neq\sigma_0^2$. 确定检验统计量

$$W=\frac{(n-1)S^2}{\sigma_0^2}=\frac{9S^2}{11^2}.$$

给定$\alpha=0.02$，查表得

$$\chi^2_{1-\frac{\alpha}{2}}(n-1)=\chi^2_{0.99}(25)=11.524,$$

$$\chi^2_{\frac{\alpha}{2}}(n-1)=\chi^2_{0.01}(25)=44.314.$$

于是得 H_0 的拒绝域为 $0<W<11.524$ 或 $W>44.314$. 由样本数据计算 W 的实际值为

$$W_0=\frac{(26-1)\cdot 9200}{5000}=46>44.314,$$

故拒绝 H_0，认为这批电池寿命的波动性较以往有显著变化.

8. 某工厂生产的铜丝的折断力（N）服从正态分布 $N(\mu,\sigma^2)$. μ 未知. 某日抽取 10 根铜丝进行折断力试验，测得结果如下：2830，2800，2795，2785，2820，2850，2830，2890，2860，2875. 是否可以认为该日生产的铜丝折断力的方差也是40^2（N^2）（$\alpha=0.05$）?

解 检验假设 H_0：$\sigma^2=\sigma_0^2=40^2$，H_1：$\sigma^2\neq 40^2$. 选取检验统计量

$$W=\frac{(n-1)S^2}{\sigma_0^2}\sim\chi^2(9).$$

拒绝域为 $0<W<\chi^2_{1-\frac{\alpha}{2}}(n-1)$ 或 $W>\chi^2_{\frac{\alpha}{2}}(n-1)$. 给定 $\alpha=0.05$，查表得

$$\chi^2_{0.975}(9)=2.7,\ \chi^2_{0.025}(9)=19.023.$$

由样本数据计算 $W_0\approx 6.907$，$\chi^2_{0.975}(9)<W_0<\chi^2_{0.025}(9)$，故接受 H_0，认为该日生产的铜丝折断力的方差也是40^2（N^2）.

9. 某饮料生产企业采用自动生产线灌装饮料，瓶装填量服从正态分布，假定生产标准规定瓶装填量的标准差不超过 3 毫升，企业的质检部门在某个批次的饮料中随机抽取了 16 瓶进行检验，测得样本的标准差为 $s=2.6$ 毫升，试问在显著性水平 $\alpha=0.05$ 下，该批次的饮料是否符合生产标准?

解 设瓶装饮料填量的方差为 σ^2，由题意，需检验假设

$$H_0:\sigma^2\leqslant\sigma_0^2=9,\ H_1:\sigma^2>\sigma_0^2,$$

取检验统计量为 $W=\frac{(n-1)S^2}{\sigma_0^2}$，$\alpha=0.05$，检验的拒绝域为

$$W>\chi^2_{0.05}(15)=24.996.$$

现在 $n=16$，$s^2=(2.6)^2=6.76$，$\sigma_0^2=9$，计算得 $W_0=11.27$，由于 $W_0<\chi^2_{0.05}(23)$，因此接受原假设 H_0，认为该批次的饮料符合生产标准。

10. 甲、乙两厂生产同一种电阻，现从甲、乙两厂的产品中分别随机抽取 12 个和 10 个样品，测得它们的电阻值后，计算出样本方差分别为 $s_1^2=1.40$，$s_2^2=4.38$. 假设电阻值服从正态分布，在显著性水平 $\alpha=0.10$ 下，是否可以认为两厂生产的电阻值的方差：(1) $\sigma_1^2=\sigma_2^2$；(2) $\sigma_1^2\leqslant\sigma_2^2$.

解 (1) 检验假设 H_0：$\sigma_1^2=\sigma_2^2$，H_1：$\sigma_1^2\neq\sigma_2^2$，选取检验统计量

$$F=\frac{S_1^2}{S_2^2}\sim F(n_1-1,\ n_2-1).$$

拒绝域为

$$F<F_{1-\alpha/2}(n_1-1,\ n_2-1)\text{ 或 }F>F_{\alpha/2}(n_1-1,\ n_2-1).$$

查表得 $F_{0.95}(11, 9)=0.34$，$F_{0.05}(11, 9)=3.10$. 将 $s_1^2=1.4$，$s_2^2=4.38$ 代入计算得 $F_0=s_1^2/s_2^2=0.32<0.34$，故拒绝原假设，认为两厂生产的电阻值的方差不同.

（2）检验假设 H_0：$\sigma_1^2\leqslant\sigma_2^2$，$H_1$：$\sigma_1^2>\sigma_2^2$，选择检验统计量 $F=\frac{S_1^2}{S_2^2}$. 拒绝域为

$$F>F_\alpha(n_1-1, n_2-1).$$

又

$$F>F_\alpha(n_1-1, n_2-1)=F_{0.1}(11, 9)=2.4.$$

将 $s_1^2=1.4$，$s_2^2=4.38$ 代入计算得 $F_0=s_1^2/s_2^2=1.40/4.38=0.32<F_{0.1}(11, 9)=2.4$，故接受原假设，认为 $\sigma_1^2\leqslant\sigma_2^2$.

11. 对两批同类电子元件的电阻进行测试，各抽取 6 件，测得结果如下：

第一批：0.140，0.138，0.143，0.141，0.144，0.137.

第二批：0.135，0.140，0.142，0.136，0.138，0.140.

设电子元件的电阻服从正态分布，检验：

（1）两批电子元件的电阻的方差是否有显著差异（$\alpha=0.05$）？

（2）两批电子元件的电阻的均值是否有显著差异（$\alpha=0.05$）？

解 （1）检验假设 H_0：$\sigma_1^2=\sigma_2^2$，H_1：$\sigma_1^2\neq\sigma_2^2$，选检验统计量

$$F=\frac{S_1^2}{S_2^2}\sim F(n_1-1, n_2-1).$$

拒绝域为 $F<F_{1-\alpha/2}(n_1-1, n_2-1)$ 或 $F>F_{\alpha/2}(n_1-1, n_2-1)$. 查表得

$$F_{0.025}(5, 5)=7.15, F_{0.975}(5, 5)=0.14.$$

简单计算得 $F_0=s_1^2/s_2^2=1.056$，故接受原假设 H_0，认为两批电子元件电阻的方差无显著差异.

（2）假设 H_0：$\mu_1-\mu_2=0$，H_1：$\mu_1-\mu_2\neq0$，选取检验统计量

$$T=\frac{\overline{X}_1-\overline{X}_2}{S_w\sqrt{1/n_1+1/n_2}},$$

其中

$$S_w^2=\frac{(n_1-1)S_1^2+(n_2-1)S_2^2}{n_1+n_2-2}.$$

拒绝域为 $|T|>t_{\alpha/2}(n_1+n_2-2)$，查表得 $t_{0.025}(10)=2.228$，简单计算得 $|T_0|=1.282$，故接受原假设 H_0，即认为两批电子元件电阻的均值无显著差异.

12. 某灯泡厂在使用一项新工艺的前后，各取 10 个灯泡进行寿命试验，计算得到采用新工艺前灯泡寿命的样本均值为 2460 小时，样本标准差为 56 小时；采用新工艺后灯泡寿命的样本均值为 2550 小时，样本标准差为 48 小时. 已知灯泡寿命服从正态分布，能否认为采用新工艺后灯泡的平均寿命有显著提高（$\alpha=0.01$）？

解 先检验方差是否相等，作假设 H_0：$\sigma_1^2=\sigma_2^2$，H_1：$\sigma_1^2\neq\sigma_2^2$. 选择检验统计量为 $F=\frac{S_1^2}{S_2^2}$. 当 H_0 为真时，$F\sim F(n_1-1, n_2-1)$. 对于 $\alpha=0.01$，查表得 $F_{0.005}(9, 9)=6.54$，

$F_{0.995}(9, 9)=0.15$，拒绝域为

$$F<F_{0.995}(9, 9)=0.15 \text{ 或 } F>F_{0.005}(9, 9)=6.54.$$

又因为样本标准差 $s_1=56$，$s_2=48$，所以 $0.15<F_0=\frac{s_1^2}{s_2^2}=1.36<6.54$，故接受原假设 H_0，即认为两个总体方差相等.

再检验假设 H_0'：$\mu_1 \leqslant \mu_2$，H_1'：$\mu_1>\mu_2$，由上面假设检验结果知 $\sigma_1^2=\sigma_2^2$，故选取检验统计量

$$T=\frac{\overline{X}-\overline{Y}}{S_w \sqrt{1/n_1+1/n_2}},$$

其中

$$S_w^2=\frac{(n_1-1)S_1^2+(n_2-1)S_2^2}{n_1+n_2-2}.$$

拒绝域为 $T>t_{0.01}(18)=2.55$，计算 $T_0 \approx 3.86>t_{0.01}(18)$，故拒绝原假设 H_0'，即认为采用新工艺前后灯泡的平均寿命显著提高了.

13. 在某段公路上，观察每 15 秒内通过的汽车辆数，得到下表：

每 15 秒内通过的汽车辆数 x_i	0	1	2	3	4	5	6	≥7
频数 m_i	24	67	28	35	10	4	2	0

利用 χ^2 拟合检验准则检验该段公路上每 15 秒内通过的汽车辆数是否服从泊松分布（$\alpha=0.05$）.

解　由题意首先提出假设 H_0：总体 X 服从泊松分布，即

$$P\{X=i\}=\frac{e^{-\lambda}\lambda^i}{i!}, i=0, 1, 2, \cdots,$$

这里 H_0 中参数 λ 为未知，所以需先来估计参数. 由极大似然估计法得

$$\hat{\lambda}=\overline{X}=\frac{0\times 24+1\times 67+\cdots+6\times 2+7\times 0}{170}=1.8.$$

将试验结果的全体分为 A_0，A_1，…，A_7 两两互不相容的事件. 若 H_0 为真，则 $P\{X=i\}$有估计

$$\hat{p}=\hat{P}\{X=i\}=\frac{e^{-\lambda}\lambda^i}{i!}=\frac{e^{-1.8}1.8^i}{i!}, i=0, 1, 2, \cdots.$$

例如

$$\hat{p}_0=\hat{P}\ \{X=0\}\ =e^{-1.8},$$

$$\hat{p}_1=\hat{P}\ \{X=1\}\ =2e^{-1.8},$$

$$\hat{p}_2=\hat{P}\ \{X=2\}\ =2e^{-1.8},$$

…

$$\hat{p}_7=\hat{P}\ \{X=7\}\ =1-\sum_{i=1}^{6}\hat{p}_i=1-\sum_{i=1}^{6}\frac{e^{-1.8}1.8^i}{i!}.$$

将其中有些 $np_i<5$ 的组予以适当合并，使新的每一组内有 $np_i\geqslant 5$，此处并组后 $k=4$，但因在计算概率时，估计了一个未知参数 λ，故

$$\chi^2=\sum_{i=1}^{4}\frac{(f_i-n\hat{p}_i)^2}{n\hat{p}_i}\sim\chi^2(4-1-1).$$

$\chi_0^2\approx 5.65<\chi_{0.05}^2$（2），即可以认为该段公路上每 15 秒内通过的汽车辆数服从泊松分布 P（1.8）.

习题七（B）

1. 某电器元件的电阻服从正态分布，其平均电阻保持在 2.64Ω．改变加工工艺后，测量 100 个元件的电阻，计算得平均电阻为 2.62Ω，标准差 0.06Ω，问新工艺对此元件的（平均）电阻有无显著影响（$\alpha=0.01$）.

解 由于 σ 未知的情形下检验 H_0：$\mu=2.64$，H_1：$\mu\neq 2.64$，

$$T=\frac{\overline{X}-\mu_0}{S/\sqrt{n}}=\frac{\overline{X}-2.64}{S/\sqrt{100}}\sim t\ (99).$$

对于给定的显著性水平 $\alpha=0.01$，确定临界点 $u_{\alpha/2}$，使得 $P\ \{|T|>t_{\alpha/2}\ (99)\}\ =\alpha$，查 t 分布表可得 $t_{0.005}$（99）$=2.6$，于是拒绝域为 $|T|>2.6$，而

$$|T_0|=\left|\frac{2.62-2.64}{0.06/\sqrt{100}}\right|\approx 3.33>2.6,$$

故拒绝原假设 H_0，即新工艺对此元件的（平均）电阻有显著影响.

2. 某种罐头的重量服从正态分布，在正常情况下，按规格平均净重 379 克，标准差不超过 11 克. 现在抽查 10 盒，测得如下数据：370.74，372.80，386.43，398.14，369.21，381.67，367.90，371.93，386.22，393.08（克）. 试根据抽样结果，说明平均净重和标准差是否符合规格要求（$\alpha=0.05$. 提示：检验 H_0：$\mu=379$，H_0：$\sigma\leqslant 11$）.

解 （1）假设 H_0：$\mu=379$，H_1：$\mu\neq 379$，以 H_0 成立为前提，确定检验统计量

$$T=\frac{\overline{X}-\mu_0}{S/\sqrt{n}}=\frac{\overline{X}-379}{S/\sqrt{10}}\sim t\ (9).$$

对于给定的显著性水平 $\alpha=0.05$，确定临界点 $t_{0.025}$（9）$=2.262$，于是拒绝域为 $|T|>2.262$，而

$$|T_0|=\left|\frac{379.81-379}{10.87/\sqrt{10}}\right|\approx 0.237<2.262,$$

因此接受原假设 H_0，即认为平均重量符合要求.

(2) 假设 H_0：$\sigma\leqslant 11$，H_1：$\sigma>11$，以 H_0 成立为前提，确定检验统计量

$$W=\frac{(n-1)\ S^2}{\sigma_0^2}=\frac{9S^2}{11^2}.$$

对于给定的显著性水平 $\alpha=0.05$，确定临界点 $\chi^2_{0.05}(9)=16.919$，于是拒绝域为 $W>16.919$，而 $W_0=8.662<16.919$，因此接受原假设 H_0，即标准差符合规格要求.

3. 假设某原材料的交货天数服从正态分布，过去某工厂向 A 公司订购原材料，自订货日开始至交货日止，平均天数为 49.1 天. 现改为向 B 公司订购原材料，随机抽取向 B 公司订的 8 次货，交货天数为 46，38，40，39，52，35，48，44（天），问 B 公司平均交货天数是否较 A 公司少（$\alpha=0.05$）?

解　假设 H_0：$\mu\geqslant 49.1$，H_1：$\mu<49.1$. 检验统计量

$$T=\frac{\overline{X}-\mu_0}{S/\sqrt{n}}=\frac{\overline{X}-49.1}{S/\sqrt{8}}.$$

对于给定的显著性水平 $\alpha=0.05$，$t_\alpha(n-1)=t_{0.05}(7)=1.895$，于是拒绝域为

$$T<-t_\alpha(n-1)=-1.895,$$

而 $T_0=\dfrac{42.75-49.1}{5.7259/\sqrt{8}}\approx -3.137<-1.895$，因此拒绝原假设 H_0，即可以认为 B 公司平均交货天数较 A 公司显著减少.

4. 假设某制造公司使用了一种新技术以提高工人的产量. 下表中给出了 12 名工人先后使用两种技术的产量数据. 假定差异总体服从正态分布，问在显著性水平 $\alpha=0.05$ 下，新技术是否增加了产量?

工人	新技术	老技术	工人	新技术	老技术
1	107	102	7	102	102
2	99	98	8	107	105
3	110	100	9	109	110
4	113	108	10	104	102
5	96	89	11	99	96
6	98	101	12	101	100

解　设 X 和 Y 分别表示使用了新、旧技术后工人的产量.

(1) 假设 H_0：$\sigma_1^2=\sigma_2^2$，H_1：$\sigma_1^2\neq\sigma_2^2$. 确定检验统计量

$$F=\frac{S_1^2}{S_2^2}\sim F(11,\ 11).$$

对于给定的显著性水平 $\alpha=0.05$，确定临界点 $F_{\frac{\alpha}{2}}(n_1-1,\ n_2-1)=F_{0.025}(11,\ 11)=3.47$，$F_{1-\frac{\alpha}{2}}(n_1-1,\ n_2-1)=F_{0.975}(11,\ 11)=\frac{1}{F_{0.025}(11,\ 11)}=\frac{1}{3.47}=0.29$，于是拒绝域为 $F<0.29$ 或 $F>3.47$. 经计算得 $\overline{x}=103.75$，$s_1^2=29.295$，$\overline{y}=101.083$，$s_2^2=29.975$，$F=\frac{s_1^2}{s_2^2}=\frac{29.295}{29.972}=0.977$，故接受 H_0，即 $\sigma_1=\sigma_2$.

（2）假设 H_0：$\mu_1\leqslant\mu_2$，H_1：$\mu_1>\mu_2$，确定检验统计量

$$T=\frac{\overline{X}-\overline{Y}}{S_w\sqrt{1/n_1+1/n_2}},$$

其中

$$S_w^2=\frac{(n_1-1)S_1^2+(n_2-1)S_2^2}{n_1+n_2-2}.$$

拒绝域为

$$T>t_\alpha(n_1+n_2-2),$$

代入数据计算得 $T_0=1.200<t_{0.05}(22)=1.717$，因此接受原假设 H_0，即新技术没有使产量增加.

5. 测得 300 只电子管的寿命（单位：小时）如下：

寿命	只数	寿命	只数
$0<t\leqslant100$ $100<t\leqslant200$	121 78	$200<t\leqslant300$ $t>300$	43 58

试在显著性水平 $\alpha=0.05$ 下检验假设：H_0：寿命 X 服从指数分布，其密度为

$$f(t)=\begin{cases}\frac{1}{200}e^{-\frac{t}{200}}, & t>0,\\ 0, & \text{其他}.\end{cases}$$

解 由题意首先提出假设 H_0：总体 X 服从指数分布，即其密度为

$$f(t)=\begin{cases}\frac{1}{200}e^{-\frac{t}{200}}, & t>0,\\ 0, & \text{其他}.\end{cases}$$

按上式计算每个区间的理论概率值如下表所示：

区间	频数 f_i	p_i	np_i	(f_i-np_i)	$(f_i-np_i)^2/np_i$
0～100	121	0.39347	118.041	2.959	0.0742
100～200	78	0.23865	71.595	6.405	0.5729
200～300	43	0.14475	43.425	−0.425	0.0042
≥300	58	0.22313	66.939	−8.939	1.3778
∑	300				2.0291

因为 $\chi^2=\sum\limits_{i=1}^{4}\dfrac{(f_i-n\hat{p}_i)^2}{n\hat{p}_i}\sim\chi^2(4-1)$．查表得 $\chi^2_{0.05}(3)=7.815$，经计算 $\chi^2_0=2.0291<7.815$，所以接受原假设 H_0，即认为总体服从指数分布．

6．研究混凝土抗压强度的分布．200 件混凝土制件的抗压强度以分组形式列出如下表．$n=\sum\limits_{i=1}^{6}f_i=200$．要求在给定的显著性水平 $\alpha=0.05$ 下检验假设 H_0：抗压强度 $X\sim N(\mu,\sigma^2)$．

压强区间（×98kPa）	频数 f_i	压强区间（×98kPa）	频数 f_i
190～200	10	220～230	64
200～210	26	230～240	30
210～220	56	240～250	14

解　假设 H_0：$X\sim(\mu,\sigma^2)$，H_1：X 不服从正态分布 $N(\mu,\sigma^2)$．

当 H_0 为真时，X 的密度函数为

$$f(x)=\frac{1}{\sqrt{2\pi}\sigma}\mathrm{e}^{-\frac{(x-\mu)^2}{2\sigma^2}}.$$

由极大似然估计法估计

$$\hat{\mu}=\overline{X}=211\quad,\quad\hat{\sigma}^2=\frac{1}{n}\sum_{i=1}^{n}(X_i-\overline{X})^2=152.$$

于是

$$X\sim N(221,152),$$

$$P\{190<X\leqslant200\}=0.045,\quad P\{200<X\leqslant220\}=0.142,$$
$$P\{210<X\leqslant220\}=0.281,\quad P\{220<X\leqslant230\}=0.229,$$
$$P\{230<X\leqslant240\}=0.171,\quad P\{240<X\leqslant250\}=0.062.$$

因为 $\chi^2=\sum\limits_{i=1}^{6}\dfrac{(f_i-n\hat{p}_i)^2}{n\hat{p}_i}\sim\chi^2(6-1)$，查表得 $\chi^2_{0.05}(3)=7.815$，经计算 $\chi^2_0=1.35<7.815$，因此，接受原假设 H_0，即认为混凝土制件的抗压强度的分布是正态分布 $N(221,152)$．

7．为研究儿童智力发展与营养的关系，某研究机构调查了 1436 名儿童，得到如下表的数据，试在显著性水平 $\alpha=0.05$ 下判断智力发展与营养有无关系．

营养状况	智商				合计
	<80	80～89	90～99	≥100	
营养良好 营养不良	367 56	342 40	266 20	329 16	1304 132
合计	423	382	286	345	1436

解 设 X 为智商，Y 为营养状况，建立假设

$$H_0：X 与 Y 独立，H_1：X 与 Y 不独立.$$

由于 $r=4$，$c=2$，查附表得 χ_α^2［$(r-1)(c-1)$］$=7.815$，计算可得

$$\chi_0^2=\sum_{i=1}^{r}\sum_{j=1}^{c}\frac{(n_{ij}-n_{i.}n_{.j}/n)^2}{n_{i.}n_{.j}/n}=\sum_{i=1}^{r}\sum_{j=1}^{c}\frac{(n_{ij}-e_{ij})^2}{e_{ij}}\approx 11.75,$$

由于 $\chi_0^2>\chi_{0.05}^2(3)=7.815$，故拒绝原假设 H_0，即认为营养状况对智商有影响（不独立）.

四、自测题及答案

（一）自测题

一、计算题（本大题共 7 小题，第 1～6 题每小题 15 分，第 7 题 10 分，共 100 分）

1. 根据经验知某种产品的使用寿命服从正态分布，标准差为 150 小时，今由一批产品中随机抽查 26 件，计算得到平均寿命为 2537 小时，问在显著性水平 $\alpha=0.05$ 下，能否认为这批产品的平均寿命为 2500 小时？

2. 某种食品的保质期 $X\sim N(\mu,\sigma^2)$，其中 μ，σ^2 均未知，现测得 10 件样品的保质期（单位：小时）如下：

$$160，280，108，210，220，306，230，332，250，190.$$

问在显著性水平 $\alpha=0.05$ 下，是否有理由认为该食品的平均保质期超过 225 小时？

3. 某种导线要求其电阻的标准差不得超过 0.005Ω，今在生产的一批导线中取样品 9 根，测得 $s=0.007\Omega$，设总体 $X\sim N(\mu,\sigma^2)$，在显著性水平 $\alpha=0.05$ 下能否认为这批导线的标准差显著偏大？

4. 用甲、乙两种方法生产同一种化学用品，其成品获得率（单位：克/升）的方差分别为 $\sigma_1^2=0.45$，$\sigma_2^2=0.38$，现测得甲方法生产的化学用品获得率的 26 个数据，$\overline{x}=3.92$；乙方法生产的化学用品获得率的 32 个数据，$\overline{y}=3.66$，设获得率服从正态分布，问甲、乙两种方法的平均获得率是否有显著差异（$\alpha=0.05$）？

5. 对某种食品在加工前后作抽样分析，共测得某种营养成分的含量如下：

处理前	0.42	0.08	0.12	0.30	0.27	0.19	0.18	0.21	0.30	0.66	—	—
处理后	0.08	0.20	0.12	0.34	1.04	0.92	0.15	0.13	0.06	0.07	0.24	0.19

假定处理前后的营养成分都服从正态分布，且方差不变，给定显著性水平 $\alpha=0.05$，问处理前后的营养成分含量有无显著变化？

6. 自 1965 年 1 月 1 日至 1971 年 2 月 9 日共 2231 天中，全世界记录到里氏震级 4 级和 4 级以上地震约 162 次，统计如下：

相继两次地震									
间隔天数 x	0～4	5～9	10～14	15～19	20～24	25～29	30～34	35～39	≥40
出现的频数 n_i	50	31	26	17	10	8	6	6	8

试检验两次地震间隔的天数 X 服从指数分布（$\alpha=0.05$）.

7. 掷一颗骰子 120 次，得点数频数分布如下：

点数	1	2	3	4	5	6
频数	23	26	21	20	15	15

检验这颗骰子 6 个面是否均匀（$\alpha=0.05$）.

（二）答案

1. 认为这批产品的平均寿命为 2500 小时. 提示：假设 H_0：$\mu=2500$ 成立，利用 U 检验法确定拒绝域 .

2. 认为该食品的平均保质期不超过 225 小时. 提示：假设 H_0：$\mu\leqslant 225$ 成立，利用 T 检验法确定拒绝域 .

3. 认为这批导线的标准差显著偏大. 提示：假设 H_0：$\sigma^2\leqslant 0.005^2$ 成立，利用 χ^2 检验法确定拒绝域 .

4. 认为这两种方法的平均获得率没有显著差异. 提示：假设 H_0：$\mu_1-\mu_2=0$ 成立，构造检验统计量 $U=\dfrac{\overline{X}-\overline{Y}}{\sqrt{\sigma_1^2/n_1+\sigma_2^2/n_2}}$.

5. 认为加工前后的营养成分含量无显著差异. 提示：假设 H_0：$\mu_1-\mu_2=0$ 成立，构造检验统计量 $T=\dfrac{\overline{X}-\overline{Y}}{S_w\sqrt{1/n_1+1/n_2}}$.

6. 认为 X 服从指数分布. 提示：假设 H_0：X 的概率密度为

$$f(x)=\begin{cases}\dfrac{1}{\theta}\mathrm{e}^{-\frac{x}{\theta}}, & x>0,\\ 0, & x<0\end{cases}$$

成立，先求出 θ 的最大似然估计值为 $\hat{\theta}$，再利用 χ^2 检验法检验 .

7. 认为骰子的 6 个面是均匀的. 提示：假设 H_0：$P\{X=i\}=\dfrac{1}{6}$（$i=1,\cdots,6$）成立，利用 χ^2 检验法检验 .

第八章　回归分析

一、教学基本要求与内容提要

（一）教学基本要求

1. 理解回归分析的思想，并学会利用最小二乘法估计回归系数；
2. 掌握线性假设的显著性检验方法；
3. 理解利用回归方程进行预测和控制的方法；
4. 掌握各类非线性关系的线性化方法.

（二）内容提要

1. 一元线性回归分析

(1) 模型

一元线性回归模型为

$$Y=\beta_0+\beta_1 x+\varepsilon,\ E\varepsilon=0,\ D\varepsilon=\sigma^2,$$

其中未知参数 β_0，β_1 以及 σ^2 均不依赖于 x. 在上述模型中，我们称 β_0，β_1 为**回归系数**，一元函数 $\beta_0+\beta_1 x$ 为**理论回归直线**，ε 为**随机误差项**，而 σ^2 则为**误差方差**.

(2) 参数估计

① 回归系数的最小二乘估计

对于 x 与 Y 的一组观测值 (x_1, Y_1)，(x_2, Y_2)，…，(x_n, Y_n)，定义残差平方和为 $Q(\beta_0, \beta_1)=\sum\limits_{i=1}^{n}[Y_i-(\beta_0+\beta_1 x_i)]^2$. 若 $Q(\hat{\beta}_0, \hat{\beta}_1)=\min\limits_{\beta_0,\beta_1} Q(\beta_0, \beta_1)$，则称$\hat{\beta}_0$，$\hat{\beta}_1$分别为回归系数 β_0 与 β_1 的**最小二乘估计值**.

由极值原理知，$(\hat{\beta}_0, \hat{\beta}_1)$ 满足正规方程组：

$$\begin{cases}\dfrac{\partial Q}{\partial \beta_0}=-2\sum\limits_{i=1}^{n}(Y_i-\beta_0-\beta_1 x_i)=0,\\ \dfrac{\partial Q}{\partial \beta_1}=-2\sum\limits_{i=1}^{n}(Y_i-\beta_0-\beta_1 x_i)x_i=0.\end{cases}$$

解得$\begin{cases}\hat{\beta}_1=\dfrac{l_{xY}}{l_{xx}},\\ \hat{\beta}_0=\overline{Y}-\hat{\beta}_1\overline{x},\end{cases}$

其中

$$\overline{x}=\frac{1}{n}\sum_{i=1}^{n}x_i,\ \overline{Y}=\frac{1}{n}\sum_{i=1}^{n}Y_i,\ l_{xx}=\sum_{i=1}^{n}(x_i-\overline{x})^2=\sum_{i=1}^{n}x_i^2-n\overline{x}^2,$$

$$l_{xY}=\sum_{i=1}^{n}(x_i-\overline{X})(Y_i-\overline{Y})=\sum_{i=1}^{n}x_iY_i-n\overline{x}\cdot\overline{y}.$$

因此，线性回归方程为$\hat{Y}=\hat{\beta}_0+\hat{\beta}_1x$.

②σ^2 的估计

误差方差 σ^2 的无偏估计值为

$$\hat{\sigma}^2=\frac{1}{n-2}(l_{YY}-\hat{\beta}_1l_{xY}),$$

其中 $l_{YY}=\sum_{i=1}^{n}(Y_i-\overline{Y})^2=\sum_{i=1}^{n}Y_i^2-n\overline{Y}^2$.

(3) 线性假设的显著性检验

设 $\varepsilon\sim N(0,\sigma^2)$，检验假设 $H_0:\beta_1=0$.

① F 检验

离差平方和分解公式：$SST=SSE+SSR$，其中 SSE 与 SSR 分别代表残差平方和与回归平方和. 其中

$$SSE=l_{YY}-\hat{\beta}_1^2l_{xx},\ SSR=\hat{\beta}_1^2l_{xx}.$$

当 H_0 为真时，检验统计量

$$F=\frac{SSR}{SSE/(n-2)}\sim F(1,n-2),$$

对于给定的显著性水平 α，H_0 的拒绝域为 $F>F_\alpha(1,n-2)$.

② T 检验

当 H_0 为真时，检验统计量

$$t=\frac{\hat{\beta}_1}{\hat{\sigma}}\sqrt{l_{xx}}\sim t(n-2),$$

对于给定的显著性水平 α，H_0 的拒绝域为 $|t|>t_{\frac{\alpha}{2}}(n-2)$.

③ 相关系数检验

统计量 $R^2=\dfrac{l_{xY}^2}{l_{xx}l_{YY}}$称为**可决系数**. 可决系数 R^2 是 x 和 Y 的样本相关系数 r 的平方.

当 $n>2$ 时，$r^2=\dfrac{F}{F+(n-2)}$关于 F 为增函数，故

$$F>F_\alpha(1,n-2)\Leftrightarrow r^2>d^2\triangleq\frac{F_\alpha(1,n-2)}{F_\alpha(1,n-2)+(n-2)}.$$

于是 H_0 的拒绝域为 $|r|>d$.

以上若 H_0 被拒绝，则认为回归效果是显著的.

(4) 回归系数 β_1 的置信区间

当回归效果显著时，β_1 的置信度为 $1-\alpha$ 的置信区间为

$$\left(\hat{\beta}_1-t_{\frac{\alpha}{2}}(n-2)\hat{\sigma}/\sqrt{l_{xx}},\ \hat{\beta}_1+t_{\frac{\alpha}{2}}(n-2)\hat{\sigma}/\sqrt{l_{xx}}\right).$$

(5) 预测

对于给定的 x_0，对 Y_0 进行预测.

①点估计

$\hat{Y}_0=\hat{\beta}_0+\hat{\beta}_1x_0$.

② 区间估计

Y_0 的置信度为 $1-\alpha$ 的预测区间为

$$\left(\hat{Y}_0-t_{\frac{\alpha}{2}}(n-2)\hat{\sigma}\sqrt{1+\frac{1}{n}+\frac{(x_0-\overline{x})^2}{l_{xx}}},\ \hat{Y}_0+t_{\frac{\alpha}{2}}(n-2)\hat{\sigma}\sqrt{1+\frac{1}{n}+\frac{(x_0-\overline{x})^2}{l_{xx}}}\right).$$

(6) 控制

控制问题是预测问题的反问题，可通过求解端点方程组得到答案.

2. 非线性回归问题的线性化处理

常见的变量替换表如下：

曲线方程	变换公式	变换后的线性方程
$\frac{1}{y}=a+\frac{b}{x}$	$u=\frac{1}{x}$，$v=\frac{1}{y}$	$v=a+bu$
$y=ax^b\ (a>0)$	$u=\ln x$，$v=\ln y$	$v=a_1+bu\ (a_1=\ln a)$
$y=ae^{bx}\ (a>0)$	$u=x$，$v=\ln y$	$v=a_1+bu\ (a_1=\ln a)$
$y=ae^{\frac{b}{x}}\ (a>0)$	$u=\frac{1}{x}$，$v=\ln y$	$v=a_1+bu\ (a_1=\ln a)$
$y=a+b\ln x$	$u=\ln x$，$v=y$	$v=a+bu$
$y=\frac{1}{a+be^{-x}}$	$u=e^{-x}$，$v=\frac{1}{y}$	$v=a+bu$

二、典型方法与范例

1. 一元线性回归问题

例 1 一位厂商想对某生产零件厂家进行投资，因此对其生产的 8 种零件进行调查，得到了其生产的零件产量（千件）和生产费用（单位：万元）之间的数据，如下表：

x	1.5	2	3	4.5	7.5	9.1	10.5	12
y	5.6	6.6	7.2	7.8	10.1	10.8	13.5	16.5

试根据此数据建立 y 关于 x 的回归直线方程.

分析 利用最小二乘法得到回归方程.

解 由散点图知，数据分布呈直线趋势. 经过简单计算可得

$$\sum_{i=1}^{8} x_i = 50.1,\ \sum_{i=1}^{8} y_i = 78.1,\ \sum_{i=1}^{8} x_i y_i = 592.08,\ \sum_{i=1}^{8} x_i^2 = 428.81,$$

$\overline{x} = \frac{1}{8}\sum_{i=1}^{n} x_i = 6.26$，$\overline{y} = \frac{1}{8}\sum_{i=1}^{n} y_i = 9.76$，

$$l_{xx} = \sum_{i=1}^{8} x_i^2 - \frac{1}{8}(\sum_{i=1}^{8} x_i)^2 = 428.81 - \frac{1}{8} \times 50.1^2 = 115.05,$$

$$l_{xy} = \sum_{i=1}^{8} x_i y_i - \frac{1}{8}(\sum_{i=1}^{8} y_i) = 103.99,$$

故回归系数 β_0 和 β_1 的最小二乘估计为

$$\hat{\beta}_1 = \frac{l_{xy}}{l_{xx}} = 0.9,$$

$$\hat{\beta}_0 = \overline{y} - \hat{\beta}_1 \overline{x} = 4.13,$$

即线性回归方程为

$$\hat{y} = 4.13 + 0.9x.$$

例 2 假设 x 是一普通变量，Y 是一随机变量，并且有如下观测数据：

x	0.25	0.37	0.44	0.55	0.60	0.62	0.68	0.70	0.73
Y	2.57	2.31	2.12	1.92	1.75	1.71	1.60	1.51	1.50

x	0.75	0.82	0.84	0.87	0.88	0.90	0.95	1.00
Y	1.41	1.33	1.31	1.25	1.20	1.19	1.15	1.00

(1) 求 Y 对 x 的经验回归直线方程；

(2) 假设观测误差 $e_i \sim N(0, \sigma^2)$，$i=1, 2, \cdots, 17$，求 σ^2 的无偏估计；

(3) 试用 F 检验法检验回归效果是否显著（$\alpha=0.01$）；

(4) 求应变量 Y 的 0.95 预测区间；

(5) 问欲以不小于 0.95 的概率，把 Y 值控制在区间（1.08，1.67），应把 x 的值控制在何范围内？

分析 考查一元线性回归分析的应用题，使用 F 检验法检验回归效果.

解 (1) 由题设知，$\overline{x}=0.70$，$\overline{Y}=1.58$，$l_{xx}=0.68$，$l_{xY}=-1.41$，故回归系数 β_0 和 β_1 的最小二乘估计为 $\hat{\beta}_0=3.03$，$\hat{\beta}_1=-2.07$. 于是，经验回归直线方程为 $\hat{Y}=3.03-2.07x$.

(2) σ^2 的无偏估计值 $\hat{\sigma}^2 = \frac{1}{17-2}\sum_{i=1}^{17}(Y_i - 3.03 + 2.07x_i)^2 = 0.04^2$.

(3) 检验假设 H_0：$\beta_1=0$. 由于 $SSR=\sum_{i=1}^{17}(\hat{Y}_i-\overline{Y})^2=\sum_{i=1}^{17}\hat{Y}_i^2-17\times1.58^2=2.97$，故 $F=\frac{SSR}{SSE/(n-2)}=\frac{SSR}{\hat{\sigma}^2}=\frac{2.97}{0.04^2}=1862.25$. 又查表知 $F_{0.01}(1,15)=8.86<F$，所以回归效果显著.

(4) 由于 $n=17$，$\alpha=0.05$，$\overline{x}=0.7$，$\hat{\sigma}^2=0.04^2$，$l_{xx}=0.68$，$t_{0.05}(15)=2.13$，因此预测区间的半径 $\delta(x)=2.13\times0.04\times\sqrt{1+\frac{1}{17}+\frac{(x-0.7)^2}{0.68}}=0.103\times\sqrt{0.72+(x-0.7)^2}$，即给定 x，应变量 Y 的 0.95 预测区间为 $\left(3.03-2.07x-\delta(x),\ 3.03-2.07x+\delta(x)\right)$.

(5) 设 x 的控制区间为 (x_1,x_2)，则 x_1，x_2 满足方程组：

$$\begin{cases}3.03-2.07x-1.03\sqrt{0.72+(x-0.7)^2}=1.07,\\3.03-2.07x+1.03\sqrt{0.72+(x-0.7)^2}=1.67,\end{cases}$$

解得

$$\begin{cases}x_1=0.51,\\x_2=1.13.\end{cases}$$

于是，欲使 Y 值以不小于 0.95 的概率落在区间 (1.08，1.67)，应将 x 控制在区间 (0.51，1.13) 之内.

2. 用变量替换将非线性回归问题线性化

例 3 电容器充电达某电压值时为时间的计算原点，此后电容器串联一电阻放点，测定各时刻的电压，测量结果如下：

时间 t (s)	0	1	2	3	4	5	6	7	8	9	10
电压 u (V)	100	75	55	40	30	20	15	10	10	5	5

求 u 对 t 的回归方程.

分析 利用变量变换对非线性回归问题作线性化处理.

解 根据散点图选择 $u=u_0e^{-ct}$，来描绘 u 与 t 的关系. 作变量替换 $\ln u=\ln u_0-ct$，令 $y=\ln u$，$\beta_0=\ln u_0$，$\beta_1=-c$，$x=t$，即

$$y=\beta_0+\beta_1x,$$

利用最小二乘法求得 β_0，β_1 的估计值

$$\hat{\beta}_0=4.61,\ \hat{\beta}_1=-0.313,$$

所以 $\hat{u}_0=100.48$，$\hat{c}=0.313$，故回归方程为 $\hat{u}_0=100.48e^{-0.313t}$.

例 4 为研究某企业的生产效率 x（单位：件/周）与废品率 Y（%）的关系，调查记录得以下数据：

x	1000	2000	3000	3500	4000	4500	5000
Y	5.2	6.5	6.8	8.1	10.2	10.3	13.0

试拟合恰当的曲线模型.

分析 利用残差平方和比较拟合效果.

解 通过散点图，观察数据既呈直线趋势又呈指数增长趋势，故分别作直线与曲线拟合.

（1）直线拟合

经过简单计算可得

$$\overline{x}=\frac{1}{n}\sum_{i=1}^{n}x_i=3285.7143,\ \overline{Y}=\frac{1}{n}\sum_{i=1}^{n}Y_i=8.5857,$$

$$l_{xx}=\sum_{i=1}^{n}x_i^2-\frac{1}{n}(\sum_{i=1}^{n}x_i)^2=11928571.4286,$$

$$l_{xY}=\sum_{i=1}^{n}x_iY_i-\frac{1}{n}(\sum_{i=1}^{n}x_i)(\sum_{i=1}^{n}Y_i)=21628.9,$$

故回归系数 β_0 和 β_1 的最小二乘估计为

$$\hat{\beta}_1=\frac{l_{xY}}{l_{xx}}=0.00181,$$

$$\hat{\beta}_0=\overline{Y}-\hat{\beta}_1\overline{x}=2.6714,$$

即线性回归方程为

$$\hat{Y}=2.6714+0.00181x.$$

（2）曲线拟合

设 $Y=ae^{bx}$，作变量替换 $Z=\ln Y=\ln a+bx$. 经简单计算得 $\sum_{i=1}^{7}\ln Y_i=14.75$. 于是，$\ln a$ 和 b 最小二乘估计为 $\ln\hat{a}=1.3987$，$\hat{b}=0.002$，故 $\hat{a}=4.05$，即指数曲线回归方程为 $\hat{Y}=4.05e^{0.002x}$.

由于直线回归模型与指数曲线回归模型的 SSE 分别为 5.3371 和 6.11，故认为直线回归模型拟合程度更好.

方法总结： 对非线性回归问题作线性化处理的关键在于找到适当的变量替换公式.

三、教材练习题详解

习题八（A）

1. 试验中得一组数据 (x_i, Y_i) $(i=1, 2, \cdots, n)$，已知 (x, Y) 满足线性关系 $Y=a+bx$. 请写出回归方程和回归系数.

解 线性回归方程为 $\hat{Y}=\hat{a}+\hat{b}x$，回归系数 $\hat{b}=\dfrac{l_{xY}}{l_{xx}}$，$\hat{a}=\overline{Y}-\hat{b}\,\overline{x}$，其中 $\overline{x}=\dfrac{1}{n}\sum\limits_{i=1}^{n}x_i$，$\overline{Y}=\dfrac{1}{n}\sum\limits_{i=1}^{n}Y_i$，

$$l_{xx}=\sum_{i=1}^{n}(x_i-\overline{x})^2=\sum_{i=1}^{n}x_i^2-n\,\overline{x}^2,$$

$$l_{xY}=\sum_{i=1}^{n}(x_i-\overline{x})(Y_i-\overline{Y})=\sum_{i=1}^{n}x_iY_i-n\,\overline{x}\overline{Y}.$$

2. 已知（x，Y）满足线性关系，对数据组（见下表）进行手算拟合，并进行相关性检验（$\alpha=0.05$）.

x	1	2	3
Y	1	1.9	3.1

解 经过简单的计算得 $\overline{x}=2$，$\overline{Y}=2$，$l_{xx}=2$，$l_{xY}=2.1$，$l_{YY}=2.22$，故回归系数 β_0 和 β_1 的最小二乘估计为$\beta_0=-0.1$，$\hat{\beta}_1=1.05$. 于是，经验回归直线方程为 $\overline{Y}=-0.1+1.05x$.

因为 $r=\dfrac{l_{xY}}{\sqrt{l_{xx}}\sqrt{l_{YY}}}=0.9966$，查表得 $F_{0.05}(1,1)=161.4$，故

$$\sqrt{\frac{F_{0.05}(1,1)}{1+F_{0.05}(1,1)}}=0.9969>r,$$

根据样本相关系数检验法知，相关性不显著.

3. 医院用光电色比计检验尿汞时，得尿汞的质量浓度（单位：mg/L）与消光系数读数的结果见下表：

尿汞的质量浓度（单位：mg/L）（x）	2	4	6	8	10
消光系数（Y）	64	138	205	285	360

已知它们之间服从线性关系 $Y=\beta_0+\beta_1x+\varepsilon$. 试求 β_0 和 β_1 的最小二乘估计.

解 经过简单计算得 $\overline{x}=6$，$\overline{Y}=210.4$，$l_{xx}=40$，$l_{xY}=1478$，故回归系数 β_0 和 β_1 的最小二乘估计为$\hat{\beta}_0=16.3$，$\hat{\beta}_1=37.45$.

4. 三口之家的家庭通信费支出与家庭收入密切相关，下表所示为某城市居民家庭关于收入与通信费支出的样本. 试判断通信费支出与家庭收入是否存在线性相关关系，求出通信费支出与收入间的线性关系.

每月家庭收入 x 元	800	1000	1500	2000	2500	3000	4000
每月通信费支出 Y 元	2	5	10	18	20	40	100

解 由于 $\overline{x}=2114.29$，$\overline{Y}=27.86$，所以 $r=\dfrac{\sum\limits_{i=1}^{n}(x_i-\overline{x})(Y_i-\overline{Y})}{\left[\sum\limits_{i=1}^{n}(x_i-\overline{x})^2\sum\limits_{i=1}^{n}(Y_i-\overline{Y})^2\right]^{1/2}}=0.92$，故存

在线性关系. 又因为 $l_{xx}=7848568$，$l_{xY}=215314.26$. 所以回归系数 β_0 和 β_1 的最小二乘估计为$\hat{\beta}_0$0274. 于是，回归方程为 $\hat{Y}=-30.145+0.0274x$.

5. 某市居民货币收入 x 与购买消费品支出 Y 数据见下表（单位：亿元）：

货币收入 x	11.6	12.9	13.7	14.6	14.4	16.5	18.2	19.8
消费支出 Y	10.4	11.5	12.4	13.1	13.2	14.5	15.8	17.2

求 Y 对 x 的线性回归方程 $\hat{Y}=\hat{a}+\hat{b}x$.

解 由题设知，$\hat{x}=15.2125$，$\overline{Y}=13.5125$，$l_{xx}=53.35$，$l_{xY}=43.11$，故回归系数 a 和 b 的最小二乘估计为 $\hat{b}=\dfrac{l_{xY}}{l_{xx}}=0.8081$，$\hat{a}=\overline{Y}-\hat{b}\,\hat{x}=0.1103$. 故 Y 对 x 的线性回归方程为 $\hat{Y}=0.1103+0.8081x$.

6. 为了确定某种商品供应量 Y 与价格 x 之间的关系，现取 10 对数据作为样本，算得平均价格为 $\overline{x}=8$（元），平均供给量 $\overline{Y}=50$（kg），且

$$\sum_{i=1}^{10}x_i^2=840，\sum_{i=1}^{10}Y_i^2=33700，\sum_{i=1}^{10}x_iY_i=5260，$$

求：(1) 试建立供给量 Y 对价格 x 的线性回归方程 $\hat{Y}=\hat{a}+\hat{b}x$.

(2) 对所建立的线性回归方程进行显著性检验（$\alpha=0.05$）.

解 (1) 经过简单计算得 $l_{xx}=200$，$l_{xY}=1260$，故回归系数 a 和 b 的最小二乘估计为 $\hat{a}=-1.2$，$\hat{b}=6.4$. 于是，Y 对价格 x 的线性回归方程 $\hat{Y}=-1.2+6.4x$.

(2) 由于 $l_{YY}=8700$，$SSR=\hat{b}^2l_{xx}=8192$，$SSE=l_{YY}-\hat{b}^2l_{xx}=508$，因此

$$F=\frac{SSR}{SSE/(n-2)}=129>F_{0.05}(1,8)=5.32,$$

故认为回归是显著的.

7. 某工厂在分析产量和成本关系时，选取 10 个生产小组作样本，收得数据见下表：

产量 x	40	42	48	55	65	79	88	100	120	140
成本 Y	150	140	152	160	150	162	175	165	190	185

(1) 求 Y 关于 x 的回归方程.

(2) 进行显著性检验（$\alpha=0.05$）.

(3) 取 $x_0=90$ 时，求 Y_0 的预测值及 95%的置信区间.

解 (1) 经过简单计算得 $\overline{x}=77.7$，$\overline{Y}=162.9$，$l_{xx}=10530.1$，$l_{xY}=4550.7$，故回归系数 a 和 b 的最小二乘估计为 $\hat{a}=129.3181$，$\hat{b}=0.4322$. 于是 Y 关于 x 的回归方程

$$\hat{Y}=129.3181+0.4322x.$$

(2) 由于 $l_{YY}=2358.9$，$SSR=\hat{b}^2l_{xx}=1966.9894$，$SSE=l_{YY}-\hat{b}^2l_{xx}=391.91$，因此

$$F=\frac{SSR}{SSE/(n-2)}=40.1519>F_{0.05}(1,8)=5.32,$$

故认为回归是显著的.

或由 $|r|=0.9132>R_{0.05}(8)=0.632$，故认为回归是显著的.

（3）由于 $\hat{\sigma}^2=\frac{1}{n-2}(l_{YY}-\hat{b}l_{xY})=49.0109$，查表得 $t_{\frac{\alpha}{2}}(n-2)=t_{0.025}(8)=2.306$. 于是 Y_0 的置信度为 95% 的预测区间为

$$\left(\hat{Y}_0-t_{\frac{\alpha}{2}}(n-2)\hat{\sigma}\sqrt{1+\frac{1}{n}+\frac{(x_0-\overline{x})^2}{l_{xx}}},\ \hat{Y_0}+t_{\frac{\alpha}{2}}(n-2)\hat{\sigma}\sqrt{1+\frac{1}{n}+\frac{(x_0-\overline{x})^2}{l_{xx}}}\right)$$

$=(151.1780, 185.2542)$.

习题八（B）

1. 在某个地区抽取了 9 家生产同类产品的企业，其月产量和单位产品成本资料见下表：

企业编号	1	2	3	4	5	6	7	8	9
月产量（千件）(x)	4.1	6.3	5.4	7.6	3.2	8.5	9.7	6.8	2.1
单位成本（元）(Y)	80	72	71	58	86	50	42	63	91

（1）建立月产量 x 和单位产品成本 Y 之间的回归方程，并检验所得方程的显著性（$\alpha=0.05$）；

（2）估计当月产量 $x=10$（千件）时，单位产品成本的数值.

解 （1）经过简单计算得 $\overline{x}=5.9667$，$\overline{Y}=68.1111$，$l_{xx}=50.2364$，$l_{xY}=-324.6811$，故回归系数 a 和 b 的最小二乘估计为 $\hat{a}=106.6745$，$\hat{b}=-6.4631$. 于是，Y 关于 x 的回归方程为

$$\hat{Y}=106.6745-6.4631x.$$

由于 $l_{YY}=2146.8888$，$SSR=\hat{b}^2l_{xx}=2098.0953$，$SSE=l_{YY}-\hat{b}^2l_{xx}=48.7935$，因此

$$F=\frac{SSR}{SSE/(n-2)}=300.9964>F_{0.05}(1,7)=5.59,$$

故认为回归是显著的.

（2）当月产量 $x=10$（千件）时，单位产品成本的数值为 42.0435.

2. 学生会想要了解学校附近出租的房间面积 x（平方米）与月租 Y（百元）之间的关系，得数据为

$$\overline{x}=6,\ l_{xx}=0.64,\ \overline{Y}=2.4,\ l_{YY}=0.49,\ l_{xY}=0.48,\ n=40.$$

试求回归直线 $\hat{Y}=\hat{\beta}_0+\hat{\beta}_1x$.

解 根据回归系数 β_0 和 β_1 的最小二乘估计知

$$\hat{\beta}_1=\frac{l_{xY}}{l_{xx}}=\frac{0.48}{0.64}=0.75,$$

$$\hat{\beta}_0=\overline{Y}-\hat{\beta}_1\overline{x}=2.4-0.75\times 6=-2.1,$$

故回归直线为 $\hat{Y}=-2.1+0.75x$.

3. 欲知每天使用图书馆的人数 x（百人）与借出的书本数 Y（百本）之间的关系，已知上个月图书馆共开放 25 天，且

$$\sum_{i=1}^{25}x_i=100,\ \sum_{i=1}^{25}Y_i=150,\ \sum_{i=1}^{25}x_i^2=415,\ \sum_{i=1}^{25}Y_i^2=924,\ \sum_{i=1}^{25}x_iY_i=609,$$

试求回归直线并检验其显著性（$\alpha=0.05$）.

解　经过简单计算得 $\overline{x}=4$，$\overline{Y}=6$，$l_{xx}=15$，$l_{xY}=9$. 因此，回归系数 a 和 b 的最小二乘估计为 $\hat{a}=3.6$，$\hat{b}=0.6$. 于是回归直线为 $\hat{Y}=3.6+0.6x$.

由于 $l_{YY}=24$，$SSR=\hat{b}^2l_{xx}=5.4$，$SSE=l_{YY}-\hat{b}^2l_{xx}=18.6$，因此

$$F=\frac{SSR}{SSE/(n-2)}=6.6774>F_{0.05}(1,23)=4.28,$$

故认为回归是显著的.

4. 某人欲知书本的定价与书的页数之间是否有直线关系存在，他从藏书中随机选了 10 本，得下表所示资料：

页数（x）（页）	390	700	760	500	560	600	440	500	360	280
定价（Y）（元）	28	48	65	32	38	50	20	20	23	13

（1）试求回归直线 $\hat{Y}=\hat{\beta}_0+\hat{\beta}_1x$.

（2）是否书的页数越多，定价也越高（$\alpha=0.05$）?

（3）若此人的藏书中有一本的页数是 450 页，求其平均定价的 95%的置信区间.

解　(1) 经过简单的计算得 $\overline{x}=509$，$\overline{Y}=33.7$，$l_{xx}=204090$，$l_{xY}=20387$，$l_{YY}=2422.1$，故回归系数的最小二乘估计为 $\hat{\beta}_0=-17.1491$，$\hat{\beta}_1=0.0999$. 于是，经验回归直线方程为

$$\hat{Y}=-17.1491+0.0999x.$$

（2）因为 $r=\dfrac{l_{xY}}{\sqrt{l_{xx}}\sqrt{l_{YY}}}=0.917$，查表得 $F_{0.05}(1,8)=5.32$，故

$$\sqrt{\frac{F_{0.05}(1,8)}{8+F_{0.05}(1,8)}}=0.6319<r,$$

根据样本相关系数检验法知，相关关系显著. 由此认为，书的页数越多，定价也越高.

（3）由题设知 $x_0=450$，再经过简单计算可得

$$\hat{Y}_0=27.8059,\ SSR=\hat{\beta}_1{}^2l_{xx}=2036.8202,\ SSE=l_{YY}-\hat{\beta}_0{}^2l_{xx}=385.2798,$$

因此

$$\hat{\sigma}_{\hat{Y}_0}=\sqrt{\frac{SSE}{n-2}}\cdot\sqrt{\frac{1}{n}+\frac{(x_0-\overline{x})^2}{l_{xx}}}=2.3748.$$

又查表得 $t_{0.025}(8)=2.306$. 于是，$E(Y_0|x_0)$ 的置信水平为 95%的置信区间为

$$(\hat{Y}_0-\hat{\sigma}_{\hat{Y}_0}\cdot t_{\frac{\alpha}{2}}(n-2),\ \hat{Y}_0+\hat{\sigma}_{\hat{Y}_0}\cdot t_{\frac{\alpha}{2}}(n-2))=(22.3,\ 33.3).$$

5. 下表是 2010 年美国旧车的调查数据：

使用年数 x	1	2	3	4	5	6	7	8	9	10
平均价格 Y	2651	1943	1494	1087	765	538	484	226	226	204

求平均价格 Y 关于使用年数 x 的回归方程.

解 由散点图知，数据分布呈指数曲线趋势. 设 $Y=ce^{bx}$，取对数化为 $\ln Y=\ln c+bx$，令 $V=\ln Y$，$a=\ln c$，则 $V=a+bx$. 经过简单计算可得

$$\overline{x}=5.5,\ \overline{V}=6.5274,\ l_{xx}=82.5,\ l_{xV}=-24.5586,$$

故回归系数的最小二乘估计为 $\hat{a}=8.1646$，$\hat{b}=-0.305$，因此 $\hat{c}=e^{\hat{a}}=3573.2$，平均价格 Y 关于使用年数 x 的回归方程

$$\hat{Y}=3573.2e^{-0.305x}.$$

6. 同一生产面积上单位产品的成本与产量间近似满足双曲线性关系 $Y=\beta_0+\dfrac{\beta_1}{x}$，试利用下列资料求出 Y 对 x 的回归曲线方程.

x	5.67	4.45	3.84	3.84	3.33	2.18
Y	17.7	18.5	18.9	18.8	18.3	19.1

解 令 $t=\dfrac{1}{x}$，则 $Y=\beta_0+\beta_1 t$. 经过简单计算可得

$$\overline{t}=0.2747,\ \overline{Y}=18.55,\ l_{tt}=0.0468,\ l_{tY}=0.1936,$$

故回归系数 β_0 和 β_1 的最小二乘估计为 $\hat{\beta}_0=17.414$，$\hat{\beta}_1=4.1368$. 于是，Y 对 x 的回归曲线方程 $\hat{Y}=17.414+\dfrac{4.1368}{x}$.

四、自测题及答案

（一）自测题

一、填空题（本大题共 5 小题，每小题 5 分，共 25 分）

1. 回归模型中被解释变量与回归函数之间的偏差称为________.

2. 线性回归模型中参数最小二乘估计的准则是________.

3. 参数估计量是被解释变量的线性函数，称其具有________.

4. 离差平方和 SST、残差平方和 SSE 与回归平方和 SSR 三者的关系式是________.

5. 在给定置信水平的前提下，缩小参数的置信区间的主要途径有增大样本量与________.

二、选择题（本大题共 5 小题，每小题 5 分，共 25 分）

1. 回归分析中（　　）.

（A）解释变量和被解释变量均为随机变量

（B）解释变量是随机变量，被解释变量是确定变量

（C）解释变量是确定变量，被解释变量是随机变量

（D）解释变量和被解释变量均是确定变量

2. 下列两个变量之间的关系中，属于函数关系的是（　　）.

（A）学生的平时成绩与卷面成绩　（B）人的工作环境与健康状况

（C）子女的身高与父亲的身高　（D）圆的半径与周长

3. 离差平方和中能被回归方程解释的那部分是（　　）.

（A）回归平方和　（B）残差平方和　（C）方差　（D）离差

4. 在回归分析中，F 检验主要是用来检验（　　）.

（A）相关关系的显著性　（B）回归系数的显著性

（C）函数关系的显著性　（D）估计标准误差的显著性

5. 设单位产品成本 Y（元/台）关于产量 x（台）的回归方程为 $\hat{Y}=278-1.2x$，这表明（　　）.

（A）产量每增加一台，单位产品成本增加 278 元

（B）产量每增加一台，单位产品成本减少 1.2 元

（C）产量每增加一台，单位产品成本平均增加 278 元

（D）产量每增加一台，单位产品成本平均减少 1.2 元

三、计算题（本大题共 3 小题，第 1、2 小题每题 20 分，第 3 小题 10 分，共 50 分）

1. 在铜线碳含量对于电阻的效应的研究中，得到以下的数据：

碳含量 x（%）	0.10	0.30	0.40	0.55	0.70	0.80	0.95
电阻 Y（20℃时，微欧）	15	18	19	21	22.6	23.8	26

设对于给定的 x，Y 为正态变量，且方差与 x 无关. 试完成：

（1）画出散点图；

（2）求线性回归方程 $\hat{Y}=\hat{a}+\hat{b}x$；

（3）给定显著性水平 0.5 的情况下，检验假设 H_0：$b=0$.

2. 现收集了 16 组合金钢中的碳含量 x 及强度 Y 的数据，求得 $\overline{x}=0.125$，$\overline{Y}=45.7886$，$l_{xx}=0.3024$，$l_{xY}=25.5218$，$l_{YY}=2432.4566$. 试完成：

（1）建立 Y 关于 x 的一元线性回归方程 $\hat{Y}=\hat{\beta}_0+\hat{\beta}_1 x$；

（2）写出$\hat{\beta}_0$和$\hat{\beta}_1$的分布.

3. 在同一生产面积上单位产品的成本与产量间近似满足双曲线性关系：$Y=\beta_0+\frac{\beta_1}{x}$，试利用下列资料求出 Y 对 x 的回归曲线方程.

x	5.67	4.45	3.84	3.84	3.33	2.18
Y	17.7	18.5	18.9	18.8	18.3	19.1

（二）答案

一、1. 随机误差项.

2. 残差平方和最小.

3. 线性性.

4. $SST=SSE+SSR$.

5. 提高模型拟合优度.

二、1. C

2. D

3. A

4. A

5. D

三、1.（1）略；（2）$\hat{Y}=13.9584+12.5503x$；（3）回归效果显著.

2.（1）$\hat{Y}=35.2389+84.3975x$；

（2）$\hat{\beta}_0\sim N(\beta_0,\ 0.1142\sigma^2)$，$\hat{\beta}_1\sim N(\beta_1,\ 3.3069\sigma^2)$.

3. $\hat{Y}=17.414+\frac{4.1368}{x}$.

参考文献

[1] 茆诗松，程依明，濮晓龙. 概率论与数理统计教程习题与解答［M］. 北京：高等教育出版社.

[2] 姚孟臣. 经济应用数学基础（三）概率论与数理统计［M］. 北京：中国人民大学出版社.

[3] 叶俊，赵衡秀. 概率论与数理统计［M］. 北京：清华大学出版社.

[4] 金治明，李永乐. 概率论与数理统计［M］. 北京：科学出版社.

[5] 龚德恩. 经济数学基础（第三分册：概率统计）［M］. 四川：四川人民出版社，2005.

[6] 吴传生，彭斯俊，陈盛双，等. 经济数学——概率论与数理统计［M］. 北京：高等教育出版社.

[7] 齐民友，刘禄勤，王文祥，等. 概率论与数理统计［M］. 北京：高等教育出版社.

[8] 吴赣昌. 概率论与数理统计（经管类）四版［M］. 北京：中国人民大学出版社.

[9] 王慧敏、曹忠威. 应用数学——概率论与数理统计［M］. 北京：中国商业出版社，2013.